# 煤体瓦斯吸附解吸劣化损伤致突机理

王汉鹏  张 冰  著

国家重大科研仪器研制项目(51427804)
山东省重点研发计划项目(2019GSF111036)

科 学 出 版 社

北 京

# 内 容 简 介

本书系统论述瓦斯吸附与快速卸压解吸对煤体的劣化损伤作用及其诱发煤与瓦斯突出的机理。全书共 10 章，包括绪论、基础试验仪器系统研发、气体吸附诱发煤体劣化的试验研究、基于分形理论的煤体裂隙演化特征分析、气体吸附与应力加载过程中煤体损伤劣化机制探究及数值验证、卸压过程煤体瓦斯解吸-扩散特征、瓦斯卸压诱发煤体损伤劣化研究、瓦斯卸压过程煤体有效应力突变规律与影响机制、含瓦斯煤体气固耦合动力学模型及瓦斯卸压致突数值模拟、结论与展望。

本书可供从事采矿工程、安全技术及工程、防灾减灾工程与防护工程、岩土工程及相关领域的科研人员、工程技术人员参考使用，也可作为高等院校相关专业研究生和高年级本科生的教学参考书。

**图书在版编目（CIP）数据**

煤体瓦斯吸附解吸劣化损伤致突机理 / 王汉鹏，张冰著. —北京：科学出版社，2022.3
ISBN 978-7-03-069468-3

Ⅰ. ①煤… Ⅱ. ①王… ②张… Ⅲ. ①煤层瓦斯-研究 Ⅳ. ①TD712

中国版本图书馆 CIP 数据核字（2021）第 149033 号

责任编辑：牛宇锋 罗 娟 / 责任校对：任苗苗
责任印制：吴兆东 / 封面设计：蓝正设计

科学出版社 出版
北京东黄城根北街 16 号
邮政编码：100717
http://www.sciencep.com
北京中石油彩色印刷有限责任公司 印刷
科学出版社发行 各地新华书店经销
*
2022 年 3 月第 一 版 开本：720×1000 B5
2022 年 3 月第一次印刷 印张：14 3/4
字数：282 000
定价：**118.00 元**
（如有印装质量问题，我社负责调换）

# 前　言

　　煤炭是我国的主体能源，是我国国民经济的基础和能源安全的保障，特别是在当前竞争激烈的国际形势下，煤炭资源对我国尤为重要。我国多数产煤区已经进入深部开采，包括华中、晋、陕、蒙等先进产能区，平均每年开采深度增加 8～10m，目前最深煤矿已达 1500m。随着开采深度增加，含瓦斯矿井与突出倾向性矿井数量持续增多，发生煤与瓦斯动力现象的突出矿井也将日益增多，煤岩瓦斯动力灾害已成为煤矿普遍的安全问题。

　　防治煤与瓦斯突出必须从根本上认识煤与瓦斯突出机理。多数煤与瓦斯突出灾害是煤岩受应力扰动后变形破裂与瓦斯吸附解吸运移动态演化的耦合作用结果。在气固耦合状态下，煤岩体的组织结构、基本力学行为特征和工程响应均发生了根本性变化，这对煤岩体失稳破坏以及煤与瓦斯突出诱发具有举足轻重的作用。因此，研究气体吸附解吸对煤岩体的耦合作用机制是探索煤与瓦斯突出机理的基础与前提条件。

　　含瓦斯煤吸附解吸特性以及损伤劣化机理研究的关键为气固耦合定量化试验设备及试验方法，这是导致现有研究均处于定性阶段的主要原因之一。为此，王汉鹏教授带领团队依托国家重大科研仪器研制项目"用于揭示煤与瓦斯突出机理与规律的模拟试验仪器"、山东省重点研发计划项目"可视化固气耦合动静试验仪器研发及扰动荷载下预静载含瓦斯煤动力致突机理研究"、山东省自然科学基金面上项目"含瓦斯煤气固耦合动力学模型及突出模拟研究"、安徽省自然科学基金面上项目"煤体对 $CH_4$ 与 $CO_2$ 的吸附/解吸关联性研究"等，从仪器研发入手，进行了为期 6 年的潜心研究，相关研究成果构成了本书的主要内容。全书共 10 章：第 1 章主要论述含瓦斯煤岩体力学参数测试仪器研发现状、气体吸附及卸压解吸条件下煤体损伤劣化研究现状，并概括介绍了本书的主要研究内容与方法；第 2 章介绍可视化恒容气固耦合试验系统、煤粒瓦斯放散测定仪和岩石三轴力学渗透测试系统等特定条件下含瓦斯煤物理力学性能测试仪器的构成、原理与功能特点；第 3 章对气体吸附诱发煤体损伤劣化的作用机制进行详尽的试验研究；第 4 章基于分形理论研究在气体吸附与应力加载过程中，煤体的峰后宏观裂隙发育扩展与演化特征；第 5 章对煤体强度劣化诱因及劣化机制进行理论分析，并构建气体吸附与荷载作用中煤体损伤本构关系；第 6 章研究环境气压及煤体损伤程度变化对瓦斯解吸扩散的影响；第 7 章研究瓦斯卸压诱发煤体损伤的影响程度和影响规律；

第 8 章介绍瓦斯卸压过程中煤体有效应力突变的影响程度和影响规律；第 9 章构建可以更为准确地描述煤体瓦斯卸压过程的气固耦合动力学模型，并开展瓦斯瞬间卸压致突数值模拟；第 10 章论述本书的主要结论与研究展望。

在本书撰写过程中得到袁亮院士、周世宁院士、何满潮院士、蔡美峰院士、顾金才院士、李术才院士、俞启香教授、周福宝教授、刘泉声教授、薛生教授、张农教授、王家臣教授、刘泽功教授、王恩元教授、窦林名教授、何学秋教授、胡千庭教授、林柏泉教授、许江教授、程远平教授、唐巨鹏教授、陈学习教授、杨科教授、姜耀东教授、卢义玉教授、魏建平教授、华心祝教授、王兆丰教授、赵吉文教授、李志华教授、任廷祥教授、张向阳研究员、明治清研究员等同行对我们工作的帮助和指正，同时参考了国内外学者在煤与瓦斯突出领域的研究成果。

全书由王汉鹏教授策划，由张冰博士、刘众众博士统稿。此外，山东大学的李清川博士、薛阳博士、单联莹老师等帮助整理了书中的有关内容，借本书出版之际，对他们所付出的劳动表示感谢。

煤与瓦斯突出是一个极其复杂的物理现象，利用物理模型试验探究煤与瓦斯突出的理论和技术还在不断完善发展，许多内容有待进一步探索研究，加之作者水平有限，书中难免存在不足之处，恳请读者给出宝贵意见。

# 目　　录

# 第1章 绪 论

## 1.1 研究背景及意义

### 1.1.1 研究背景

我国煤矿松软低透气性高瓦斯煤层开采约占 60%，属极难抽放瓦斯煤层，瓦斯灾害危及我国大部分矿区。"煤矿重特大灾害智能报警方法与技术"入选中国科学技术协会 60 个重大科学问题和工程技术难题。

随着经济社会的发展，可再生能源在能源结构中的占比进一步提升，但从全球来看，煤炭依然在能源消费结构中占主要比重。其中，中国、印度和南非三个国家的煤炭消费在一次能源消费中的占比高于 60%。煤炭作为我国主导能源，预计 2050 年仍将占能源消耗的 50%以上。近年来，我国煤炭开采深度和力度不断加大，矿井地质条件更加复杂，含瓦斯矿井与突出倾向性矿井数量持续增多，发生煤与瓦斯动力现象的突出矿井也将日益增多，煤与瓦斯突出死亡人数比例更是逐年上升，煤岩瓦斯动力灾害已成为煤矿普遍的安全问题，这种工程灾害是煤岩变形破裂与瓦斯运移动态演化共同导致的突发性灾害。尤其高瓦斯矿井发生的煤与瓦斯突出动力灾害危害巨大，常造成重大经济损失和恶劣社会影响，严重制约煤矿安全高效生产。统计表明，2010 年左右我国累计矿井煤与瓦斯突出次数占世界 40%以上，死亡人数已占到煤矿总死亡人数的 1/3[1,2]。煤与瓦斯突出的监测预警与防治已成为世界性难题和研究热点，也成为我国高瓦斯矿井安全生产亟待解决的科学问题，是国家能源安全的重要战略需求和突破方向[3]。

### 1.1.2 研究意义

含瓦斯煤作为一种复杂的混合介质，其吸附耦合状态直接影响煤体的力学特性。瓦斯赋存于煤体中，在地应力、构造应力的作用下，与煤基质发生吸附解吸作用，共同构成气固耦合作用系统；气体吸附于煤岩颗粒表面，降低了煤岩颗粒表面自由能，导致煤体强度和应力状态的变化，而煤体强度、变形与应力状态的改变导致瓦斯含量、煤体渗透率及瓦斯涌出量的变化，进而影响煤与瓦斯突出的发生、发展与终止全过程，这在研究"煤与瓦斯"体系问题中具有举足轻重的作用[4]，因此研究气体吸附解吸对煤体的耦合作用机制是探索煤与瓦斯突出机理的基础与前提。

近年来，国内外众多专家学者和工程技术人员分别通过现场观测、突出实例统计分析、实验室研究和理论分析等不同研究手段，对含瓦斯煤吸附解吸特性、物理力学特性、损伤劣化及扩容机理方面开展了广泛研究，特别是在煤体瓦斯吸附解吸变形机制、渗流演化机制方面取得了显著的研究成果，但在考虑气固耦合与应力加载共同作用中的煤体强度劣化机制、损伤扩容规律及煤体裂隙演化特征方面，由于缺少气固耦合可视化试验设备和定量描述气体吸附诱发煤体损伤劣化的试验方法，目前研究仍处在"黑匣子"阶段，多数试验只得到了吸附解吸作用对煤体强度弱化的定性结果，而无法捕捉获取煤体在整个耦合-加载过程中的关键参数变化与物理现象规律。

多种工程灾害是煤体受应力扰动后变形破裂与瓦斯吸附解吸运移动态演化的耦合作用结果，因此研究气体吸附以及卸压解吸对煤体的损伤劣化作用机制是探索煤与瓦斯突出机理的基础与必要条件，并且具有十分重大的工程应用价值和社会意义。

## 1.2　国内外研究现状

### 1.2.1　含瓦斯煤体气固耦合特性测试装置研发现状

含瓦斯煤体的加载破坏为高度非线性的气固耦合动力学过程,而其数学模型、本构关系仍不完善，导致其理论分析与数值模拟滞后，在众多研究方法中，室内力学试验具有参数可调、条件可控等优点，是目前的主要科学手段[5-7]。国内外专家学者自 20 世纪 50 年代，就试图通过研发含瓦斯煤相关试验装置，在实验室条件下，对煤与瓦斯突出个别环节、突出综合过程以及含瓦斯煤力学特性进行试验设计和测试模拟[8-13]，部分含瓦斯煤试验装置如图 1.1 所示。Lawson 等[9]研究了煤炭开采过程中覆岩特征对动力破坏的影响；Liu 等[14]采用自主研发的密封压力系统，对不同瓦斯压力条件下具有爆破倾向的煤样进行了试验研究，得到了冲击能量指数($K_e$)和单轴抗压强度($r_c$)与吸附压力之间的影响规律；孙晓元[15]提出了静压荷载和振动荷载共同作用促进煤体破坏失稳并最终导致煤体动力灾害发生这一论断；Wang(王书刚)等[16]通过自制仪器研究了煤样瓦斯快速减压解吸引起的能量破坏现象。Yin 等[17]利用自行研制的"含瓦斯煤热流固耦合三轴伺服渗流试验装置"，进行不同初始围压和不同瓦斯压力组合条件下，不同卸围压速率对含瓦斯煤岩力学和瓦斯渗流特性的影响试验研究；袁瑞甫等[18]研制了含瓦斯煤动态破坏模拟试验设备，得到不同强度煤体在应力-瓦斯压力作用下的破坏条件和规律；田坤云等[19]研制了高压水及负压加载状态下三轴应力渗流试验装置，装置含有水力压裂控制系统能够模拟抽采钻孔负压状态下煤体内的瓦斯运移规律及考察高压水对煤体的压裂效果；徐佑林等[20]采用含瓦斯煤热流固三轴伺服试验系统进行不同瓦斯压力、围压和卸围压速率组合条件下的卸围压试验；潘一山等[21]利用自主研发的含瓦斯或水煤岩三轴压缩破裂电荷监测装置，对标准型煤试样进行含瓦斯煤岩围压卸荷瓦斯渗流及电荷感应试验，得到瓦斯渗流特性及电荷感应规律与煤岩的变形损伤过程的影响关系；Chen(陈海栋)等[22]采用煤岩应力-渗透率耦合试验装置，研究了卸荷下的被保护层煤岩渗透性分布特性和时空演化规律。尹光志和许江、蒋承林、潘一山、王汉鹏和袁亮等先后研发了从一维到三维的煤体气固耦合力学试验装置，并开展了不同诱导方式条件下含瓦斯煤岩气固耦合试验和模拟试验，详尽分析了应力、吸附压力和煤体强度之间的影响规律作用关系[23-26]。

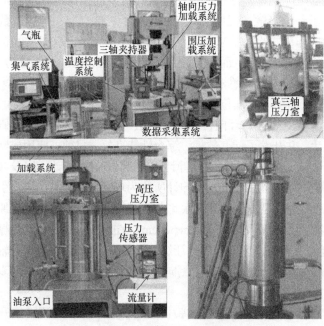

图 1.1　含瓦斯煤试验装置

此外，在含瓦斯煤耦合加载过程变形监测方面，1807 年 Thomas Young 在拉伸和压缩试验中，发现了材料纵向变形的同时伴随着横向变形的产生；1829 年 Simeon Denis Poisson 提出弹性常数概念，即泊松比[27]，研究表明单轴压缩时岩样环向变形比轴向变形更早、更快地偏离与轴向应力的线性关系[28-30]，但对于峰后阶段，特别是多相耦合加载过程的环向变形监测困难，研究程度较低，有必要进一步加强[31,32]。岩石力学试验采用的轴向和环向变形的测量方法与原理分为非接触法测量和接触法测量两类。非接触法测量主要为光干涉测量法、光导热塑全息照相法、数字散斑面内相关法(digital spackle correlation method, DSCM)等光学法[33,34]。例如，Widdle 等[35]提出了一种非接触式的激光散斑应变计；郭文婧等[36]基于数字散斑相关方法发展了一种虚拟引伸计测量方法，给出了虚拟引伸计的原理和实现方法，并用试验验证了虚拟引伸计的可靠性；马永尚等[37]利用三维数字图像相关技术得到单轴压缩状态下带中心圆孔花岗岩岩板破坏全过程，以及岩石破坏过程中观测面的三维位移和应变，直观地反映岩石表面裂隙的产生、扩展及相互连通的演化过程。但此类方法系统成本较高，且精度受光线、环境、操作等外界因素影响。接触法作为环向变形测试的主流方法，以机械法、电测法、引伸计法为代表[38,39]。机械法主要采用机械式千分表顶在试件表面，直接获取测点位移，操作简单，但通过若干点的变形表征环向变形存在一定误差；电测法主要在试件上粘贴纵向和横向电阻应变片，通过应变仪采集微应变间接测量环向变形。例如，李顺群等[40]设计了一种接触式三维应变花，建立了三维应变花各测试数据与常规应变之间的转换矩阵，并给出了求解该问题的必要条件。但应变片的粘贴增加了试件的局部刚度，测量误差大，而且无法测量峰后位移，操作不便且为一次性使用。引伸计法是将制作的成套传感器安装在试件表面，配合二次仪表采集数据获得纵横向应变数据，从而测得环向位移计算泊松比。国内外研发了不同的引伸计，MTS系统公司研发了链式引伸计环向位移测试方法与仪器[41]；王伟等[42]研制了轴向、径向变形引伸计，并开发了配套软件，综合性能良好。目前，应用成熟的环向变形测试方法与仪器主要有四柱悬臂式引伸计、MTS 链式引伸计，以及 GDS 公司的LVDT引伸计等。其中，MTS 链式引伸计所测为环形整体变形，通过引伸计转换位移，精度和可靠度好，但价格较高。除此之外，李铀[43]提出利用电容原理测量试件横向变形的想法，但未能实施。van Paepegem、Yilmaz 等[44,45]采用光栅传感器测试了材料横向-竖向变形数据及泊松比；汪斌等[46]基于 MTS815 配置的轴向和链式侧向变形引伸计测试技术改进了原有的侧向应变计算方法，建立了一套专门针对变形传感器的多功能标定器具和标定方法。

上述研究内容在含瓦斯煤力学试验仪器的功能开发和监测采集升级改造等方面取得了显著成效，但存在以下不足：①加载方式以静态加载为主，无法实现气固耦合条件下的动静联合加载；②在充入吸附性气体环境下，加载过程中加载室内容积不恒定，即因加载压头下压造成试验空间容积减小，导致气压升高，进而提高了气体吸附容量，干扰了试验结果并降低了加载精度；③无法实现煤体在气固耦合与应力加载条件下的试验全程可视化实时监测，试验装置体积庞大、操作烦琐；④开展三轴试验时，试件围压加载多以油压为主，无法实现围压的高速卸载；⑤含瓦斯煤耦合加载过程中环向变形监测困难[47-49]；⑥解吸环境以大气压为主，无法实现解吸环境气压的任意调节；⑦现有渗透率测试仪器操作复杂，且无法实现煤体全应力-应变过程中渗透率实时测试。

### 1.2.2 考虑气体吸附诱发煤体损伤劣化现状

Kassner 等[50]认为,要更深入地研究岩石的破坏机制,应当将宏、细观尺度结合起来多角度研究岩石损伤劣化过程。根据相关文献资料所述[51-54],在岩石力学领域,损伤劣化主要是指煤体或岩体在受到气体-液体侵蚀、冻胀和外部荷载等外界作用后,发生变色、龟裂、强度降低等物理或化学性能变化的现象。这些外部条件在一定的耦合作用下,能引起煤体内部结构变化且性能降低。而针对煤体吸附与加载耦合作用下的损伤劣化是指气体吸附后,煤体将产生吸附应变,吸附应变通过使煤微观结构重新排列从而诱发煤损伤,宏观层面导致其力学性质劣化,主要表现为吸附与加载过程,相比于同条件不吸附的煤体,其弹性模量和强度降低。

近年来,国内外专家学者采用理论分析、室内试验、数值仿真等手段对气体吸附状态中煤体的损伤劣化物理力学性质进行深入研究,取得了丰硕成果。Larsen[55,56]研究得出,煤体吸附瓦斯气体后体积发生少量膨胀,内部结构发生细观变化,这种变化将煤岩孔隙内表面自由能降到最低,从而保持整个煤岩-瓦斯系统的稳定。Majewska 等[57]通过声发射试验发现了气体吸附对煤样的损伤。姚宇平等[58]总结了三种具有代表性的假说:①瓦斯分子较深进入了煤体超微孔隙,吸附过程中导致煤体膨胀;②瓦斯分子进入超微孔隙并楔开孔隙;③瓦斯进入煤体碳分子内部,使分子间距变大,同时楔开与瓦斯分子尺寸相近的孔隙,并通过Bangham 方程定性描述了吸附膨胀变形的力学关系。祝捷等[59]优化了有效应力系数,考虑了时变性,建立了煤岩吸附/解吸气体的劣化模型。

Ranjith、Viete 等[60,61]通过试验分析指出,气体吸附对煤岩的影响可以通过宏观强度和弹性模量来表征;Larsen[56]认为,任意可以被煤样吸附和溶解的流体,如 $CO_2$、$CH_4$ 和 $N_2$ 等,其吸附过程均具有降低煤体自由能、释放煤颗粒膨胀诱发煤体应变的力学特性。何学秋等[62]通过开展含瓦斯煤岩力学特征试验研究阐述了孔隙吸附瓦斯对煤岩的破坏作用过程,并运用表面物理化学原理解释了孔隙瓦斯对煤岩的"蚀损"机理;尹光志等[63]从内时理论出发,利用连续介质不可逆热力学的基本原理推导出含瓦斯煤岩的内时损伤本构方程;程远平等[64]考虑了有效应力和瓦斯吸附/解吸变形等因素,以应变为变量来研究煤体的卸荷损伤性质。刘力源等[65]基于损伤力学理论与有效应力原理研究了煤岩吸附瓦斯的特征。黄达等[66]利用 PFC 颗粒流程序软件探讨了初始单轴静态压缩的细观损伤程度对单轴动态压缩时单裂隙岩样力学性质的影响规律。

上述研究主要以吸附煤体的细观吸附变形研究为主,很少有学者从耦合加载角度对含瓦斯煤力学特性及宏观裂隙煤体变形破裂过程开展试验研究。而在对煤体的加载方式上,大体可分为静态加载与动态加载两种方式,需要强调的是,我国 8669 次有明确作业方式记录的突出事例中,有 8362 次事故是由放炮、打钻及其他方式的动力扰动所诱发的，占 96.5%；张铁岗院士统计的平煤集团所发生强度大于 100t 的突出中，爆破作业后发生的比例为近 80%[67]。国内外专家学者逐渐认识到动力扰动是诱发煤与瓦斯突出的主要因素[68]，但其诱发机理尚有待深入探究。目前，岩石力学界已将煤体在静应力和动力共同作用下的动力学问题作为动静组合问题开展了大量研究，针对煤石卸载力学性质以及煤体受动力冲击扰动的动力学性质的研究已见于大量文献，这些研究对了解动力作用下深部围岩的破坏提供了参考[69]。在试验研究方面，窦林名等[70]理论研究了动载与静载叠加诱发冲击矿压的能量和应力条件；马春德等[71]研究了动静载条件下岩石的力学响应特征及其能量耗散和损伤破坏规律；金解放等[72]发现动态扰动对于应力越集中的深部巷道围岩失稳破裂的触发作用越突出；唐礼忠等[73]对深部大理岩进行了高应力下单轴小幅循环动力扰动试验；何满潮等[74]则通过动力冲击扰动条件下的岩石真三轴试验研究了岩爆问题；杨英明[75]开展了动力扰动下深部高应力煤体冲击失稳机理及防治技术研究。在数值模拟研究方面，国内学者多采用 FLAC(温颖远、刘宁等)、UDEC、LS-DYNA(卢爱红、张晓春等)、RFPA(唐春安、付斌等)等软件探讨动力扰动对煤体动力灾害的影响。

时至今日，在传统煤体破坏失稳的静态力学分析的基础上，部分学者的研究开始转向煤体结构的动态损伤和结构失稳方面，并着手分析动静组合加载条件下煤体的力学特性。在这些研究中，人们越来越突出扰动对动力灾害的"激发"和"诱导"作用，这些研究为探讨动静组合扰动下煤体破坏失稳特征及致突诱发条件提供了广泛的试验借鉴和理论基础。李峰等[76]研究了动载下基于线性弹塑性模型的煤岩动力响应特征。Lawson 等研究了煤炭开采过程中覆岩特征对动力破坏的影响[9]。尹光志等[77]、左宇军等[78]、张勇等[79]构建了煤岩在动静载条件下的失稳模型。单仁亮等[80]、付玉凯等[81]研究了煤的动态本构关系。

### 1.2.3　峰后煤体力学破坏特性与裂隙演化研究现状

材料峰后力学特性的研究一直是岩石力学领域的热点和难点。迄今为止，国内外专家学者在峰后岩石力学破坏特性及裂隙演化方面开展了大量研究。Lajtai[82]通过人工合成模拟软弱岩石的方法开展了常规剪切试验。试验表明，在材料断裂破坏过程中，首先出现倾斜拉裂隙，随着应力增加，裂隙相互贯通，形成贯穿的剪切面，最终导致剪切破坏；刘冬梅等[83]将全息干涉测量系统与岩石力学压剪加载系统相结合，通过图像采集系统实时动态捕获了压剪应力作用下板岩岩样压剪破坏过程的实时全息图，定量计算和描述了岩石裂隙扩展速率、演化路径和破坏形态，并对压剪应力作用下岩石变形破裂全程进行动态监测，指出岩石破坏既有剪切破坏也有张拉破坏，一定应力状态下会呈现扭转破坏特征；凌建明等[84]在单调加载和恒载蠕变条件下进行了脆性岩石损伤动态全过程的细观试验，研究了细观裂隙形式、发展及损伤效应，探讨了断裂过程材料损伤特性，并建立了在单调加载和蠕变条件下的细观裂隙损伤模型。许江等[85]利用自主研发的试验装置，对原煤粉碎后胶结制作成不同强度的煤块，开展了含瓦斯煤剪切破裂过程研究，通过扫描拼图和素描等方式对耦合状态中煤体的裂隙扩展过程进行对比分析，得到成型压力、密实度对吸附后煤体裂隙扩展的影响规律。朱珍德等[86]以四川锦屏二级水电站深埋隧洞围岩为研究对象，采用室内力学试验，实现了大理岩试样在单轴压缩变形破坏试验全程的数字化监测，分析了岩石变形劣化全过程，借助扫描电子显微镜(scanning electron microscope，SEM)图像处理技术，对微裂隙的萌生、扩展及贯通过程进行了定量分析，从试验和理论两方面探究岩石试样单轴压缩过程中的破坏机制。赵洪宝等[87]以型煤和原煤试样为研究对象，采用冲击试验装置和微结构演化三维自动测控试验装置及煤岩表面微结构动态演化三维细观监测软件，对冲击荷载作用下煤样表面裂隙扩展规律进行了试验研究，对比了型煤试样盒原煤试样的裂隙发育特征，得到了表征煤岩表面裂隙扩展路径的函数关系。吴永胜等[88]对成兰铁路典型千枚岩开展了单轴压缩扩容特性试验研究，研究了加载方位角对千枚岩扩容影响规律，详细分析了千枚岩体积应变正负转换点相对峰值点前、峰后和不出现三种情况及加载过程中弹性模量、泊松比等参数变化特征。

在数值分析与仿真研究方向，唐春安等[89,90]运用自主开发的岩石破裂过程分析 RFPA2D 系统，模拟了预置倾斜裂隙岩石试样的破坏过程，分析了非均匀性对岩石材料破裂过程的影响。徐磊等[91]采用 Weierstrass 函数法对岩石节理面进行了重构，建立了不同充填度岩石分形节理数值模型，系统分析了摩擦系数、凝聚力与岩石分形节理充填度的变化规律；王国艳等[92]采用 RFPA 数值分析软件，系统研究了具有初始裂隙的采动岩体裂隙演化过程和破坏模式，结果表明，采动岩体裂隙的初始损伤量越大，裂隙发育越充分，研究结果为采动岩体分维演化规律提供参考依据。梁正召等[93,94]基于有限元理论基础，综合考虑脆性材料的非均匀性，选用细观损伤软化模型，建立了一套岩石与混凝土三维破裂过程新的数值模拟方法。此外，随着科技发展的一日千里，混沌理论、神经网络、CT扫描、突变论、重正化群理论、分形几何等解决非线性复杂现象的新理论和方法引进、借鉴到岩石力学研究领域，极大地推动了岩石力学的不断发展[95-99]。特别是20世纪70年代曼德尔布罗特(Mandelbrot)创立的分形几何学，主要从数学角度研究自然界中的不规则几何形态，因此又称为"大自然的几何学"。分数维数最早由 Hausdorff 提出，并于20世纪80年代应用于岩石工程领域[100,101]；Lapointe[102]对比研究了计算机模拟岩体与实际岩体结构面的破裂关系，从结构面密度、长度、方位以及空间分布角度分析了不同研究对象的分形维数，得到了结构面网络越密、分布越均匀，相应网络的分形维数越高的作用规律；谢晶等[103]借助 RJNS 3D(三维裂隙网络重构平台)软件，对采动岩体裂隙网络重构参数的敏感性进行了研究，认为裂隙分维随着裂隙轴比的增加而减小，随着体积密度的增加而增加；张永波等[104]以山西辛置煤矿为对象设计物理模型，基于相似材料模拟了岩体采动过程中裂隙的形成过程和分布状态，运用分形几何理论研究采空区冒落带、裂隙带和弯沉带岩体裂隙分布的分形规律，得到裂隙分形维数与开采宽度、岩体碎胀系数、覆岩下沉系数的影响规律。刘石等[105]借助霍普金森杆试验装置，对绢云母石英片岩和砂岩进行了冲击压缩试验，得到了两种试样的分形维数，以及试验冲击速度、岩石抗压强度与分维特征关系，为探索岩石动态破碎分形特征与冲击性能之间的内在规律提供了新的研究方法。

综上所述，理论分析只适用于求解边界条件较为简单的直线裂隙扩展情况，针对自然裂隙时，需要进行假定和简化，甚至难以求解；数值方法虽然大量节省了研究成本与时间，但由于岩土体复杂的本构关系，很难做到精准仿真，尤其是在考虑气体吸附与加载过程中的煤体的力学特性与峰后裂隙演化规律方面的研究结果还不理想，需要进一步完善与改进。

### 1.2.4　考虑气体卸压解吸对煤体损伤劣化研究现状

赵洪宝等[106]以固定轴向应变条件下的轴向应力和径向应变为研究参数，对含瓦斯煤卸围压条件下的力学性质演化规律进行试验研究。胡千庭等[2]介绍了突然卸载时瓦斯对煤破坏的试验。试验表明，当在一定瓦斯压力下吸附平衡的含瓦斯煤在突然将瓦斯卸载时，瓦斯快速解吸不但会粉碎煤体，而且具有抛出作用，这也说明瓦斯内能的快速释放做功是抛出煤体的主要能源。徐佑林等[20]采用"含瓦斯煤热流固三轴伺服试验系统"进行不同瓦斯压力、围压和卸围压速率组合条件下的卸围压试验，分析了瓦斯压力、地应力、开采强度及其耦合条件对含瓦斯煤力学特性及巷道围岩变形破坏规律的影响。谢和平等[107]分析了3种典型卸压方式下煤岩动力学行为、裂隙展布及增透率演化规律，探索不同卸压方式下煤岩真实应力场、裂隙场和损伤程度的特征差异。Chen 等[22]利用数值模拟(FLAC3D)手段和煤岩应力-渗透率耦合试验装置，研究了卸压下的被保护层煤岩渗透性分布特性和时空演化规律。尹光志等[108]在不同瓦斯压力和不同初始围压下，研究了不同卸围压速率对瓦斯煤岩力学的影响，得到结论：卸围压速率越大，煤岩越容易失稳破坏，煤岩的渗透率与煤岩的变形损伤密切相关。蒋长宝等[109,110]进行了含瓦斯煤多级式卸围压变形破坏试验，对煤岩的变形及渗透性展开了研究，得到煤岩卸压破坏形式是以剪切破坏为主的张剪复合破坏，卸围压过程比恒压阶段煤岩变形速度快得多，且煤岩的变形损伤直接影响煤岩的渗透率。沈春明[111]结合物理相似模拟及数值模拟方法，对切槽煤层卸压后损伤破坏特征进行了分析，得到切槽面上下侧煤体的卸压作用显著，煤体的损伤变形程度随切槽厚度的增大而增大的结论。黄启翔等[112]通过位移控制及力控制两种方式进行了型煤卸围压试验，得到结论：初始围压越大，屈服阶段煤岩变形破坏越快，并推导出含瓦斯煤岩卸压过程中煤岩的损伤和强度计算公式。李永明等[113]研究了卸压速率对煤岩破坏的影响，认为卸压速率越大，煤岩越容易破坏失稳。祝捷等[114]对煤解吸瓦斯变形特征进行了试验研究，发现煤岩变形速率随瓦斯卸压时间增长而降低，吸附压力越大，卸压解吸造成煤岩变形量越大，煤的解吸变形量及变形速率受煤中微孔含量及孔隙的连续性影响。栗婧等[115]利用高压瓦斯煤岩吸附-解吸测试系统，对型煤在不同温度下进行卸压解吸试验，发现型煤在气体卸压瞬间发生膨胀变形，随后发生收缩变形，且变形速率逐渐减慢，解吸后的残余体积应变值随温度升高而降低，体积应变下降速度随温度的升高而升高。张遵国等[116]对比了原煤和型煤解吸瓦斯的变形特征，发现原煤变形具有各向异性，型煤变形具有各向同性，原煤吸附解吸瓦斯全过程应变曲线分为抽真空收缩变形、充气压缩变形、吸附膨胀变形、卸压膨胀变形、卸压后弹性恢复变形及解吸收缩变形等六个阶段，而型煤只有抽真空收缩变形、吸附膨胀变形和解吸收缩变形等三个阶段。两种煤解吸瓦斯后均有一定的残余应变。王辰等[117]进行煤体循环吸附解吸 $CO_2$ 试验，发现煤的吸附解吸变形具有各向异性的特点，垂直层理方向的变形速率比平行层理方向的快，气体卸压解吸次数增多，煤体损伤增多，强度降低，更容易发生动力灾害。

Wang 等[118]对不同孔隙结构的煤进行瓦斯吸附饱和卸压解吸试验，发现气体突然卸压解吸，煤内气体通过渗流扩散效应迅速爆发到周围环境中，会导致煤中的孔隙裂隙扩展，造成煤的快速变形和破坏，当气压平衡后，煤体不再发生变形。Nie 等[119]用不同粒度的煤颗粒制备型煤样品，测试了不同气压下型煤样品在气体吸附和解吸过程中的变形，得到煤在解吸过程中会收缩变形，不同煤样在不同瓦斯压力下的变形是可变的，煤的变形大小与瓦斯压力和粒度成正比，且变形不可恢复。Pone 等[120]研究了煤在围压下吸附解吸 $CO_2$ 引起的三维应变，得到 $CO_2$ 解吸时，引起的 $X$、$Y$、$Z$ 三轴上的体积应变分别为–0 23%、–008%和–0 02%，即解吸会使煤产生收缩变形。Zhang 等[121]模拟煤层气生产过程中井底压力的变化，研究了出口压力降低时瓦斯解吸过程中的变形和解吸特征。结果表明，煤吸附膨胀，解吸收缩，收缩总是小于膨胀，随着出口压力的不断降低，解吸过程中的应变差比恒定出口压力解吸过程中的应变差小，并指出这是由于解吸速度较高。Zhang 等[122]开展了软煤在不同含水率和不同气压条件下的等温吸附/解吸变形试验，得到卸压解吸过程产生的应变并非滞后于吸附应变，而是表现为解吸应变超前特征，气体完全解吸后，煤样体积较吸附前减小的结论。随着煤样含水率增大和气体吸附性增强，煤的塑性变形能力增强，导致解吸应变超前特征显著，富余变形增大。Wei 等[123]采用自主研发的煤岩气体吸附解吸变形试验系统，进行了不同气体压力下煤的吸附解吸变形试验，研究表明，煤卸压解吸变形具有各向异性，垂直层理方向变形量最大，平行层理垂直面割理方向次之，平行层理垂直端割理方向最小，变形量随气体压力的增加而增大。Zhai[124]研究了不同粒度煤样吸附解吸变形特征,煤岩瓦斯解吸后并不能完全恢复至初始状态,存在一定的残余变形量,0.85mm粒度的煤样在同等瓦斯压力条件下其吸附变形量最大,变形量受瓦斯压力变化比较明显,0.42mm粒度煤样在相同瓦斯压力条件下变形量最小。

# 1.3 研究目标与研究内容

## 1.3.1 研究目标

气体吸附及卸压解吸条件下煤体物理力学参数的定量分析方法与损伤劣化作用机理一直是矿山开采领域亟须深入探索的科学问题,针对现有不足,本书研发配套试验仪器,采用室内试验、理论分析与数值模拟相结合的手段,从宏细观角度分析研究气固耦合条件中煤体吸附解吸的损伤劣化机制与裂隙演化时效特征,为煤岩瓦斯灾害机理揭示与预报预警提供理论基础。

## 1.3.2 研究内容

本书通过自主研发的配套试验系统,采用理论分析与室内试验相结合的方式,基于室内劣化试验结果,从煤体损伤-劣化及裂隙分形等角度分析研究气体吸附以及卸压解吸条件下煤体在宏细观层面上的变形破裂过程和损伤劣化机制。本书的主要研究内容如下。

(1) 含瓦斯煤气固耦合特性测试仪器研究:针对现有仪器在气固耦合加载、监测等方面的不足,研究了可视化恒容气固耦合试验系统、圆柱标准试件环向变形测试系统、煤粒瓦斯放散测定仪、岩石三轴力学渗透测试系统,仪器均采用模块化设计方案,对各模块构成、试验功能特点与密封方案进行详细说明,为耦合加载过程中煤体的气固耦合特性研究提供可行性监测方案和硬件支持。

(2) 气体吸附诱发煤体损伤劣化试验研究与分形分析:利用研发试验装备和型煤标准试件,开展气体吸附诱发煤体损伤劣化室内试验,监测分析在气固耦合过程中煤体受静态荷载过程中煤体强度、变形和裂隙发育等宏观试验参数,并结合分形手段,分析研究不同吸附条件对煤体损伤劣化的影响。

(3) 气体吸附与应力加载过程中煤体损伤劣化机制探究:基于表面物理化学理论、Mohr-Coulomb 强度准则对煤体强度劣化作用进行力学分析;利用连续介质损伤力学方法探索其强度劣化诱因与损伤劣化机制,重点探讨气体吸附与荷载作用中煤体损伤本构关系;从颗粒离散元的角度分析高压瓦斯吸附对煤岩的劣化作用,并通过劣化试验与 PFC2D 数值模拟验证颗粒离散元分析方法的适用性。

(4) 瓦斯快速卸压诱发的煤体损伤劣化规律研究:研究环境气压、煤体损伤程度等卸压过程关键变量对瓦斯解吸量、解吸速度、扩散系数等动态参量的影响规律；研究瓦斯卸压前后煤体裂隙扩展及损伤状态，并重点考虑煤体损伤状态、气体卸压速率、解吸气体量等关键因素的影响；研究气体卸压过程中游离气体、吸附煤样放散引发的有效应力变化规律及诱发机制，并考虑煤体损伤状态、气体压力、气体吸附量等关键因素的影响。

(5) 瓦斯卸压解吸劣化损伤致突机制研究：综合考虑吸附瓦斯的解吸补充作用、煤体有效应力突增作用、气压动力作用及各部分之间的相互影响，推导裂隙系统瓦斯流动控制方程、煤体变形控制方程，构建可以更为准确描述煤体瓦斯卸压动态过程与煤体瓦斯卸压损伤致突机理的气固耦合动力学模型。以瞬间揭露诱发突出模拟试验为算例，分别将含瓦斯煤气固耦合动力学模型、传统气固耦合数学模型导入 COMSOL Multiphysics 软件，开展瓦斯瞬间卸压致突数值模拟，对比验证新模型的科学性与准确性。

# 1.4　研究方法与主要创新

## 1.4.1　研究方法

采用室内试验、理论分析、数值模拟和模型试验等手段，综合应用岩体力学、损伤力学、流体力学等学科知识开展研究工作，具体研究方法与技术路线如图 1.2 所示。

## 1.4.2　主要创新

(1) 研发了可视化恒容气固耦合试验系统和圆柱标准试件环向变形测试系统，解决了多相耦合过程中标准岩石试件力学参数测试难题，实现了试验全程可视化实时监测与充气环境中外部荷载的精确加卸载；利用研制仪器，采用型煤标准试件，提出了气体吸附与应力加载过程中煤体损伤劣化试验方法。

(2) 探明了气体吸附诱发煤体损伤劣化规律、瓦斯卸压瞬间吸附气体的解吸扩散规律、瓦斯卸压动力作用诱发煤体损伤劣化规律、煤体有效应力变化规律，并构建了可以准确表述以上过程的加载-吸附煤体损伤劣化演化方程、瓦斯解吸扩散模型、加载-解吸煤体损伤演化数学模型、含瓦斯煤有效应力数学模型。

(3) 基于 PFC2D 接触模型原理，结合试验劣化参数对气体吸附与应力加载过程中煤体裂隙演化特征进行了数值仿真验证试验，将数值模拟中微观参数与宏观劣化试验建立了一一对应关系，通过参数反演模拟气体吸附与加载过程中煤体劣化过程，从颗粒离散元的角度实现了对宏观变量如强度、变形及裂隙扩展程度的模拟分析。

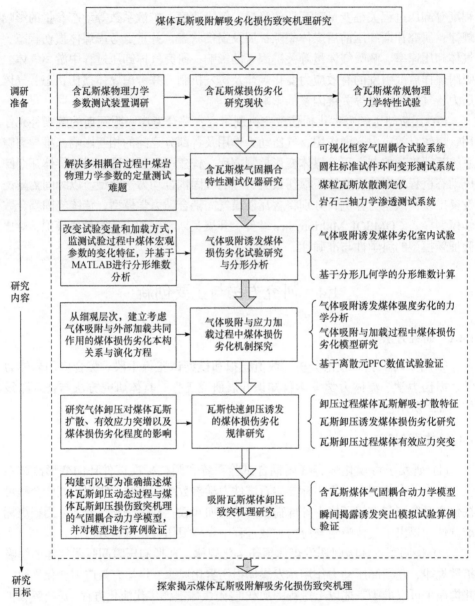

图 1.2　技术路线图

(4) 针对煤体瓦斯卸压动态过程，搭建了含瓦斯煤动力学模型，该模型综合考虑瓦斯卸压动态过程中吸附瓦斯的解吸补充作用、煤体有效应力突增作用、气压动力作用及各部分之间的相互影响，阐明了煤体瓦斯卸压损伤致突机理，可以更为准确地描述煤体瓦斯卸压动态过程。将其导入 COMSOL Multiphysics 软件对瓦斯瞬间卸压致突进行数值模拟，取得了良好的效果。

# 参 考 文 献

[1] 申宝宏, 雷毅, 刘见中, 等. 中国煤矿灾害防治战略研究[M]. 徐州: 中国矿业大学出版社, 2011

[2] 胡千庭, 文光才. 煤与瓦斯突出的力学作用机理[M]. 北京: 科学出版社, 2013

[3] 袁亮, 薛生. 煤层瓦斯含量法预测煤与瓦斯突出理论与技术[M]. 北京: 科学出版社, 2014

[4] 林伯泉, 周世宁. 含瓦斯煤体变形规律的实验研究[J]. 中国矿业学院学报, 1986, (3): 9-16

[5] Homand F, Belem T, Souley M. Friction and degradation of rock joints surfaces under shear loads[J]. International Journal for Numerical and Analytical Methods in Geomechanics, 2001, 25(10): 973-999

[6] Nie B S, Li X C. Mechanism research on coal and gas outburst during vibration blasting[J]. Safety Science, 2012, 50(4): 741-744

[7] Zhu W C, Liu L Y, Liu J S, et al. Impact of gas adsorption-induced coal damage on the evolution of coal permeability[J]. International Journal of Rock Mechanics and Mining Sciences, 2018, 101: 89-97

[8] 聂百胜, 卢红奇, 李祥春, 等. 煤体吸附-解吸瓦斯变形特征实验研究[J]. 煤炭学报, 2015, 40(4): 754-759

[9] Lawson H E, Tesarik D, Larson M K, et al. Effects of overburden characteristics on dynamic failure in underground coal mining[J]. International Journal of Mining Science and Technology, 2017, 27(1): 121-129

[10] 唐巨鹏, 潘一山, 杨森林. 三维应力下煤与瓦斯突出模拟试验研究[J]. 岩石力学与工程学报, 2013, 32(5): 960-966

[11] 刘清泉. 多重应力路径下双重孔隙煤体损伤扩容及渗透性演化机制与应用[D]. 北京: 中国矿业大学, 2015: 17-24

[12] 严家平, 李建楼. 声波作用对煤体瓦斯渗透性影响的实验研究[J]. 煤炭学报, 2010, 35(S1): 81-85

[13] 滕腾, 高峰, 高亚楠, 等. 循环气压下原煤微损伤及其破碎特性试验研究[J]. 中国矿业大学学报, 2017, (2): 306-311

[14] Liu X F, Wang X R, Wang E Y, et al. Effects of gas pressure on bursting liability of coal under uniaxial conditions[J]. Journal of Natural Gas Science and Engineering, 2017, 39: 90-100

[15] 孙晓元. 受载煤体振动破坏特征及致灾机理研究[D]. 北京: 中国矿业大学, 2016

[16] Wang S G, Elsworth D, Liu J S, et al. Rapid decompression and desorption induced energetic failure in coal[J]. Journal of Rock Mechanics and Geotechnical Engineering, 2015, (7): 345-350

[17] Yin G Z, Li W P, Jiang C B, et al. Mechanical property and permeability of raw coal containing methane under unloading confining pressure[J]. International Journal of Mining Science and Technology, 2013, 23(6): 789-793

[18] 袁瑞甫, 李怀珍. 含瓦斯煤动态破坏模拟实验设备的研制与应用[J]. 煤炭学报, 2013, 38(S1): 117-123

[19] 田坤云, 张瑞林. 高压水及负压加载状态下三轴应力渗流试验装置的研制[J]. 岩土力学, 2014, 35(11): 3338-3344

[20] 徐佑林, 康红普, 张辉, 等. 卸荷条件下含瓦斯煤力学特性试验研究[J]. 岩石力学与工程学报, 2014, 33(a2): 3476-3488

[21] 潘一山, 罗浩, 李忠华, 等. 含瓦斯煤岩围压卸荷瓦斯渗流及电荷感应试验研究[J]. 岩石力学与工程学报, 2015, 34(4): 713-719

[22] Chen H D, Cheng Y P, Ren T X, et al. Permeability distribution characteristics of protected coal seams during unloading of the coal body[J]. International Journal of Rock Mechanics & Mining Sciences, 2017, (71): 105-116

[23] 尹光志, 李铭辉, 许江, 等. 多功能真三轴流固耦合试验系统的研制与应用[J]. 岩石力学与工程学报, 2015, 34(12): 2436-2445

[24] 蒋承林. 煤壁突出孔洞的形成机理研究[J]. 岩石力学与工程学报, 2000, 19(2): 225-228

[25] 潘一山. 煤与瓦斯突出、冲击地压复合动力灾害一体化研究[J]. 煤炭学报, 2016, (1): 105-112

[26] 袁亮, 王伟, 王汉鹏, 等. 巷道掘进揭煤诱导煤与瓦斯突出模拟试验系统[J]. 中国矿业大学学报, 2020, 49(2): 205-214

[27] Bell J F. The Experimental Foundations of Solid Mechanics[M]//Mechanics of Solids. Berlin: Springer-Verlag, 1973

[28] 李晓照, 邵珠山. 脆性岩石渐进及蠕变失效特性宏细观力学模型研究[J]. 岩土工程学报, 2016, 38(8): 1391-1398

[29] 夏开文, 徐颖, 姚伟, 等. 静态预应力条件作用下岩板动态破坏行为试验研究[J]. 岩石力学与工程学报, 2017, 36(5): 1122-1132

[30] Moustabchir H, Arbaoui J, Azari Z, et al. Experimental/numerical investigation of mechanical behaviour of internally pressurized cylindrical shells with external longitudinal and circumferential semi-elliptical defects[J]. Alexandria Engineering Journal, 2018, 57(3): 1339-1347

[31] 唐浩, 李天斌, 陈国庆, 等. 水力作用下砂岩三轴卸荷试验及破裂特性研究[J]. 岩土工程学报, 2015, 37(3): 519-525

[32] 尤明庆, 华安增. 岩样三轴压缩过程中的环向变形[J]. 中国矿业大学学报, 1997, 26(1): 1-4

[33] 种照辉, 李学华, 鲁竞争, 等. 基于数字图像与数值计算的节理岩体锚固效应研究[J]. 岩土工程学报, 2017, 39(7): 1225-1233

[34] Angelidi M, Vassilopoulos A P, Keller T. Displacement rate and structural effects on Poisson ratio of a ductile structural adhesive in tension and compression[J]. International Journal of Adhesion and Adhesives, 2017, 78: 13-22

[35] Widdle R D Jr, Bajaj A K, Davies P. Measurement of the Poisson's ratio of flexible polyurethane foam and its influence on a uniaxial compression model[J]. International Journal of Engineering Science, 2008, 46(1): 31-49

[36] 郭文婧, 马少鹏, 康永军, 等. 基于数字散斑相关方法的虚拟引伸计及其在岩石裂纹动态观测中的应用[J]. 岩土力学, 2011, 32(10): 62-66

[37] 马永尚, 陈卫忠, 杨典森, 等. 基于三维数字图像相关技术的脆性岩石破坏试验研究[J]. 岩土力学, 2017, 38(1): 117-123

[38] 王波, 吴亚波, 郭洪宝, 等. 2D-C/SiC复合材料偏轴拉伸力学行为研究[J]. 材料工程, 2017, 45(7): 91-96

[39] 第五强强，张伟伟. 基于应变片的弹性体分布式位移测量方法[J]. 西北工业大学学报, 2017, 35(3): 422-427

[40] 李顺群，高凌霞，冯慧强，等. 一种接触式三维应变花的工作原理及其应用[J]. 岩土力学, 2015, 36(5): 1513-1520

[41] MTS Systems Corporation. Circumferential extensometer strain calculation[R]. Eden Prairie: MTS Systems Corporation, 2005

[42] 王伟，题正义，张宏岩. 改进型岩石试验机检测系统的研究[J]. 矿山机械, 2008, 36(4): 63-65

[43] 李铀. 利用电容原理测量试件的横向变形[J]. 岩土力学, 1990, 11(3): 75-78

[44] van Paepegem W, de Baere I, Lamkani E, et al. Monitoring quasi-static and cyclic fatigue damage in fibre-reinforced plastics by Poisson's ratio evolution[J]. International Journal of Fatigue, 2010, 32(1): 184-196

[45] Yilmaz C, Akalin C, Kocaman E S, et al. Monitoring Poisson's ratio of glass fiber reinforced composites as damage index using biaxial fiber Bragg grating sensors[J]. Polymer Testing, 2016, 53: 98-107

[46] 汪斌，朱杰兵，邬爱清. MTS815 系统变形测试技术的若干改进[J]. 长江科学院院报, 2010, 27(12): 94-98

[47] Mitra A, Harpalani S , Liu S M. Laboratory measurement and modeling of coal permeability with continued methane production. Part 1. Laboratory results[J]. Fuel, 2012, 94(1): 110-116

[48] Day S, Fry R, Sakurovs R. Swelling of coal in carbon dioxide, methane and their mixtures[J]. International Journal of Coal Geology, 2012, 93(93): 40-48

[49] Ju Y, Zhang Q G, Zheng J T, et al. Experimental study on $CH_4$ permeability and its dependence on interior fracture networks of fractured coal under different excavation stress paths[J]. Fuel, 2017, 202: 483-493

[50] Kassner M E, Nemat-Nasser S, Suo Z G, et al. New directions in mechanics[J]. Mechanics of Materials, 2005, 37(2-3): 231-259

[51] 邓华锋，李建林，朱敏，等. 饱水-风干循环作用下砂岩强度劣化规律试验研究[J]. 岩土力学, 2012, 33(11): 3306-3312

[52] 崔峰，来兴平，曹建涛，等. 煤岩体耦合致裂作用下的强度劣化研究[J]. 岩石力学与工程学报, 2015, 34(S2): 3633-3641

[53] 张慧梅，杨更社. 冻融岩石损伤劣化及力学特性试验研究[J]. 煤炭学报, 2013, 38(10): 1756-1762

[54] 沈达满. 多因素耦合作用下水泥基材料损伤劣化研究[D]. 南京: 南京大学, 2017: 2-6

[55] Larsen J W. Structural rearrangement of strained coals[J]. Energy & Fuels, 1997, 11(5): 998-1002

[56] Larsen J W . The effects of dissolved $CO_2$ on coal structure and properties[J]. International Journal of Coal Geology, 2004, 57(1): 63-70

[57] Majewska Z, Zietek J. Changes of acoustic emission and strain in hard coal during gas sorption-desorption cycles[J]. International Journal of Coal Geology, 2007, 70(4): 305-312

[58] 姚宇平，周世宁. 含瓦斯煤的力学性质[J]. 中国矿业大学学报, 1988, 17(1): 1-7

[59] 祝捷, 唐俊, 传李京, 等. 煤吸附解吸气体变形的力学模型研究[J]. 中国科技论文, 2015, 10(17): 2090-2094

[60] Ranjith P G, Jasinge D, Choi S K, et al. The effect of $CO_2$ saturation on mechanical properties of Australian black coal using acoustic emission[J]. Fuel, 2010, 89(8): 2110-2117

[61] Viete D R, Ranjith P G. The effect of $CO_2$ on the geomechanical and permeability behaviour of brown coal: Implications for coal seam $CO_2$ sequestration[J]. International Journal of Coal Geology, 2006, 66(3): 204-216

[62] 何学秋, 王恩元, 林海燕. 孔隙气体对煤体变形及蚀损作用机理[J]. 中国矿业大学学报, 1996, 25(1): 6-11

[63] 尹光志, 王登科, 张东明, 等. 基于内时理论的含瓦斯煤岩损伤本构模型研究[J]. 岩土力学, 2009, 30(4): 885-889

[64] 程远平, 刘洪永, 郭品坤, 等. 深部含瓦斯煤体渗透率演化及卸荷增透理论模型[J]. 煤炭学报, 2014, 39(8): 1650-1658

[65] 刘力源, 朱万成, 魏晨慧, 等. 气体吸附诱发煤体强度劣化的力学模型与数值模拟[J]. 岩土力学, 2018, 39(4): 1-9

[66] 黄达, 岑夺丰. 单轴静-动相继压缩下单裂隙岩样力学响应及能量耗散机制颗粒流模拟[J]. 岩石力学与工程学报, 2013, 32(9): 1926-1936

[67] 张铁岗. 矿井瓦斯综合治理技术[M]. 北京: 煤炭工业出版社, 2003

[68] 胡祖样. 深井瓦斯煤层动力灾害机理研究及工程应用[D]. 淮南: 安徽理工大学, 2014

[69] 鲜学福, 辜敏, 李晓红. 煤与瓦斯突出的激发和发生条件[J]. 岩土力学, 2009, 30(3): 577-581

[70] 窦林名, 何江, 曹安业, 等. 煤矿冲击矿压动静载叠加原理及其防治[J]. 煤炭学报, 2015, (7): 1469-1476

[71] 马春德, 李夕兵, 陈枫, 等. 双向受压岩石在扰动荷载作用下致裂特征研究[J]. 岩石力学与工程学报, 2010, 29(6): 1238-1244

[72] 金解放, 李夕兵, 钟海兵. 三维静载与循环冲击组合作用下砂岩动态力学特性研究[J]. 岩石力学与工程学报, 2013, 32(7): 1358-1372

[73] 唐礼忠, 武建力, 刘涛, 等. 大理岩在高应力状态下受小幅循环动力扰动的力学试验[J]. 中南大学学报(自然科学版), 2014, 45(12): 4300-4307

[74] 何满潮, 刘冬桥, 宫伟力, 等. 冲击岩爆试验系统研发及试验[J]. 岩石力学与工程学报, 2014, 33(9): 1729-1739

[75] 杨英明. 动力扰动下深部高应力煤体冲击失稳机理及防治技术研究[D]. 北京: 中国矿业大学, 2016

[76] 李峰, 张亚光, 刘建荣, 等. 动载荷作用下构造煤体动力响应特性研究[J]. 岩土力学, 2015, 36(9): 2523-2531

[77] 尹光志, 李贺, 鲜学福, 等. 煤岩体失稳的突变理论模型[J]. 重庆大学学报(自然科学版), 1994, 17(1): 23-28

[78] 左宇军, 李夕兵, 马春德, 等. 动静组合载荷作用下岩石失稳破坏的突变理论模型与试验研究[J]. 岩石力学与工程学报, 2005, 24(5): 741-746

[79] 张勇, 潘岳. 弹性地基条件下狭窄煤柱岩爆的突变理论分析[J]. 岩土力学, 2007, 28(7):

1469-1476

[80] 单仁亮, 程瑞强, 高文蛟. 云驾岭煤矿无烟煤的动态本构模型研究[J]. 岩石力学与工程学报, 2006, 25(11): 2258-2263

[81] 付玉凯, 解北京, 王启飞. 煤的动态力学本构模型[J]. 煤炭学报, 2013, 38(10): 1769-1774

[82] Lajtai E Z. Shear strength of weakness planes in rock[J]. International Journal for Rock Mechanics and Mining Science, 1969, 6(5): 499-515

[83] 刘冬梅, 龚永胜, 谢锦平, 等. 压剪应力作用下岩石变形破裂全程动态监测研究[J]. 南方冶金学院学报, 2003, 24(5): 69-72

[84] 凌建明, 孙钧. 脆性岩石的细观裂隙损伤及其时效特征[J]. 岩石力学与工程学报, 1993, 12(4): 304-312

[85] 许江, 冯丹, 程立朝, 等. 含瓦斯煤剪切破裂过程细观演化[J]. 煤炭学报, 2014, 39(11): 2213-2219

[86] 朱珍德, 黄强, 王剑波, 等. 岩石变形劣化全过程细观试验与细观损伤力学模型研究[J]. 岩石力学与工程学报, 2013, 32(6): 1167-1175

[87] 赵洪宝, 张欢, 王中伟, 等. 冲击荷载对煤样表面裂纹扩展特征影响研究[J]. 中国矿业大学学报, 2018, 47(2): 280-288

[88] 吴永胜, 谭忠盛, 余贤斌, 等. 不同加载方位角下单轴压缩千枚岩扩容特性[J]. 岩土力学, 2018, 39(8): 1-8

[89] 唐春安. 脆性材料破坏过程分析的数值试验方法[J]. 力学与实践, 1999, 21(2): 21-24

[90] 唐春安, 刘红元, 秦四清, 等. 非均匀性对岩石介质中裂纹扩展模式的影响[J]. 地球物理学报, 2000, 43(1): 117-121

[91] 徐磊, 任青文. 不同充填度岩石分形节理抗剪强度的数值模拟[J]. 煤田地质与勘探, 2007, 35(3): 52-55

[92] 王国艳, 于广明, 于永江, 等. 采动岩体裂隙分维演化规律分析[J]. 采矿与安全工程学报, 2012, 29(6): 859-863

[93] 梁正召, 唐春安. 岩石三维破裂过程的数值模拟研究[J]. 岩石力学与工程学报, 2006, 25(5): 931-936

[94] 梁正召, 唐春安, 张娟霞, 等. 岩石三维破坏数值模型及形状效应的模拟研究[J]. 岩土力学, 2007, 28(4): 699-704

[95] 申维. 自组织理论和耗散结构理论及其地学应用[J]. 地质地球化学, 2001, (3): 1-7

[96] 胡正威. 基于混沌理论的基坑工程监测数据分析与预测研究[D]. 武汉: 华中科技大学, 2013

[97] 沈珠江. 科学崇尚简朴——岩土工程中引进和借鉴方法评述[J]. 岩土工程学报, 2004, (2): 299-300

[98] 陈忠辉, 谭国焕, 杨文柱. 岩石脆性破裂的重正化研究及数值模拟[J]. 岩土工程学报, 2002, 24(2): 183-187

[99] 周喻, 吴顺川, 焦建津, 等. 基于 BP 神经网络的岩土体细观力学参数研究[J]. 岩土力学, 2011, 32(12): 3821-3826

[100] KawamotoT, Ichikawa Y, Kyoya T. Deformation and fracturing behavior of discontinous rock mass and damage mechanics theory[J]. International Journal for Numerical and Analytical

Methods in Geomechanics, 1988, 12(1): 1-30

[101] 谢和平. 分形-岩石力学导论[M]. 北京: 科学出版社, 1997

[102] Lapointe P R. A method to characterize fracture density and connectivity through fractal geometry[J]. International Journal of Rock Mechanics and Mining Sciences & Geomechanics Abstracts, 1988, 25(6): 421-429

[103] 谢晶, 高明忠, 张茹, 等. 采动裂隙网络重构分形特征参数敏感性分析[J]. 中国矿业大学学报, 2016, 45(4): 677-683

[104] 张永波, 靳钟铭, 刘秀英. 采动岩体裂隙分形相关规律的实验研究[J]. 岩石力学与工程学报, 2004, 23(20): 3426-3429

[105] 刘石, 许金余, 白二雷, 等. 基于分形理论的岩石冲击破坏研究[J]. 振动与冲击, 2013, 32(5): 163-166

[106] 赵洪宝, 王家臣. 卸围压时含瓦斯煤力学性质演化规律试验研究[J]. 岩土力学, 2011, 32(S1): 270-274

[107] 谢和平, 张泽天, 高峰, 等. 不同开采方式下煤岩应力场-裂隙场-渗流场行为研究[J]. 煤炭学报, 2016, 41(10): 2405-2417

[108] 尹光志, 蒋长宝, 王维忠, 等. 不同卸围压速度对含瓦斯煤岩力学和瓦斯渗流特性影响试验研究[J]. 岩石力学与工程学报, 2011, 30(1): 68-77

[109] 蒋长宝, 黄滚, 黄启翔. 含瓦斯煤多级式卸围压变形破坏及渗透率演化规律实验[J]. 煤炭学报, 2011, 36(12): 2039-2042

[110] 蒋长宝, 尹光志, 黄启翔, 等. 含瓦斯煤岩卸围压变形特征及瓦斯渗流试验[J]. 煤炭学报, 2011, 36(5): 802-807

[111] 沈春明. 围压下切槽煤体卸压增透应力损伤演化模拟分析[J]. 煤炭科学技术, 2015, 43(12): 51-56

[112] 黄启翔, 尹光志, 姜永东. 地应力场中煤岩卸围压过程力学特性试验研究及瓦斯渗透特性分析[J]. 岩石力学与工程学报, 2010, 29(8): 1639-1648

[113] 李永明, 陈连城, 魏胜利, 等. 煤岩轴向应力恒定卸围压条件下力学参数的研究[J]. 矿业快报, 2007, (4): 23-25

[114] 祝捷, 张敏, 传李京, 等. 煤吸附/解吸瓦斯变形特征及孔隙性影响实验研究[J]. 岩石力学与工程学报, 2016, 35(S1): 2620-2626

[115] 栗婧, 汪振, 戚瑞康, 等. 不同温度下型煤吸附解吸变形规律的研究[J]. 煤炭技术, 2020, 39(1): 83-88

[116] 张遵国, 曹树刚, 郭平, 等. 原煤和型煤吸附-解吸瓦斯变形特性对比研究[J]. 中国矿业大学学报, 2014, 43(3): 388-394

[117] 王辰, 冯增朝, 王智民, 等. 煤体循环吸附-解吸变形规律的试验研究[J]. 煤矿安全, 2017, 48(3): 1-4

[118] Wang G, Guo Y Y, Du C A, et al. Experimental study on damage and gas migration characteristics of gas-bearing coal with different pore structures under sorption-sudden unloading of methane[J]. Geofluids, 2019, (1): 1-11

[119] Nie B S, Hu S T, Li X C, et al. Experimental study of deformation rules during the process of gas adsorption and desorption in briquette coal[J]. International Journal of Mining Reclamation

and Environment, 2014, 28(5): 277-286

[120] Pone J D N, Halleck P M, Mathews J P. 3D characterization of coal strains induced by compression, carbon dioxide sorption, and desorption at in-situ stress conditions[J]. International Journal of Coal Geology, 2010, 82(3-4): 262-268

[121] Zhang B X, Fu X H, Deng Z, et al. A comparative study on the deformation of unconfined coal during the processes of methane desorption with successively decreasing outlet pressure and with constant outlet pressure[J]. Journal of Petroleum Science and Engineering, 2020, 195: 107531

[122] Zhang Z G, Zhao D, Cao S G, et al. Experimental study on difference of adsorption deformation and desorption deformation of soft coal[J]. Journal of Mining & Safety Engineering, 2019, 36(6): 1264-1272

[123] Wei B, Zhao Y, Zhang Y G. Experimental study on anisotropic characteristics of coal deformation caused by gas adsorption and desorption[J]. Oil Geophysical Prospecting, 2019, 54(1): 112-117

[124] Zhai S R. Experimental study on gas adsorption-desorption deformation characteristics of briquette coal samples with different granularity[J]. Journal of Safety Science and Technology, 2018, 14(6): 84-89

# 第 2 章　基础试验仪器系统研发

## 2.1　引　　言

煤与瓦斯突出过程中，煤体处于吸附气体解吸、应力条件瞬息万变的非稳定状态，涉及煤体损伤状态、气体卸压速率、吸附解吸气体量等多个影响因素。多相耦合状态下煤体物理力学参数、吸附解吸参数的获取与监测是探索煤体瓦斯吸附解吸劣化损伤机制的前提与必要条件。由于其耦合过程的复杂性以及试验设备、密封方式、测试手段的限制，多相耦合状态下煤体物理力学性质、吸附解吸性质的研究一直是一个难点，而开展此类研究并将其应用到岩石力学工程领域中亦具有一定的实际意义。

借鉴前人经验，采用 SolidWorks 三维机械设计软件与 ABAQUS 有限元计算校核的形式，设计研发可视化恒容气固耦合试验系统、圆柱标准试件环向变形测试系统、煤粒瓦斯放散测定仪和岩石三轴力学渗透测试系统，详细阐述系统构成与功能特点，并开展相关应用验证系统功能指标。可视化恒容气固耦合试验系统配合圆柱标准试件环向变形测试系统可以对吸附瓦斯煤进行"轴向应力+动力扰动"组合加载，采用高速摄像技术捕获其瞬态变形、裂隙发育与破坏模式等动态特征信息，为动静组合荷载下吸附瓦斯煤变形破坏机制研究提供科学试验仪器。煤粒瓦斯放散测定仪实现了不同环境压力下瓦斯解吸放散规律的研究，为含瓦斯煤解吸放散特性研究提供了仪器。岩石三轴力学渗透测试系统，用于三轴气固耦合条件下煤体变形破坏、渗流特征同步测量，实现了全应力-应变过程含瓦斯煤渗透率实时测定。

## 2.2　可视化恒容气固耦合试验系统研发

针对目前同类仪器加载精度和可视化程度低、体积庞大、操作复杂等局限性，研发以可视化恒容试验仪为主体的试验装置系统，其中系统的概念设计、三维建模与动画制作均采用法国达索公司(Dassault Systemes S.A)发行的商业软件 SolidWorks 2015 版本。SolidWorks 是世界上第一个基于 Windows 开发的三维 CAD 系统，具有 Windows OLE 技术、直观式设计技术、先进的 parasolid 内核(由剑桥大学提供)以及良好的与第三方软件的集成技术等设计特点[1,2]，广泛应用于航空航天、机械、国防、交通等各个领域[3-7]，系统整体设计渲染图如图 2.1 所示。

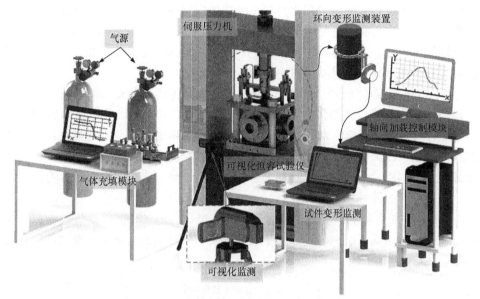

图 2.1　可视化恒容气固耦合试验系统设计与构成

　　该系统主要由可视化恒容试验仪、气体充填模块、环向变形监测装置、轴向加载控制模块、扰动加载单元、动态信息获取单元构成，试验仪体积小巧，可直接放置在常规伺服压力机工作平台上进行试验操作。实物如图 2.2 所示。

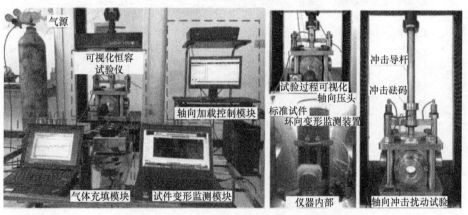

图 2.2　含瓦斯煤动静组合加载试验系统实物

## 2.2.1　工作原理与功能指标

　　图 2.3 以可视化恒容试验仪为核心说明可视化恒容气固耦合试验系统的工作原理。

(1) 可视化恒容试验仪由恒容室、耦合加载室、自平衡压头等构成，为标准试件提供密闭试验空间。可视化恒容试验仪后门可拆卸，方便试件与环向位移装置的安装，其他三面设有可视观察窗口，内置 LED 光源，配合高速摄像机实现试验过程的可视化，仪器体积小巧(340mm × 340mm × 460mm(长 × 宽 × 高))，可直接放置在常规单轴伺服压力机工作平台上进行轴向加载。

(2) 气体加载单元包括储气罐、截止阀、压力传感器及充气加载盘，试验仪通过高压软管外接气体加载单元，内设快速卸气与真空通道、围压加载或充气通道、煤样气体充填通道、煤样抽真空通道和渗流解吸通道，分别与可视化恒容试验仪的底板、压头等位置接口连接，实现对试验空间和标准试件的抽真空、围压加卸载及气固耦合渗流功能，借鉴文献[8]~[11]经验，将充气面板设计为网状结构，实现了对煤体的均匀充气。

(3) 试件变形监测模块通过预先安装在标准试件上的环向位移传感器，并将信号通过导线由底板引出与外接采集设备连接，实现试验过程中标准试件的环向变形监测。

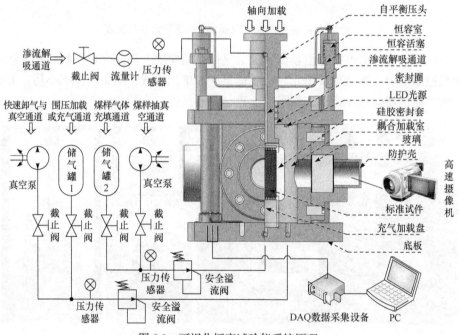

图 2.3 可视化恒容试验仪系统原理

(4) 轴向加载模块主要为伺服压力机及其加载控制系统，压力机与可视化恒容试验仪的压头配合实现对吸附瓦斯煤的恒容轴向伺服加载，可加静动态荷载。

(5) 扰动加载单元包括冲击扰动装置(冲击砝码、冲击导杆)和卸压扰动装置

(电磁阀、控制软件)。利用不同重量、不同高度的冲击砝码，冲击扰动装置可对吸附瓦斯煤体施加不同能量的冲击扰动。通过调整电磁阀通径，卸压扰动装置可对吸附瓦斯煤施加不同压降速率的卸压扰动。

(6) 动态信息获取单元包括环向变形测试装置、高速摄像机等配套采集装置，其功能是对静力+动力扰动下的吸附瓦斯煤体进行动态变形破坏信息捕捉。

可视化恒容气固耦合试验系统具有如下功能:

(1) 实现了气固耦合与轴向加载过程中的反应室体积恒容，即消除了压头伸入导致空间体积改变迫使压力不恒定的加载误差。

(2) 实现了高压气体围压加载，可快速卸气压，模拟煤层揭露瓦斯压力瞬间下降情况。

(3) 实现了试验过程的三向可视化，可高速记录煤体变形破碎全过程。

(4) 实现完全密封，能够开展原煤和型煤标准试件的单轴、三轴气固耦合物理力学试验，可考虑不同吸附特性加载不同气体和轴向荷载种类。

(5) 可试验分析不同加载阶段含瓦斯煤在全应力-应变过程中裂隙扩展、损伤扩容、变形破碎粉化以及能量耗散演化等动态响应特征。

(6) 可试验探索不同加载阶段含瓦斯煤标准试件的渗透解吸规律。

(7) 可开展吸附瓦斯煤体的单轴压缩试验、单轴静力下吸附瓦斯煤的冲击扰动试验、单轴静力下吸附瓦斯煤的卸气压扰动试验。

整套试验系统各模块功能明确、协同工作，最大限度地简化了试验步骤，提高了试验精度。

仪器的主要技术指标见表 2.1。

表 2.1　仪器主要技术指标

| | 技术指标 | 参数 |
|---|---|---|
| 基本尺寸 | 加载室外形尺寸/(mm × mm × mm) | 340 × 340 × 460 |
| | 加载室空间尺寸/(mm × mm) | $\phi 140 \times 200$ |
| | 可视化窗口尺寸/(mm × mm) | $\phi 80 \times 50$ |
| | 试件尺寸/(mm × mm) | $\phi 50 \times 100$ |
| 加载能力 | 冲击破碎功/(J/kg) | 0~200 |
| | 卸气压速率/(L/s) | 0~5.4 |
| | 气体压力/MPa | 0~5 |
| | 轴向应力/MPa | 0~100 |
| 采集精度 | 气体压力/MPa | 0.005 |
| | 轴向应力/MPa | 0.02 |

续表

| 技术指标 | | 参数 |
|---|---|---|
| 采集精度 | 轴向变形/mm | 0.004 |
| | 环向变形/mm | 0.004 |

### 2.2.2　可视化恒容试验仪设计方案

可视化恒容试验仪是系统进行试验的核心模块，主要由恒容装置和耦合加载室构成，如图 2.4 所示。其中，恒容装置位于轴向压头与顶板之间，耦合加载室是由顶底板、环形加载室通过四根拉杆构成的密闭空间；底板设有内外信号航空插头，内外信号航空插头之间采用密封引线连接；另外，底板中间和轴向压头中间均设有气体通道，分别与气体充填模块的控制阀块连接，阀块内预制通道并安装压力传感器、安全溢流阀和截止阀用以监测各通道压力变化和实现安全试验。也可安装冲击装置进行含瓦斯煤冲击测试，开展冲击试验前，扰动仪压头和伺服压力机压头安装冲击导杆，由卡套固定，调节好压头高度后拆除卡套，试验时将一定质量的冲击砝码从不同高度下落，对试件进行冲击加载。

恒容装置详细构成与说明如图 2.5 所示。

传统的仪器采用常规压头对试件施加压力。加载过程中，高压气体会对压头产生反作用力，该力大小与气压有关。在静力试验中，这种反作用力可通过计算消除。但在卸气压扰动试验中，气压瞬间由高压降至大气压，致使加载在煤体上的轴向力不稳定且力值难以计算。此外，煤体变形过程中，压头不断移动，会影响腔体内气压的稳定。这种影响在压头移动慢、煤体变形小的静力试验中是可以忽略的，但在压头移动速度快、煤体变形大的冲击力扰动试验中难以忽略。

#### 1. 恒容加载装置与工作原理

经换算，以对耦合加载室充入 10.0MPa 气体为例，压头轴向将受到 1.96t 反作用力，这不仅会干扰试验轴向加载精度，还存在试验危险，因此设置了恒容装置，用以完成对试件轴向的恒容加卸载，装置结构由两端对称的恒容缸筒与恒容活塞形成密闭空间，其中恒容活塞通过横梁与轴向压头固定连接，恒容缸筒通过恒容立柱固定在顶板上，缸筒顶部连接恒容管路，管路最终通过顶板预留孔进入环形加载室，形成连通回路。

恒容装置及其工作原理如图 2.5 所示：试验过程中恒容活塞随着压头的下压同步下移，反应室内气体压力通过管路进入恒容缸筒，压头伸入反应室部分截面积 $S_p$ 等于两端恒容缸筒内截面积 $S_c$ 之和，即 $S_p=2S_c$，从而抵消了压头底部的气体压力，消除气体压力对压头的反作用力，保证了冲击、静载加载过程的恒容，提高了试验准确性。

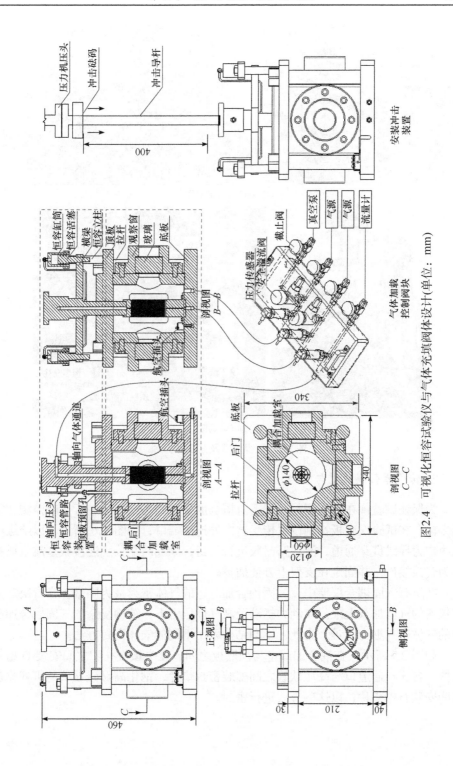

图2.4 可视化恒容试验仪与气体充填阀体设计(单位: mm)

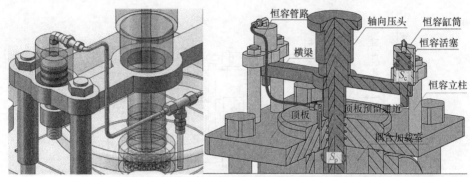

(a) SolidWorks设计图

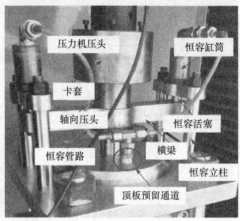

(b) 加工实物图

图 2.5　恒容装置及其工作原理

## 2. 传感器引线装置与密封

为保证试验仪在高压密封环境下对耦合加载室内各物理量进行实时监测和数据传输，在试验仪底板特别设置传感器内外连接端口，如图 2.6 所示，以绝缘漆包线作为导线贯穿通道，灌注密封胶进行密封，导线两端分别连接微型航空插头作为转换接口，并固定在支架上方便插拔。

在所有气固耦合仪器中，气固耦合加载室的气体密封最为困难，常常决定了该仪器的气体加载上限。在动力扰动及高气体压力下，结构复杂的气固耦合加载室的气体密封更为困难。为此，不同结构采用不同的气体密封方法。

如图 2.7 所示，在耦合加载室与顶底板之间、压头顶板孔隙之间安装 O 型密封圈，各充气通道口与高压软管之间安装密封垫片，钢化高硼硅玻璃与可视化窗口间安装石棉垫片，以这些方式进行密封。

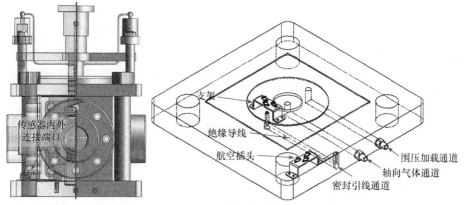

图 2.6　密封引线单元

图 2.7　密封与引线实物图

## 2.2.3　设计强度校核

可视化恒容试验仪主体结构由顶底板、立柱、观察窗及三面开窗一面开门的耦合加载室组装构成，是实现试验可视化与含瓦斯煤耦合反应的关键单元。为保证图像采集的准确度，可视化窗口需采用透光率高、折射率低的透明材料，经过比选，采用直径 80mm、厚 50mm 的钢化高硼硅玻璃作为可视化窗口，该材质具有低膨胀率、耐高温、高强度、高硬度、高透光率等优点，其主要技术参数见表 2.2。同时，为保证光照的稳定性，在室内顶板安装耐高压环形 LED 灯，通过密封引线装置供给电源。

表 2.2  高硼硅玻璃技术参数

| 技术指标 | 参数 |
| --- | --- |
| 密度/(g/cm³) | 2.3 |
| 莫氏硬度 | 7.2 |
| 抗拉强度/MPa | 48 |
| 抗压强度/MPa | 40 |
| 体积弹性模量/MPa | $9.3 \times 10^4$ |
| 刚性模量/MPa | $3.1 \times 10^3$ |
| 弹性模量/MPa | $6.3 \times 10^4$ |
| 泊松比 | 0.18 |
| 热膨胀系数/K⁻¹ | $3.3 \times 10^{-6}$ |
| 折射率 | 1.47 |
| 透光率/% | 87 |
| 收缩率/% | 67.56 |
| 工作温度/℃ | 280(可工作时间小于 6000h) |

装置的耐高压能力是保证安全试验的前提和首要条件，为保证安全试验，对主体结构采用 ABAQUS 有限元软件进行数值计算校核，恒容加载装置的最大气体充填设计强度为 10.0MPa，并按两倍安全系数进行计算，最终确定各结构厚度和形式，图 2.8 为计算校核内容，校核部件参数见表 2.3。

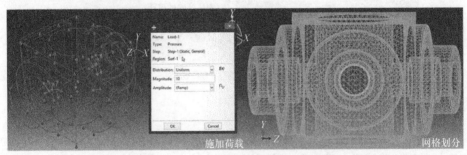

图 2.8  ABAQUS 有限元软件计算校核

表 2.3　校核部件参数[12, 13]

| 校核零件 | 尺寸/mm | 材质 | 弹性模量 $E$/GPa | 泊松比 | 最大屈服强度/MPa |
|---|---|---|---|---|---|
| 顶底板 | $340 \times 340 \times 50$ | 合金钢 | 210 | 0.3 | 345 |
| 立柱 | $\phi 40$ | 合金钢 | 210 | 0.3 | 345 |
| 玻璃 | $\phi 80 \times 50$ | 钢化高硼硅玻璃 | 72 | 0.2 | 90 |
| 厚壁钢筒 | $\phi 140 \times 200$ | 合金钢 | 210 | 0.3 | 345 |

顶底板和立柱强度计算：由图 2.9 和图 2.10 可知，最大位移(变形)0.1781mm，最大值位置在顶板中心；最大主应力 174.9MPa，最大值位置出现在立柱。通过理论公式计算得到每个立柱在 10.0MPa 气压下受力 3.85t。对应拉应力为 170MPa，取数值计算和理论计算两者最大值作为参考值，设计尺寸与结构形式满足试验要求。

图 2.9　顶底板应力云图

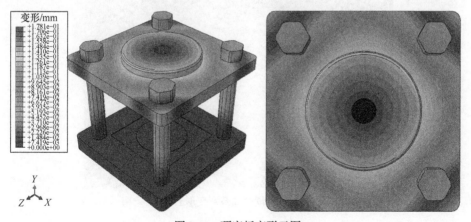

图 2.10　顶底板变形云图

耦合加载室强度校核：图 2.11 和图 2.12 为模拟充气过程中玻璃受力状况，将玻璃与耦合加载室组合安装后进行计算，经计算，内壁布置 10.0MPa 均匀压力时，

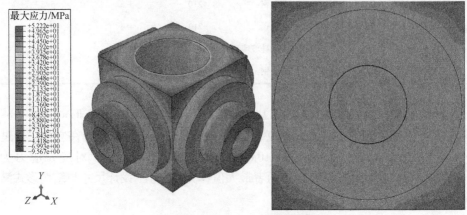

图 2.11　耦合加载室应力云图

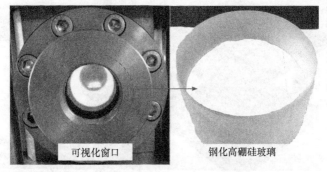

可视化窗口　　　　　　钢化高硼硅玻璃

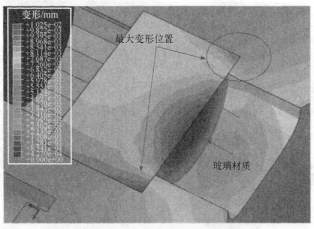

图 2.12　耦合加载室变形云图

最大变形发生在玻璃位置处，最大变形量为 $1.025 \times 10^{-2}$mm，最大应力发生在耦合加载室两端内侧边角，为 52.22MPa，计算结果显示结构刚度与强度均满足设计要求。

### 2.2.4 硅酮胶与二氧化碳吸附性能试验验证

1. 试验背景

作者所在课题组在开展国家重大科研仪器研制项目，进行大型煤与瓦斯突出物理模拟试验过程中，曾使用硅酮胶作为密封材料，但在试验后发现，胶体与吸附性气体反应导致胶体整体膨胀变形，并呈现表面蜂窝状，强度和密封性均有较大程度的降低。硅酮胶主要由聚二甲基硅氧烷、二氧化硅等成分组成，适宜密封、防渗防漏及防风雨用途，防渗防漏效果显著，凝固后的胶体本身属于多孔性物，硅酮胶具有较大的比表面积，能优先吸附极性分子，如硅胶常用作脱水吸附剂、芳烃吸附剂等[14-16]，但胶体如何与吸附性气体发生反应，何种情况下会发生膨胀变形均没有相关资料，为此，开展了硅酮胶与二氧化碳吸附性能试验验证。

2. 试验方案

如图 2.13 所示，试验方案如下：①将硅酮胶制作成 3cm × 3cm × 3cm 正方体胶块；②将胶块放入可视化恒容气固耦合试验系统的耦合加载室内，抽真空 2h，充入吸附能力较强的二氧化碳气体，气体压力设置为 1.0MPa，吸附保压时间 24h；③24h 后打开气体充填模块的"煤样抽真空通道"进行卸气；④充分卸气后，继续监测 24h；⑤按照步骤①~④，将气体换成惰性气体氦气，进行对比试验；⑥通过可视化观察窗口观察试验全程胶块与两种试验气体的吸附反应情况。

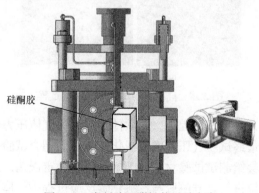

图 2.13 密封胶吸附性能试验方案

## 3. 试验结果与分析

硅酮胶与二氧化碳反应过程如图 2.14 所示，结果表明：①通过高速摄像机对胶块变形的实时监测，在两种试验气体中，充气和保压过程中胶块未发生体积变化；②卸气过程中，卸气持续时间 128s，其中充入二氧化碳试验气体的一组在气压下降到约 0.231MPa 时，即在卸气过程的第 51s 开始，体积迅速膨胀，8s 后体积达到最大；③胶体内二氧化碳缓慢解吸，试块体积逐渐减小，6h 后体积减小基本停止；④试块体积无法恢复原始大小，通过排水法测得试验前后胶块体积膨胀率为 21%；⑤解吸后试块表面和内部均出现裂隙，胶体内部充满微小气泡，吸附解吸过程对胶块造成不可逆损伤；⑥与惰性气体(氦气)耦合和卸气过程中均不发生膨胀反应，说明二氧化碳与胶块反应是一个非物理反应；⑦通过对硅酮胶的宏观定性试验，验证了试验系统在可视化观测、密封效果等功能的可行性。

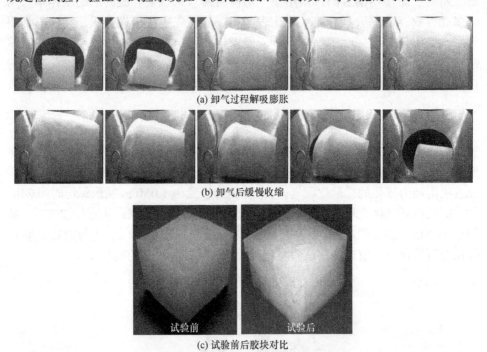

(a) 卸气过程解吸膨胀

(b) 卸气后缓慢收缩

试验前　　　　试验后

(c) 试验前后胶块对比

图 2.14　硅酮胶与二氧化碳反应过程

需要说明的是，在充气过程中，由软件预先设定气体压力值，通过控制电磁阀的自动开闭调节最终试验气压，因可视化恒容气固耦合试验仪的试验腔体相比于试样体积较大，会给测试试验材料的吸附量带来一定误差，后续试验中吸附量的测定不采用该系统进行。硅酮胶与二氧化碳反应过程中气体压力曲线如图 2.15 所示。

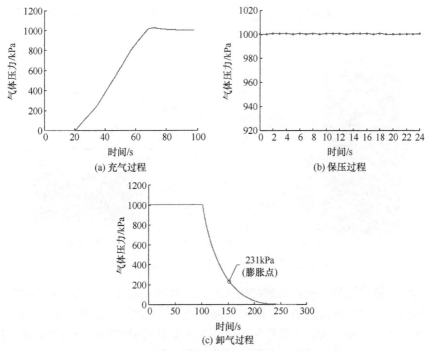

图 2.15 硅酮胶与二氧化碳反应过程中气体压力曲线

### 2.2.5 圆柱标准试件环向变形测试系统设计方案

在高压气体及动力扰动下，试件环向变形剧烈、迅速、不均匀，这就要求测量装置具有测量范围全面、量程大、响应灵敏、精度高的特点。在传统的环向变形测量方法中，仅有 MTS 公司研发的链式引伸计符合以上要求[17]，但由于其价格昂贵，长期应用于冲击、卸气压等动力扰动环境中，极易损坏，会导致试验成本极高。

为精确获取气固耦合加载过程中标准圆柱试件在全应力-应变过程中环向变形规律与峰后扩容力学特性，借鉴 MTS 链式环向引伸计，提出了一种基于角度量测的岩土圆柱试件环向变形测试方法，并研发了配套装置，装置可与可视化恒容气固耦合试验系统配合使用，也可独立完成环向变形测试。系统采用链式滚带环绕标准圆柱试件，角位移传感器通过加持锁定机构与链式滚带连接，DAQ 数据采集卡和配套 LABVIEW 编制的采集程序实现了环向位移的实时采集与记录，测量精度 0.004mm，量程 30mm，尺寸小、造价低，可适用于气固耦合、三轴加载等多种加载环境。

#### 1. 系统构成与功能参数

圆柱标准试件环向变形测试系统主要由链式滚带、夹持锁定结构(包括固定盘、预紧弹簧、锁定指针和联动指针)、角位移传感器、DAQ 数据采集设备和采集软件组成,如图 2.16 所示。

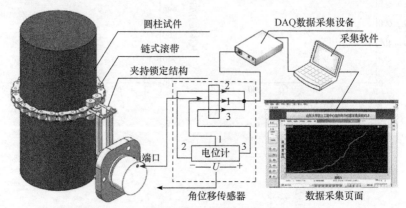

图 2.16 圆柱标准试件环向变形测试系统构成

其中,链式滚带、夹持锁定结构为不锈钢材质,角位移传感器采用导电塑料电位器或霍尔角位移传感器,可将 0°~360°的旋转角度变化量转变为 0~5V 的电压信号并输出,通过 DAQ 数据采集设备和采集软件最终将电压信号转换为环向位移并采集记录。导电塑料电位器绝缘耐压值 1000V/min,霍尔角位移传感器为非接触式磁电效应传感器,使用温度环境:-55~125℃,二者封装于高压气体或液压油中,应用于三轴试验,链条和指针转动的变形为机械变形,并将变形传递给封装的角位移传感器,故液压油中不会产生干扰。系统主要功能参数见表 2.4。

表 2.4 环向位移测试系统测试参数

| 量程/mm | 精度/mm | 使用温度/℃ | 使用环境 | 最大压力/MPa | 输出电压/V |
|---|---|---|---|---|---|
| 30 | 0.004 | -55~125 | 气压/油压 | 10 | 0~5 |

2. 测试方法与原理

系统工作时,将链式滚带缠绕于标准圆柱试件中部位置,锁定指针和联动指针与链式滚带两端连接固定,并借助预紧弹簧将滚带夹持锁定,其锁定指针和联动指针尾部分别与固定盘和角位移传感器随动轴连接。当试件受轴向荷载产生环向变形时,链式滚带两端间距随之变化,致使两针之间发生角度变化,通过角位移传感器记录变形过程中角度变化值 $\theta$,表征和计算试件材料的环向位移变形量,环向变形监测量程与预紧弹簧的劲度系数和材质相关,本节所用弹簧为 304 不锈钢材质,弹性范围内所受最大拉力为 5N,劲度系数为 0.17N/mm,最大环向变形监测量为 30mm,满足除岩盐类蠕变材料后期加速蠕变变形测试外的煤体材料测试[18]，为防止变形超限损坏装置，设置限位销钉，经换算，经过限位销钉和固定盘中心点 $O$ 的连线与法线 $OO'$ 的夹角为 25°，工作原理如图 2.17 所示。

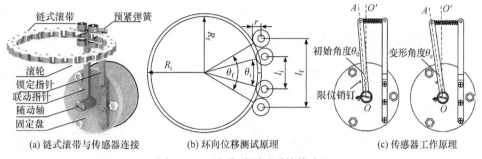

(a) 链式滚带与传感器连接　　(b) 环向位移测试原理　　(c) 传感器工作原理

图 2.17　环向位移测试系统构成

在系统测试精度方面，导电塑料电位器的分辨率理论上为无限小，主要取决于 DAQ 数据采集设备的精度。采用的角位移传感器和数据采集设备的精度均为 0.1%F.S.(满量程误差)，角度分辨率为 $\Delta\theta = 0.36°$，换算为环向变形分辨率 $P' = L\sin(\Delta\theta) = 0.004\text{mm}$，其中 $L$ 是联动指针长度，为 39.5mm。

根据图 2.17，设试件初始半径为 $R_i$，试件变形后半径为 $R_f$，滚筒半径为 $r$，初始弦长为 $l_i$，变形后弦长为 $l_f$，分别对应的初始角度 $\theta_i$ 和变形后角度 $\theta_f$，对应弧度 $\widehat{\theta_i} = \pi\theta_i/180°$，$\widehat{\theta_f} = \pi\theta_f/180°$；因为试件变形前后链条的长度 $l_c$ 保持不变，所以可得式(2-1)。

$$l_c = (R_i + r)(2\pi - \widehat{\theta_i}) = (R_f + r)(2\pi - \widehat{\theta_f}) \tag{2-1}$$

设试件半径的变化 $\Delta R = R_f - R_i$，角度变化为 $\Delta\theta = \theta_f - \theta_i$，则可得式(2-2)。

$$(R_i + r)(2\pi - \widehat{\theta_i}) = (R_i + \Delta R + r)[2\pi - (\widehat{\theta_i} + \Delta\widehat{\theta})] \tag{2-2}$$

整理可得式(2-3)。

$$\Delta R = \frac{(R_i + r)\Delta\widehat{\theta}}{2\pi - \widehat{\theta_i} - \Delta\widehat{\theta}} \tag{2-3}$$

实测变形 $\Delta l = l_f - l_i$，由角位移传感器间接测量，即通过夹持锁定结构将角位移传感器安装在链式滚带上，夹持锁定结构的两根杆分为固定杆和转动杆，两杆之间顶端安装弹簧，距角位移传感器的长度为 $L$，并设定两者平行为 0 位，当安装在链式滚带上时，会产生初始角度 $\theta_0$，当试件被压缩周长变大时，相对于固定杆，转动杆会向外扩张，两者夹角也会逐渐变大，设最终角度为 $\theta_e$，得到传感器角度变化量与变形公式如式(2-4)和式(2-5)所示。

$$\Delta\theta_s = \theta_e - \theta_0 \tag{2-4}$$

$$\Delta l = L(\sin\theta_e - \sin\theta_0) \tag{2-5}$$

根据图 2.17(b)有

$$l_f = l_i + \Delta l \tag{2-6}$$

由三角函数关系整理得到

$$2(R_i + \Delta R + r)\sin\frac{\theta_i + \Delta\theta}{2} = 2(R_i + r)\sin\frac{\theta_i}{2} + \Delta l \tag{2-7}$$

将式(2-3)代入式(2-7)可得

$$\Delta l = \frac{2(R_i + r)(2\pi - \widehat{\theta_i})}{2\pi - \widehat{\theta_i} - \widehat{\Delta\theta}}\sin\frac{\theta_i + \Delta\theta}{2} - 2(R_i + r)\sin\frac{\theta_i}{2} \tag{2-8}$$

因链条长度 $l_c$、滚筒半径 $r$ 和试件初始半径 $R_i$ 已知，代入式(2-1)可求出初始角度 $\theta_i$，$\Delta l$ 由式(2-5)计算得到，代入式(2-7)可获得试件加载变形后角度变化量 $\Delta\theta$，进而得到试件半径变化值 $\Delta R$。

整理得到试件环向变形量 $\Delta C$ 和环向应变 $\varepsilon_c$ 如式(2-9)和式(2-10)所示。

$$\Delta C = 2\pi(R_f - R_i) = 2\pi\Delta R \tag{2-9}$$

$$\varepsilon_c = \frac{\Delta R}{R_i} \tag{2-10}$$

3. 系统测试精度验证

为检验系统有效性，采用 $\phi 50mm \times 100mm$ 的聚氨酯圆柱形标准试件开展单轴压缩试验，试验照片如图 2.18 所示。聚氨酯标准试件具有材料完全弹性特点，可多次试验，施加相同荷载试件变形完全相同，方便采用其他方式(MTS 链式引伸计和近景摄影测量)进行对比分析。

图 2.18　环向位移测试系统验证试验

　　试验按照位移加载，加载速率为 0.3mm/s，达到试件的最大加载应力 2.0MPa 时保持 60s 后卸载，最大加载应力对应的轴向位移为 12.6mm。试验得到了聚氨酯标准试件在单轴压缩试验过程中轴向-环向位移对比曲线和环向位移与数字摄影测量对比曲线，分别如图 2.19 和图 2.20 所示。

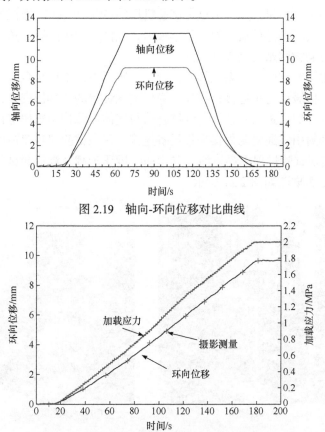

图 2.19　轴向-环向位移对比曲线

图 2.20　环向位移与数字摄影测量对比曲线

　　为进行验证对比，分别应用本节方法和 MTS 链式方法测试同一个聚氨酯试件的泊松比，每种方法测试三次取平均值，最终得到的结果见表 2.5。本节方法所测得的数值与 MTS 链式方法测得的聚氨酯试件的泊松比分别为 0.473 和 0.472，误差<0.22%，与聚氨酯材料的泊松比一致。

表 2.5　聚氨酯试件泊松比

| 测试方案 | 泊松比 | | | |
| --- | --- | --- | --- | --- |
| | 1 | 2 | 3 | 平均值 |
| 本节方法 | 0.472 | 0.474 | 0.473 | 0.473 |
| MTS 链式方法 | 0.471 | 0.473 | 0.472 | 0.472 |

#### 2.2.6　系统安装与操作

1. 系统装配与初步检查

可视化恒容试验仪和气体充填模块的主体结构由淮南庆达机械有限责任公司生产加工，伺服压力机采用济南试金试验机厂的 WDW-100E 微机控制电子式万能试验机，钢化高硼硅玻璃、数据采集板卡、气体压力传感器、角位移传感器等相关配件均在购物网站上购买和订制。

以可视化恒容试验仪为系统核心，置于伺服压力机工作平台上，轴向压头通过锁定结构与伺服压力机连接；将环向变形测试装置的传感器安装在标准试件中部，通过试验仪后门进入；仪器各气体管路与气体加载控制阀块连接；内置传感器通过底板密封引线通道与外接采集设备连接，并在试验仪观察窗外安装高速摄像机，共同实现试验过程中煤体抽真空、轴向-围压加载及渗流测试与物理信息监测，系统配合实物图如图 2.21 所示。

(a) 仪器整体

(b) 环向变形测试装置

(c) 气固耦合加载室

(d) 可视化窗口

(e) 数据采集装置

图 2.21　系统配合图

为验证新技术、新设计方案能否达到预想的效果，开展了大量试验对仪器气密性、轴向静力稳定性和冲击扰动下腔体气压稳定性进行测试。

(1) 仪器气密性测试：将标准型煤试件放入仪器内，进行了试件吸附与气密性检验，在试件不加密封套的前提下注入 1.0MPa 二氧化碳气体，并不再通过系统补充气体，通过获得的耦合加载室内气体压力变化曲线可知，试验所用型煤标准试件的吸附时间约 18h，在 24h 内基本达到吸附平衡状态，24~48h 内压力处于稳定状态，装置密封措施可靠，满足试验要求，如图 2.22 所示。

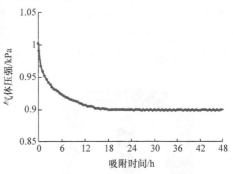

(a) 气密性试验检测现场照片　　　　　　(b) 耦合加载室气体压力变化曲线

图 2.22　气密性试验

(2) 卸气压扰动下试件轴向静力稳定性测试：利用伺服压力机对自平衡压头施加恒定的轴向应力，通过测试卸气压过程中试件承受轴向应力的稳定性确定压头的自平衡效果。然而，气压变动的气固耦合环境中，试件应力状态的测定是困难的。为此，该测试选择聚氨酯制作的试件。聚氨酯材料为各向同性的理想弹性体，应力-应变关系固定；弹性模量小，应力变化时应变响应敏感；测试过程中，气体压力的变化仅改变其静水压力，对其弹性变形的影响可以忽略。换言之，卸气压过程中该材料的轴向应变能很好地反映其承受的轴向应力。

准备阶段，将 $\phi$50mm × 100mm 的聚氨酯试件放入气固耦合加载室，充入 1MPa 氮气，对其施加 0.5MPa 轴向静载并维持不变；测试时，打开 DN20 的电磁阀将高压氮气瞬间释放，监测试件的轴向位移。测试结果显示，氮气在 0.5s 内由 1MPa 降至大气压，但聚氨酯试件的轴向变形恒定不变。这说明自平衡压头的设计实现了卸压扰动下仪器的静力加载稳定。

(3) 冲击扰动下腔体气压稳定性测试：具体测试方法如下。准备阶段，将 $\phi$50mm × 100mm 聚氨酯试件放入气固耦合加载室，充入 1MPa 惰性气体氮气，对其施加 0.5MPa 轴向静载并维持不变；测试时，采用高度 400mm 的 1kg 砝码对试件施加连续冲击荷载，监测气固耦合加载室的气压变化。测试结果显示，聚氨酯试件在冲击荷载作用下发生剧烈变形，压头随之发生移动，但气固耦合加载室的气压稳定不变。这说明，自平衡压头的设计实现了冲击扰动下仪器的气压稳定。

## 2. 仪器操作流程说明

下面结合所述试验系统对含瓦斯煤力学试验进行操作说明。

步骤 1：试验系统应放置在安静、无振动及电磁干扰的恒温实验室，室内温度稳定在 25℃，操作人员佩戴口罩、眼罩、绝缘手套等安全设施。

步骤 2：启动实验室换气系统，使空气流通，防止气体泄漏弥漫实验室。

步骤 3：将可视化恒容气固耦合试验仪放置于压力机加载平台使其压头与压力机压头同轴心，如图 2.23 所示；进行动载冲击试验时，先将试验机拉伸夹具拆除，试验仪压头通过冲击导杆与压力机压头连接，导杆预先放置一定质量的冲击砝码，通过调节冲击砝码下落高度和质量实现对含瓦斯煤不同冲击能量的冲击试验。

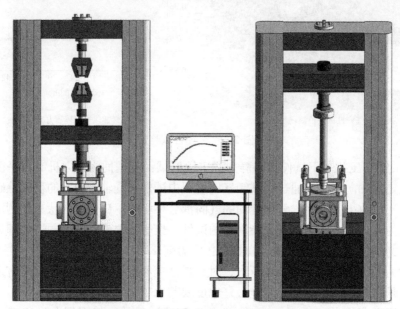

图 2.23　试验仪与伺服压力机配合

步骤 4：开启压力机，本节所用伺服压力机参数见表 2.6。

表 2.6　环向位移测试系统测试参数

| 测试参数 | 数值 |
| --- | --- |
| 型号 | WDW-100kN |
| 最大测试力/kN | 1000 |
| 测试范围/kN | 0～100 |
| 测量精确度/% | ±1(2～100kN 范围) |
| 垂直拉伸仪初始标度距离/mm | 50 |
| 垂直拉伸仪变形/mm | 25 |

续表

| 测试参数 | 数值 |
|---|---|
| 电子引伸计测量精度/% | ±1 |
| 变形分度/mm | 0.001 |
| 位移测量精确度/mm | 0.01 |
| 梁位移速度/(mm/min) | 0.05～500 |
| 速度精确度/% | 标准型：±1 |

步骤 5：开启压力机控制软件，具体操作如下。①找到 WinWdW 软件并打开，软件界面如图 2.24 所示；②新建试样，并填写试样参数；③设置加载速率；④设置最大试验力(根据试件强度，本试验选择 5kN 或 10kN 即可)；⑤试验初始化，位移试验力清零；⑥开始试验，待试验完成后点击复位，结束试验，保存数据。

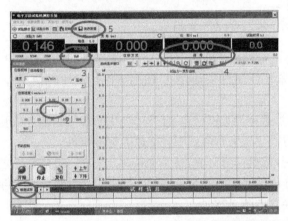 

图 2.24　轴向加载软件界面

步骤 6：调整压力机压头高度使可视化恒容气固耦合试验仪的轴向压头与压力机压头通过卡套卡紧对接，如图 2.25 所示。

  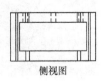

侧视图

图 2.25　压头对接

　　步骤 7：试件准备(1)，使用游标卡尺测量本次试验的试件尺寸并做好记录，试件尺寸测量如图 2.26 所示。

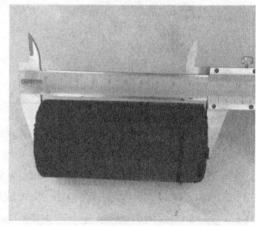

图 2.26　试件尺寸测量

　　步骤 8：试件准备(2)，具体是将标准试件套上热缩管(长约 17cm)，并用热吹风机对其加热烘烤使热缩管紧紧环绕试件表面(该步骤用于模拟围压时使用)，如图 2.27 所示。

　　步骤 9：试件准备(3)，开启加载室内 LED 灯，打开可视化恒容气固耦合试验仪耦合加载室的后门，调整压力机使压头升降到刚好能放入标准试件。

　　步骤 10：试件准备(4)，将标准试件与环向位移采集传感器连接，具体是通过夹持锁定结构将环绕在型煤标准试件上的链式滚带进行夹持锁定，并将传感器导线与底板上的引线转换插头连接，如图 2.28 所示。

图 2.27　试件安装热缩管

图 2.28  试件安装环向位移传感装置

步骤 11：调整压头使压头下端面式解吸槽与试件上表面对接，关闭可视化恒容气固耦合试验仪耦合加载室的后门。

步骤 12：气压充填与采集模块安装布置，具体是将气体充填阀块上各传感器与压力采集箱连接，压力采集箱通过 USB 接口与采集计算机连接，如图 2.29 所示。

步骤 13：气压充填与采集软件开启，软件界面如图 2.30 所示。具体操作如下。①打开软件"数据采集程序"；②切换到参数设置页面设置参数(一般采集频率设为 10Hz，采集时间设为无限大)；③设置完成后点击开始测试选项，待各通道压力数值稳定后进行清零；④试验结束后点击停止测试，找到"二进制工具"软件并打开，将生成的数据文件导出为 Excel 文件。

步骤 14：试件变形监控与采集模块安装布置，具体是将耦合加载室内传感器通过导线引出通道和转换接口与环向位移采集盒连接，再将环向位移采集盒通过 USB 接口与采集计算机连接，并调整好高清摄像机高度、角度和焦距使之正对含瓦斯煤力学参数测定仪加载室的可视化窗口。

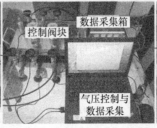

图 2.29  气体充填与采集模块

图 2.30  气压采集软件界面

步骤 15：试件环向变形采集软件开启，界面如图 2.31 所示，一般采集频率设为 100Hz，采集方式选为高频，设置完成后暂时不用点击开始测试选项，待试验进行时开始测试。

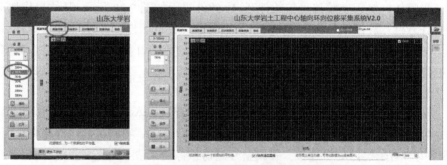

图 2.31  环向变形采集软件参数设置与软件界面

步骤 16：气压充填与采集模块与可视化恒容气固耦合试验仪耦合加载室连接。①将气体充填阀块上的解吸通道与压头内解吸出口连接；②面式充填通道与底板面式充填口连接；③充围压通道与底板充围压口连接。

步骤 17：气压充填与气源连接，具体是将吸附性气源与面式充填通道连接，模拟围压气源与充围压通道连接。

步骤 18：对耦合加载室抽真空，具体是将真空泵与卸围压通道连接，并将截止阀打开(其他截止阀处于关闭状态)，然后开启真空泵进行抽真空，当达到目标压力值后，关闭卸围压通道的截止阀，撤除真空泵。

步骤 19：加载室充围压，具体是调整气瓶安全压力，开启气源，开启充围压通道截止阀，使气源进入加载室，并通过采集软件实时观察记录加载室内压力值变化，达到目标值后关闭气源。

步骤 20：对试件的吸附性气体面式充填，具体是调整吸附性气源的气瓶安全压力，开启气源，开启面式充填通道截止阀，使气源通过该通道进入面式充填槽对试件底部进行充填。

步骤 21：面式充填结束，具体判断标准为，监测解吸通道的压力传感器开始充填时的压力值快速上升到基本成水平曲线稳定不变时，即可视为进入吸附解吸动态平衡。

步骤 22：对试件加载，具体是待围压稳定和吸附解吸动态平衡后，操作压力机对试件进行轴向静态加载或结合动态导向杆、冲击砝码进行动载冲击试验，加载前应开启环向变形采集软件和高清摄像机进行实时记录，并获取整个过程中的各通道压力值变化。

步骤 23：加载完毕，开启卸围压通道截止阀，直至加载室内压力与外界压力持平。

步骤 24：获取试验过程中的各通道压力变化数据、试件轴向环向应力-应变及变形数据，以备后续分析处理。

步骤 25：关闭各操作模块操作软件、电源等设施。

步骤 26：开启后门，将取出的试件进行拍照并按照强度归类收集放置，以备后用，加载后型煤试件如图 2.32 所示。

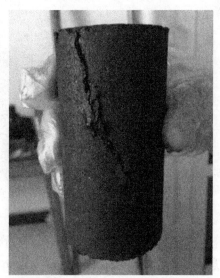

图 2.32　加载后型煤试件

步骤 27：使用吸尘器将加载室内破碎煤粉吸出，清扫试验场地，拆除装置并归类放置保护，试验结束。

## 2.3　煤粒瓦斯放散测定仪

### 2.3.1　仪器结构与工作原理

现有试验仪器无法进行煤体瓦斯非常压解吸试验，严重制约了相关研究的开展。针对上述问题，作者自主研发了"煤粒瓦斯放散测定仪"进行试验，如图 2.33 所示。

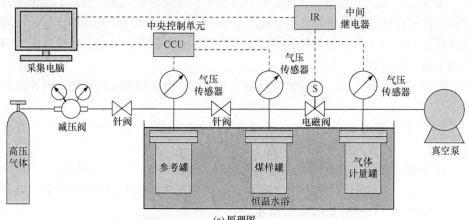

(a) 原理图

(b) 实物图

图 2.33　煤粒瓦斯放散测定仪

仪器元件按照其功能可划分为吸附解吸部分、温度控制部分、真空脱气部分、信息采集-恒压控制部分。吸附解吸部分主要由参考罐、煤样罐、气体计量罐组成，该部分是煤体中瓦斯气体吸附解吸的主要空间，各罐体均由 304 不锈钢制作，可耐压 10.0MPa。温度控制部分主要由恒温水浴组成,试验过程中通过较长的水浴浸泡时间消除水温与罐腔内的温度差,可将试验温度控制在室温至 100℃范围内,其精度达±0.1℃。真空脱气部分主要由真空泵组成,该部分可将仪器内压力抽至 −0.098MPa,以消除仪器管路及试验煤样中原有气体干扰。信息采集-恒压控制部分包括安装在参考罐、煤样罐和气体计量罐的三个高频高精度气压传感器、管路中的电磁阀以及采集控制系统。该部分可实现瓦斯解吸过程中环境气压的恒定以及相应试验条件下瓦斯解吸量的测定。

仪器调节瓦斯解吸环境气压的基本原理为:采集控制系统实时采集煤样罐游离空间瓦斯压力 $p$(即瓦斯解吸环境气压),并与预先设定的环境气压目标值 $p_1$ 进行对比,当 $p > p_1$ 时,控制电磁阀瞬时打开,直至 $p = p_1$,电磁阀瞬时关闭,从而维持环境气压恒定。压力传感器采集频率可达 500Hz,精度<0.1%F.S.,电磁阀响应时间仅为 0.01s,可保持环境气压稳定在 $p_1 ± 3$kPa。

仪器测定瓦斯解吸量的基本原理为:瓦斯解吸过程中,煤样罐及计量罐中气体物质的量 $n_{\text{tot}}$ 可通过对煤样罐、计量罐内气体压力的实时采集,基于气体状态方程得到。$n_{\text{tot}}$ 可表示为式(2-11)。

$$n_{\text{tot}} = \frac{p_{\text{scl}}V_{\text{sc}}^{\text{void}}}{Z_1 R T_{\text{wt}}} + \frac{p_{\text{mc}}V_{\text{mc}}}{Z_2 R T_{\text{wt}}} \tag{2-11}$$

式中,$n_{\text{tot}}$ 为罐内气体物质的量,mol;$V_{\text{sc}}^{\text{void}}$ 为煤样罐空隙空间体积,$\text{cm}^3$;$V_{\text{mc}}$ 为计量罐空间体积,$\text{cm}^3$;$p_{\text{scl}}$ 为瓦斯解吸过程中煤样罐实时气体压力;$p_{\text{mc}}$ 为计量罐实时气体压力,MPa;$R$ 为摩尔气体常数;$T_{\text{wt}}$ 为水浴温度,K;$Z_1$ 为 $p_{\text{scl}}$ 在 $T_{\text{wt}}$ 下对应的气体压缩因子;$Z_2$ 为 $p_{\text{mc}}$ 在 $T_{\text{wt}}$ 下对应的气体压缩因子。

解吸过程中煤样罐及计量罐内气体物质的量 $n_{\text{tot}}$ 包含煤样解吸瓦斯、罐体和煤样裂隙中的游离瓦斯。因此,将计算得到的罐内气体物质的量 $n_{\text{tot}}$ 减去游离气体物质的量 $n_{\text{ori}}$,即为某时刻解吸气体物质的量 $n_{\text{des}}$。解吸气体物质的量 $n_{\text{des}}$ 可表示为式(2-12)。

$$n_{\text{des}} = n_{\text{tot}} - n_{\text{free}} \tag{2-12}$$

式中,$n_{\text{free}}$ 为罐内和煤样孔隙裂隙中的游离气体物质的量,mol。

试验过程中,罐体和煤样孔隙裂隙中的原有游离气体的放散也需要一定时间,其物质的量 $n_{\text{ori}}$ 可采用不吸附气体(如氦气)在相同的试验条件下通过式(2-11)获取。

为便于对比分析,可利用解吸气体物质的量 $n_{\text{des}}$ 计算得到标准温压(standard temperature and pressure,STP)下单位质量煤体解吸瓦斯体积 $V_{\text{STP}}^{\text{des}}$,表示为

$$V_{\text{STP}}^{\text{des}} = \frac{n_{\text{des}} R T_{\text{STP}}}{p_{\text{STP}}(1 - M_{\text{ad}} - A_{\text{ad}}) M_{\text{coal}}} \tag{2-13}$$

式中，$p_{STP}$ 为标准温压下气体压力；$T_{STP}$ 为标准温压下气体温度；$M_{coal}$ 为煤样质量；$M_{ad}$ 为灰分；$A_{ad}$ 为煤样的水分。

试验前，已对仪器各罐体体积进行了标定，煤样罐空隙空间体积 $V_{ct}^{void}$ 则可利用煤样质量和真密度计算得到。

### 2.3.2 技术参数与操作方法

该仪器具有以下特色。

(1) 气体量基于精密压力传感器和气体状态方程获取，试验数据实时、高频、准确。

(2) 兼有气体吸附、解吸性能测定功能，可实现煤样一次吸附、多参数测定，试验效率高。

(3) 可任意调节吸附平衡压力、解吸环境压力等参数，模拟复杂多样的煤样瓦斯赋存环境。

仪器的主要技术参数见表 2.7。

表 2.7　仪器主要参数

| 项目 | 技术指标 |
| --- | --- |
| 供电电压/V | AC220 |
| 气压精度/%F.S. | 0.1 |
| 控温精度/℃ | ±0.1 |
| 采集频率/Hz | 1～500 |
| 控温范围/℃ | 室温～100 |
| 最大耐压/MPa | 10.0 |
| 吸附平衡压力/MPa | 0～6.0 |
| 解吸环境压力/MPa | −0.05～2.0 |
| 最大真空度/MPa | −0.098 |
| 外形尺寸/(mm × mm × mm) | 600 × 350 × 500 |
| 参考罐/(mm × mm) | $\phi 55 \times 110$ |
| 煤样罐/(mm × mm) | $\phi 55 \times 110$ |
| 计量罐/(mm × mm) | $\phi 100 \times 160$ |

煤体瓦斯解吸试验的具体测定步骤如下。

(1) 试验硬件连接：各传感器接入控制箱对应接口，高压气瓶、真空泵连接至对应接口，利用参数采集软件检查传感器是否正常可用，各传感器正常情况下方可继续试验。

(2) 仪器气密性检测：对整套仪器进行负压、高压下的气密性检查，其中负压下的气密性检查要求压力为–0.098MPa，时间大于 1h，高压下的气密性检查要求压力为 4MPa，时间大于 3h。

(3) 煤样称取：气密性满足要求后，将煤样装入煤样罐，上覆脱脂棉，以维持试验系统清洁。将整套仪器放入恒温水浴中。

(4) 仪器内杂质气体去除：打开数据采集软件，设置采集频率、采集时间，设置环境气压为 0MPa(保证该阀门处于常开状态)，点击"开始采集"，用于各罐体的气体压力采集。利用真空泵将整套仪器抽真空至–0.098MPa，维持 8h，以去除仪器、管路内原有空气干扰。

(5) 煤样瓦斯吸附：打开高压气瓶开关，利用减压阀将进气口气压调节为吸附平衡压力值，对煤样持续供气 24h，此时认为煤样吸附完毕。

(6) 煤样瓦斯解吸：重新开启压力采集软件，设置采集频率、采集时间、环境气压，点击"开始采集"，启动瓦斯解吸过程。采集时间结束后，软件自动控制电磁阀关闭，数据自动保存。

(7) 仪器内气体妥善处理：煤样解吸试验停止后，保持真空泵与仪器连接，真空泵输出端连接管引出窗外，打开真空泵，将管路中气体抽取干净，最后关闭所有阀门，关闭真空泵。

(8) 游离气体放散数据测定：将试验气体更换为氦气，重复步骤(4)～(7)，获得相同试验条件下的煤体游离气体放散规律。

(9) 试验善后工作：测定完毕，打开所有阀门，将真空泵、高压气瓶从试验设备拆除并妥善安置。

## 2.4　岩石三轴力学渗透测试系统

在矿井生产过程中，采掘工程破坏了原岩应力场的平衡和原始瓦斯压力的平衡，形成了采掘周围岩体的应力重新分布和瓦斯流动。在煤层瓦斯运移过程中，渗透率是反映煤层内瓦斯渗流难易程度的物性参数之一，同时，渗透率也是瓦斯渗流力学与工程的重要参数。因此，煤层瓦斯渗透率的测算方法研究是瓦斯渗流力学发展之关键技术，也是煤矿安全工作者研究煤与瓦斯突出等一系列矿山安全问题的关键入手点[19-22]。

为研究煤层渗透特性，自 20 世纪 70 年代起，就有国内外学者研究了相关渗流试验设备进行了系列研究，并取得许多研究成果。由于瓦斯对煤体物理力学性质影响明显，文献[8]～[11]率先设计的气固耦合仪器为煤体的力学和渗透率测量提供了气固耦合环境。文献[23]～[27]设计的"含瓦斯煤热流固耦合三轴伺服渗流装置"实现了轴压、围压的伺服加载和试验过程的温度控制，可进行常规三轴应力条件下含瓦斯煤的渗流规律及变形破坏特征试验研究。文献[28]、[29]设计的煤岩三轴蠕变-渗流-吸附解吸试验装置操作便捷，精度较高，且充分考虑了温度变化对试验的影响。文献[30]～[32]设计的"多功能真三轴流固耦合试验系统"通过特殊设计的内密封渗流系统配合伺服增压系统，实现了真三轴应力状态下含瓦斯煤力学特性与渗流规律研究。文献[33]设计的真三轴气固耦合煤渗流试验系统，研究了型煤和原煤在真三轴应力作用下的变形破坏特征和瓦斯渗流特性，并着重分析了中间主应力的影响。文献[34]设计的"一种新型的气固耦合煤剪切渗流真三轴仪"可用于开展三维不均匀应力下含瓦斯煤的真三轴剪切和压缩渗流试验，研究三维应力条件下剪切应力对含瓦斯煤力学和渗透性能的影响。

然而，各单位设计开发的渗流试验装置，虽在一定程度上推进了渗流力学的研究并加深了煤层瓦斯运移机制的认识，但也存在以下不足：①大多仪器只针对不含瓦斯煤体渗透率特性的研究，对含瓦斯煤渗透率研究的仪器较少；②渗流系统密封效果差，无法研究整个受力变形过程中含瓦斯煤渗透特性的演化规律；③未能实现长时间恒定加载，瓦斯气体要达到吸附解吸平衡需要一个较长的时间(短则一两天，长则一两周)，如果试验设备不能提供长时间的恒载功能，将会影响试验结果的准确性；④试件变形数据的测量不够完善，能同时测量轴向和环向变形的装置很少，且测量精度低；⑤对于加载过程中的煤体渗透率特性测试，大部分试验仪器需要借助外置压力机来完成加载，需要多人才能完成，试验操作复杂，试件更换困难，极大降低了试验效率。为此，迫切需要研制出一套操作便捷、功能更趋完备的含瓦斯煤渗流试验装置，以便更深层次地探索各因素对瓦斯渗流的作用机制，为煤层气抽采等提供技术参考。

针对以上不足，作者自主研发了功能更加完善的岩石三轴力学渗透测试系统。本节详细介绍该系统的功能特点，以及该系统的组成和各部件的关键技术，进而介绍用该系统所进行的前期试验研究成果。

### 2.4.1 系统主要功能与主要技术参数

1. 主要功能

岩石三轴力学渗透测试系统可进行三轴伺服加载气固耦合条件下含瓦斯煤渗流规律及其在渗流过程中的变形破坏特征方面的试验研究。

2. 主要技术参数

系统主要技术指标见表2.8。

表 2.8　系统主要技术指标

| 技术参数 | 指标值 |
| --- | --- |
| 轴压控制范围/kN | 0～300 |
| 试验力加载速率/(kN/s) | 0.01～10 |
| 力加载精度/% | ±1 |
| 位移加载速率/(mm/min) | 0.001～200 |
| 围压控制范围/MPa | 0～30 |
| 轴向位移测量范围/mm | 0～50 |
| 轴向位移分辨率/mm | 0.001 |
| 环向位移测量范围/mm | 0～20 |
| 环向位移分辨率/mm | 0.001 |
| 试样尺寸/(mm × mm) | $\phi 50 \times 100$ |

### 2.4.2　系统构成与各部分关键技术

岩石三轴力学渗透测试系统采用模块化设计思想，由三轴压力及变形测量单元、气体充填与采集单元、液压加载单元以及流量控制和采集单元四个单元构成(图 2.34)，各单元分工明确，相互配合，共同完成试验，各单元功能在下文逐一描述。

图 2.34　岩石三轴力学渗透测试系统

1. 三轴压力及变形测量单元

三轴压力及变形测量单元是本试验系统最核心的一个单元，为试验提供了三轴应力加载及密闭的渗流空间，并且可以同时测量试件的轴向和环向位移，如图 2.35 所示。它包括三轴压力室、内密封渗流室、轴向位移测定模块和环向位移测定模块。

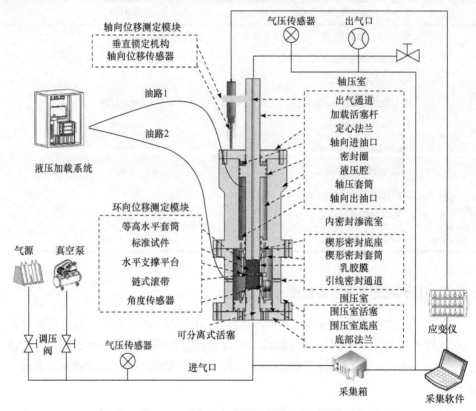

图 2.35　三轴压力及变形测量单元原理图

三轴压力室由轴压室和围压室构成, 主要包括轴压活塞杆、轴压套筒、定位法兰等, 并在连接处均设置有 O 型圈密封, 防止液压油泄漏。主要关键技术如下: ①通过调整活塞和压头的面积比, 配合液压加载系统, 可以为试样提供 0~150MPa 的轴向应力; ②直径 50mm 的活塞杆中心开有直径为 8mm 的注气通道, 并在压头底面设置蜂窝状结构实现对试件的 "面式充气" (图 2.36), 更加接近实际煤层瓦斯流动情况; ③通过设置定心法兰, 实现对活塞杆的导向作用, 保证试样在整个试验过程中始终处于压头中心位置, 避免偏心力的存在; ④通过自制的 "L" 型转接头, 灌入环氧树脂密封胶, 实现了对环向位移传感器引线通道的优质密封。

内密封渗流室位于三轴压力室内, 如图 2.35 所示。内密封渗流室的设计目的是实现三轴应力条件下气液的自由渗流控制与监测, 为达到设计目的, 需解决的关键问题是如何实现试件边壁、边角的有效密封, 保证流体在试件中的定向流动。为此, 进行了如下设计: 采用壁厚 1mm 的乳胶套包裹试件形成渗流空间, 并通

图 2.36　面式充填结构

过楔形密封基座和楔形密封套筒进行密封，突破了传统的"线密封"，实现"面密封"。两者之间通过螺栓连接，通过旋紧螺栓实现高密封性。内密封渗流室和楔形密封结构如图 2.37 和图 2.38 所示。

图 2.37　内密封渗流室与楔形密封结构实物图

在高压气体及动力扰动下，试件环向变形剧烈、迅速、高度不均匀，这就要求测量装置具有测量范围全面、量程大、响应灵敏、精度高的特点。在传统的环向变形测量方法中，仅有 MTS 链式引伸计符合以上要求[35, 36]，但由于其价格昂贵，长期应用于高压环境中，会导致试验成本极高。

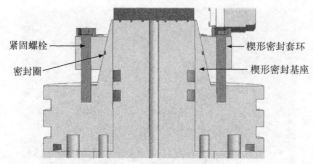

图 2.38　楔形密封结构

　　为此，采用自主研发的圆柱标准试件环向变形测试系统。该系统的研发借鉴了 MTS 链式环向引伸计结构，并兼顾仪器内部尺寸。主要由链式滚带、夹持锁定结构、角位移传感器、DAQ 数据采集设备和采集软件组成，如图 2.16 所示。与 MTS 链式环向引伸计不同的是，该装置采用角位移传感器代替应变片监测环向变形。其工作原理为，当试件产生环向应变时，两指针之间发生角度变化并被角位移传感器记录，通过换算可得到试件的环向变形量。该装置精度可达0.004mm、量程为 0～39.5mm、尺寸小、造价低，可应用于高压气体环境及动力扰动环境，符合试验要求。此外，设置了滚带水平支撑台与等高调平套筒，实现了链式滚带的水平精准安装。

　　轴向位移测量模块由轴向位移传感器和垂直锁定机构构成。为了提高轴向位移的测试精度，轴向位移传感器选用 WFCW 型光纤传感器。该传感器是以高精度光栅作为检测元件的精密测量装置，量程为 0～20mm，最小的位移分辨率为 0.5μm。其具有信号稳定、抗干扰、测量精准、耐水耐腐蚀等特点。为了保证传感器安装和加压活塞杆水平，减小测量误差，设计如图 2.39 所示的垂直锁定机构。

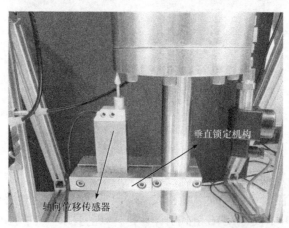

图 2.39　轴向位移传感器及垂直锁定机构

2. 气体充填与采集单元

气体充填与采集单元由抽真空装置、气源、减压阀、注气通道传感器、出气通道传感器和采集箱构成。抽真空装置采用循环水式真空泵，最大真空度可达－0.098MPa，可排除试件和仪器内残余气体对试验精度的影响。采用高灵敏度气体减压阀，可保持注入气体压力的稳定性与可调性。在注气通道和出气通道分别设置高精度高频率传感器，并配备高采集频率和高精度采集系统。

3. 液压加载单元

液压加载单元采用独立的两路伺服液压加载系统，且配备功能齐全的采集软件，软件界面如图 2.40 所示。通过供油管路与仪器油缸上下两个供油通道连接实现对仪器的加卸载，最大供油压力为 30MPa，施加在试件上为 150MPa。此加载系统设有两种加载模式，按力加载和按位移加载。力加载最大精度为 0.01kN/s，位移加载最大精度为 0.001mm/min。其优势在于根据试验要求提前编写程序，就可实现自动伺服加卸载、长时精准保压、自动采集与保存等功能，并且具有分辨率高、控制精度高、无漂移、故障率低、控制方式的无冲击转换等优点。实现了数据采集的自动化，保证了数据采集的可靠性。

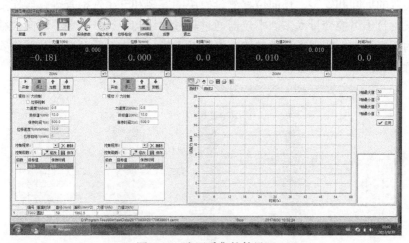

图 2.40　液压采集软件界面

4. 流量控制和采集单元

为实现流量的精确控制与采集，采用深圳弗罗迈测控系统有限公司特制的质量流量计，质量流量计及软件控制页面如图 2.41 所示。该质量流量计响应时间短(40ms)、精度高(1%)、可实时连续采集并显示流量数据。其用特制的高压软管(耐压 20MPa)连接到三轴压力单元的出气通道,在出气通道和质量流量计之间设有一个控制阀门，气体吸附过程中阀门处于关闭状态，在测量出气通道流量时打开阀门。

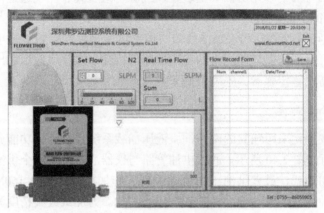

图 2.41　质量流量计及采集软件

### 2.4.3　试件安装及更换方法

传统仪器更换一次试件，要把整个仪器整体拆装一遍，包括乳胶套的安装、密封装置的拆卸和安装、环向位移测量模块的安装和气密性检查等，操作复杂，耗时长，且不可控变量太多。本仪器通过巧妙地结构设计，避免了环向位移测量装置的反复拆卸，实现了试件的快速安装及更换。可拆卸活塞取出及试件安装拆卸示意图如图 2.42 所示。

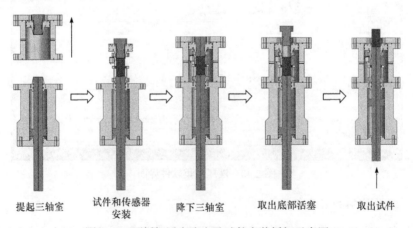

提起三轴室　　试件和传感器安装　　降下三轴室　　取出底部活塞　　取出试件

图 2.42　可拆卸活塞取出及试件安装拆卸示意图

在仪器设计时，加大了油缸活塞杆的行程，研发了链式滚带的支撑结构，并在仪器底部设置可分离式活塞。试验结束后，通过旋转螺丝将底部活塞取出。后通过液压加载系统驱动活塞将试件顶出，更换试件后再缓慢地使活塞杆回到初始位置，此时试件安装完毕。

### 2.4.4　初步应用

为验证岩石三轴力学渗透测试系统的技术优势以及可靠性，进行了含瓦斯煤变形破坏全过程中的渗透率测定试验。

#### 1. 试验原理

试验过程中，煤样中气体的流动遵循气体渗流理论，即煤层中的瓦斯运移符合线性渗流规律——达西定律。根据采集煤样中的气体流量以及煤样两端的气体压力，计算得到含瓦斯煤的渗透率。计算渗透率 $k$ 的公式如式(2-14)所示[35]：

$$k = \frac{2Qp\mu L}{A(p_i^2 - p_o^2)} \tag{2-14}$$

式中，$k$ 为渗透率，mD①；$Q$ 为标准大气压下瓦斯渗流流量，$cm^3/s$；$p$ 为标准大气压力；$\mu$ 为瓦斯气体动力黏度，$\mu = 1.08 \times 10^{-5} Pa \cdot s$；$L$ 为试件长度，cm；$A$ 为试件横截面面积，$cm^2$；$p_i$ 为进气口瓦斯压力，MPa；$p_o$ 为出气口瓦斯压力，MPa。

#### 2. 试样制作与准备

试验所需煤样采用与原煤力学特性变化规律具有良好一致性且力学性质稳定可控的型煤，采用新庄孜矿 $B_6$ 煤层原煤干燥后经破碎筛分后的煤粉，并使用文献[36]的方法制作若干个型煤标准试样(图 2.43)，试样制备参数见表 2.9。考虑到安全性，试验中瓦斯采用 $CO_2$ 气体替代。

图 2.43　型煤标准试样

---

① $1mD = 10^{-3}D = 0.986923 \times 10^{-15} m^2$。

表 2.9　　试件制备参数

| 试样尺寸/(mm × mm) | 粒径分布(0~1mm：1~3mm) | 胶结剂浓度/% | 预制强度/MPa |
|---|---|---|---|
| $\phi 50 \times 100$ | 0.76：0.24 | 3.25 | 2.00 |

3. 试验方案

为有效控制变量，深入研究孔隙压力对含瓦斯煤渗透特性的影响规律，进行了相同型煤预制强度、相同围压、不同孔隙压力的三轴渗流试验，具体试验方案见表 2.10。

表 2.10　　试验方案

| 编号 | 试件强度/MPa | 瓦斯压力/kPa | 围压/kPa |
|---|---|---|---|
| 1 | 2 | 300 | 700 |
| 2 | 2 | 400 | 700 |
| 3 | 2 | 500 | 700 |
| 4 | 2 | 600 | 700 |

4. 试验步骤

(1) 试件安装：首先选择完整无损、厚度为 1mm 的乳胶膜包裹试件，接着安装楔形密封机构，最后安装环向位移测试模块。

(2) 管路连接：将进气管路、出气管路、进油管路和出油管路连接完毕，并检查各系统是否正常工作。

(3) 真空脱气：检查试验容器气密性，打开出气阀门，使用真空泵进行脱气，脱气时间一般为 24h，以保证良好的脱气效果。

(4) 吸附平衡：脱气后，关闭出气阀门，并施加一定的轴压和围压，调节高压气体钢瓶出气阀门，保持瓦斯压力一定，向试件内充气，充气时间一般为 24h，使气体充分吸附平衡。

(5) 进行试验：启动电脑加载控制程序，按照制定的试验方案进行不同条件下的试验。

5. 试验结果和讨论

试验获得了四组含瓦斯煤样全应力-应变与渗透率的关系曲线，如图 2.44~图 2.47 所示。

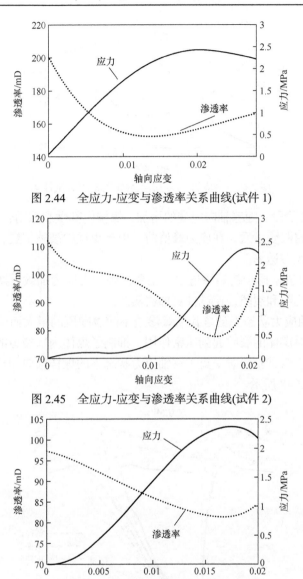

图 2.44 全应力-应变与渗透率关系曲线(试件 1)

图 2.45 全应力-应变与渗透率关系曲线(试件 2)

图 2.46 全应力-应变与渗透率关系曲线(试件 3)

试验分析了相同强度型煤、相同围压不同瓦斯压力等条件下煤的渗透率变化规律,结果表明:

(1) 型煤试件轴向受力初期的渗透率变化较小,可作为煤在该静态三轴应力状态下的初始渗透率。

(2) 不同三轴应力状态下的含瓦斯煤渗透率与应变的关系都呈经典的 V 字形趋势。

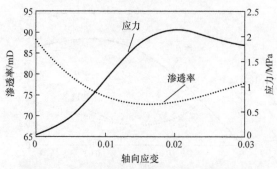

图 2.47　全应力-应变与渗透率关系曲线(试件 4)

(3) 在弹性阶段，随着轴向应变的增加，煤样内部微裂隙闭合，渗透率减小；煤样进入塑性屈服阶段后，在应力峰值前，由于煤样中裂隙扩展，渗透率开始增大，并达到最大渗透率。

(4) 最终渗透率低于初始渗透率。主要是因为在应力加载后期的二次压实，减小了试件的孔隙和裂隙，使试件更加密实。

(5) 在三轴应力状态下的含瓦斯煤渗透率随着围压的增大而减小，表明在压缩过程中围压对煤体的裂隙起到压密作用，抑制了煤体内部裂隙的发展。

此外，前三组试验同时采集了三轴应力状态下的煤样轴向和环向变形数据，试验结果如图 2.48 所示。

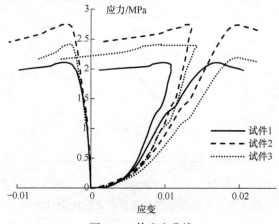

图 2.48　体应变曲线

由图 2.48 的试验结果得，相同强度的煤样在相同围压的状态下，瓦斯压力越大型煤试件强度越低。轴向加载过程中，型煤试件的体应变先增大到最大值，然后减小。前期的应变突增是试件二次压实的结果，同时造成了试件的渗透率降低，随着轴向压力的进一步加载，试件径向迅速膨胀造成内部裂隙进一步发育、孔隙增大，对气体的阻力减小，型煤试件的渗透率增加。因为试验一直处于被压缩状态，内部孔隙、裂隙进一步被压实，所以试件的最终渗透率低于起始渗透率。

## 2.5 本章小结

(1) 研发了可视化恒容气固耦合试验系统，详细阐述了系统构成、功能特点与操作步骤，进行了系统模块验证、精度测试和气密性测试，解决了多相耦合过程中标准岩石试件力学参数测试难题，实现了试验全程可视化实时监测与充气环境中外部荷载的精确加卸载。

(2) 研发了圆柱标准试件环向变形测试系统，实现了岩土力学试验中标准圆柱试件泊松比测试和峰后力学行为中环向变形的测量，并可应用于常规三轴和气固耦合试验中。采用聚氨酯圆柱形标准试件，借助 MTS 链式引伸计和近景摄影测量验证了测试系统的可靠性和精确度。

(3) 研发了煤粒瓦斯放散测定仪，试验仪器采用模块化设计方案，主要包括吸附解吸单元、温度控制单元、真空脱气单元、信息采集-恒压控制单元四个单元，整套系统具有耐高压，压力信号采集频率高、精度高，操作便捷等特点，可实现恒温下瓦斯吸附量测定、特定放散环境压力下瓦斯放散速度及放散量测定功能。

(4) 研发了岩石三轴力学渗透测试系统，该系统采用模块化设计思想，主要由三轴压力及变形测量单元、气体充填与采集单元、液压加载单元以及流量控制和采集单元四个单元构成。该系统的创新之处在于：设计了高密封性能的内密封渗流室，攻克了传统仪器充气加载过程中密封性差的难题，可精确研究含瓦斯煤在整个受力变形过程中的渗透特性；通过伺服液压加载单元，实现了试件的长时间恒载，提高了吸附性气体渗透试验结果的准确性；通过自主研发的环向位移与轴向位移测量模块及自行设计的水平调平结构和垂直锁定机构相配合，实现了环向位移与轴向位移的同步精准测量。

作者为深入研究多相耦合状态下煤体物理力学性质、吸附解吸性质提供了科学试验仪器。

## 参 考 文 献

[1] 张忠将. SolidWorks 2010 机械设计从入门到精通[M]. 北京: 机械工业出版社, 2011

[2] 罗阿妮, 张桐鸣, 刘贺平, 等. 机械行业三维建模技术综述[J]. 机械制造, 2010, 48(10): 1-4

[3] Bellos E, Korres D, Tzivanidis C, et al. Design, simulation and optimization of a compound parabolic collector[J]. Sustainable Energy Technologies and Assessments, 2016, 16: 53-63

[4] Bock S. New open-source ANSYS-SolidWorks-FLAC3D geometry conversion programs[J]. Journal of Sustainable Mining, 2015, 14(3): 124-132

[5] 范德军, 文劲松, 徐勇, 等. 基于 SolidWorks 的可视化定制研究[J]. 图学学报, 2018, 39(3): 573-578

[6] 蔡舒旻, 盛希宁. 基于 SolidWorks 的汽车传动轴轮端接头的有限元分析[J]. 机械工程与自动化, 2018, (6): 90-91

[7] 谢志宇, 姚立纲, 张俊, 等. 基于 SolidWorks 与 ADAMS 的章动减速器动力学仿真及动态特性分析[J]. 机械传动, 2018, 42(10): 112-116

[8] Chen H D, Cheng Y P, Zhou H X, et al. Damage and permeability development in coal during unloading[J]. Rock Mechanics and Rock Engineering, 2013, 46(6): 1377-1390

[9] Liu X, Wang X, Wang E, et al. Effects of gas pressure on bursting liability of coal under uniaxial conditions[J]. Journal of Natural Gas Science and Engineering, 2017, 39: 90-100

[10] Liu Y, Li X, Li Z, et al. Experimental study of the surface potential characteristics of coal containing gas under different loading modes(uniaxial, cyclic and graded)[J]. Engineering Geology, 2019, 249: 102-111

[11] Zhao H, Wang T, Zhang H, et al. Permeability characteristics of coal containing gangue under the effect of adsorption[J]. Journal of Petroleum Science and Engineering, 2019, 174: 553-562

[12] 中华人民共和国住房和城乡建设部. GB 50017—2017　钢结构设计规范[S]. 北京: 中国建筑工业出版社, 2017

[13] 中华人民共和国建设部. JGJ 102—2003　玻璃幕墙工程技术规范[S]. 北京: 中国建筑工业出版社, 2004

[14] 梅华, 陈道远, 姚虎卿, 等. 硅胶的二氧化碳吸附性能及其与微孔结构的关系[J]. 天然气化工, 2004, (5): 21-25

[15] Ruthven M D. Principles of Adsorption and Adsorption Process[M]. New York: John Wiley & Sons, 1984

[16] 刘聪盼. 高性能脱醇型 RTV-1 有机硅密封胶的研究[D]. 广州: 华南理工大学, 2011

[17] Huang X, Liu Q, Liu B, et al. Experimental study on the dilatancy and fracturing behavior of soft rock under unloading conditions[J]. International Journal of Civil Engineering, 2017, 15(6): 921-948

[18] Li J, Wang M, Xia K, et al. Time-dependent dilatancy for brittle rocks[J]. Journal of Rock Mechanics and Geotechnical Engineering, 2017, 9(6): 1054-1070

[19] Zhu W, Liu L, Liu J, et al. Impact of gas adsorption-induced coal damage on the evolution of coal permeability[J]. International Journal of Rock Mechanics and Mining Sciences, 2018, 101: 89-97

[20] Li W, Ren T, Busch A, et al. Architecture, stress state and permeability of a fault zone in Jiulishan coal mine, China: Implication for coal and gas outbursts[J]. International Journal of Coal Geology, 2018, 198: 1-13

[21] Sobczyk J. A comparison of the influence of adsorbed gases on gas stresses leading to coal and gas outburst[J]. Fuel (Guildford), 2014, 115: 288-294

[22] Yang D, Chen Y, Tang J, et al. Experimental research into the relationship between initial gas release and coal-gas outbursts[J]. Journal of Natural Gas Science and Engineering, 2018, 50: 157-165

[23] Li B, Yang K, Xu P, et al. An experimental study on permeability characteristics of coal with slippage and temperature effects[J]. Journal of Petroleum Science and Engineering, 2019, 175: 294-302

[24] Wang G, Li W, Wang P, et al. Deformation and gas flow characteristics of coal-like materials under triaxial stress conditions[J]. International Journal of Rock Mechanics and Mining Sciences, 2017, 91: 72-80

[25] Ju Y, Zhang Q, Zheng J, et al. Experimental study on $CH_4$ permeability and its dependence on interior fracture networks of fractured coal under different excavation stress paths[J]. Fuel, 2017, 202: 483-493

[26] Jiang C, Duan M, Yin G, et al. Experimental study on seepage properties, AE characteristics and energy dissipation of coal under tiered cyclic loading[J]. Engineering Geology, 2017, 221: 114-123

[27] Peng S J, Xu J, Yang H W, et al. Experimental study on the influence mechanism of gas seepage on coal and gas outburst disaster[J]. Safety Science,2012, 50(4): 816-821

[28] Wang D, Lv R, Wei J, et al. An experimental study of the anisotropic permeability rule of coal containing gas[J]. Journal of Natural Gas Science and Engineering, 2018, 53: 67-73

[29] Wang D, Peng M, Wei J, et al. Development and application of tri-axial creep-seepage-adsorption and desorption experimental device for coal[J]. Journal of China Coal Society, 2016, 41: 644-652

[30] Li M, Yin G, Xu J, et al. A novel true triaxial apparatus to study the geomechanical and fluid flow aspects of energy exploitations in geological formations[J]. Rock Mechanics and Rock Engineering, 2016, 49(12): 4647-4659

[31] Lu J, Yin G, Li X, et al. Deformation and $CO_2$ gas permeability response of sandstone to mean and deviatoric stress variations under true triaxial stress conditions[J]. Tunnelling and Underground Space Technology , 2019, 84: 259-272

[32] Li M, Yin G, Xu J, et al. Permeability evolution of shale under anisotropic true triaxial stress conditions[J]. International Journal of Coal Geology, 2016, 165: 142-148

[33] Du W, Zhang Y, Meng X, et al. Deformation and seepage characteristics of gas-containing coal under true triaxial stress[J]. Arabian Journal of Geosciences, 2018, 11(9): 1-13

[34] Wang G, Wang P, Guo Y, et al. A novel true triaxial apparatus for testing shear seepage in gas-solid coupling coal[J]. Geofluids, 2018, (12): 1-9

[35] Wang H L, Xu W Y, Cai M, et al. Gas permeability and porosity evolution of a porous sandstone under repeated loading and unloading conditions[J]. Rock Mechanics and Rock Engineering, 2017, 50(8): 2071-2083

[36] Wang H P, Zhang Q, Yuan L, et al. Development of a similar material for methane-bearing coal and its application to outburst experiment[J]. Rock and Soil Mechanics, 2015, 36(6): 1676-1682

# 第3章 气体吸附诱发煤体劣化的试验研究

## 3.1 引　言

煤层经历了漫长的地质构造作用，是一种非连续介质结构，具有各向异性、非均质质体等特性。含瓦斯煤体内部存在大量随机的天然缺陷，作为一种非均质的多相复合结构，其变形破坏力学规律主要受地质环境、地应力和工程荷载作用方式的影响，并且其破坏力学特性非常复杂，差异性变化显著，具有非线性、非连续性和各向异性特征。目前，国内外专家学者在含瓦斯煤体物理力学特性方面开展了大量研究工作，但是如何精确获得其力学参数仍非常困难，特别是在密闭空间内，多相耦合及多种组合加载过程中煤体吸附劣化作用特征的精确获取与对比分析，以及气固耦合加载过程中煤体裂隙演化过程的实时监测分析仍需要加强研究与研究手段创新。

为精确对比和定量分析含瓦斯煤在不同试验变量影响中的物理力学性质，本章采用自主研发的型煤标准试件作为测试煤样，对其充入不同性质的试验气体，通过改变气体类型、气体压力等试验变量，监测试验过程中煤体强度、体积扩容、裂隙扩展等关键指标，对气体吸附诱发煤体损伤劣化的作用机制进行详尽的试验研究。

## 3.2　型煤标准试件研发与制作

在岩石力学界，岩石力学的研究方法仍存在一定矛盾，工程岩体被认为是一种非连续性介质，但研究所采用的力学理论却是连续介质力学，这势必会造成很多误差。目前，主要研究岩石破坏力学特性的手段有经典弹塑性力学、损伤力学和断裂力学，主要把岩石视为一种连续介质，这种假定虽存在问题，但仍然是目前用于分析岩石变形最常用的方法[1]。据统计，煤与瓦斯突出经常发生在受地质构造影响的煤层中[2]。这类煤体因受到地质构造的挤压与剪切破坏作用，呈现低强度、高孔隙率、结构松散等特征，称为构造煤，与之对应的是高强度、低孔隙率、结构致密的原生煤；原生煤试件可通过钻孔取芯的方法从煤层中直接获取，但构造煤试件由于其结构差异难以取到，并考虑到煤层的非均质性导致原煤性质的离散性。为统一试验变量，突出主要矛盾，试验采用性质相似的型煤替代构造煤进行关键性质的研究。事实上，型煤已广泛应用到揭示煤与瓦斯突出内在机制的试验中[3-6]。相关试验结果表明，型煤可以有效地模拟Ⅳ类构造煤[7]。本次试验所用型煤为自主研制[8]，具体制作流程与测试结果稳定性分析如下。

### 3.2.1　型煤标准试件制作

为充分考虑容重、弹性模量、强度、吸附性等关键参数，真实模拟煤体的物理力学特性，试验以安徽省淮南市谢一矿 $B_{11b}$ 煤层为骨料，将原煤破碎、筛分最终加工压制成粒径分布 0～1mm∶1～3mm=0.76∶0.24 的标准圆柱试件($\phi$50mm × 100mm)，并通过调节腐植酸钠(胶结剂)浓度调节预制强度，制作了各向均质同性的型煤标准试件。型煤材料如图 3.1 所示，试件制作参数见表 3.1。

图 3.1　型煤材料

表 3.1　试件制作参数

| 试件组号 | 粒径分布(0～1mm∶1～3mm) | 成型压力/MPa | 胶结剂浓度/% | 预制强度/MPa |
|---|---|---|---|---|
| 1 | 0.76∶0.24 | 15 | 1.25 | 0.50 |
| 2 | 0.76∶0.24 | 15 | 3.25 | 1.00 |
| 3 | 0.76∶0.24 | 15 | 7.50 | 1.50 |
| 4 | 0.76∶0.24 | 15 | 11.75 | 2.00 |
| 5 | 0.76∶0.24 | 15 | 16.00 | 2.50 |

试件主要制作流程如下：①突出煤层原煤采用颚式破碎机粉碎并用标准筛网筛取，按预定粒度分布并混合均匀；②按照表 3.1 试件制作参数配比，称取煤粉颗粒与腐植酸钠颗粒；③腐植酸钠溶于水混合搅拌均匀，制备胶结剂；④胶结剂与骨料混合制作混合料，并充分搅拌；⑤混合材料分 3 次人工压实装入模具；⑥将模具置于试验压力机，加载(10mm/min)至目标压力并稳压 5min；⑦取出试件，进行编号并烘干 24h；⑧烘干后试件进行称量和尺寸测量，记录每个试件容重与尺寸，备用。试件制作流程如图 3.2 所示。

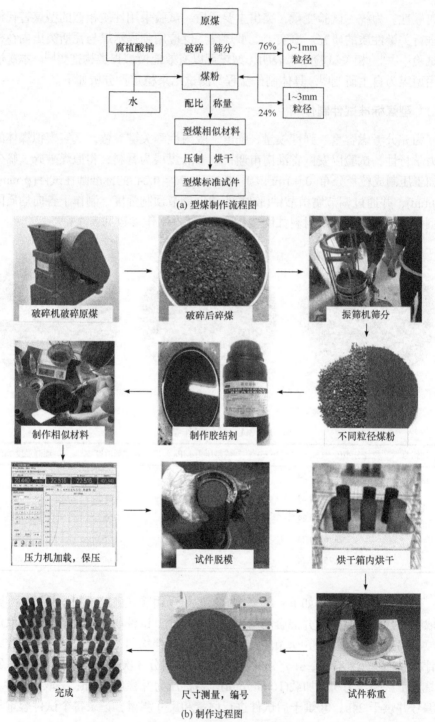

(a) 型煤制作流程图

(b) 制作过程图

图 3.2　型煤标准试件制作

### 3.2.2　强度与吸附性分析

为保证试验结果科学合理，每一批制备好的型煤标准试件在使用前均会随机检验强度特性。如图 3.3 所示。经检测，本章试验所用预制强度为 1.0MPa 的型煤试件实测均值强度为 1.014MPa，误差小于 0.3%，试件破坏均为剪切破坏形式，制作精度满足试验对比分析要求。

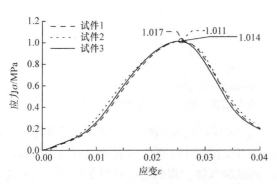

图 3.3　实测单轴应力-应变曲线与材料破坏特征

煤作为一种多孔介质，其孔隙特性对吸附解吸具有决定性作用，吸附气体在煤基质内主要以游离态与吸附态两种状态赋存[9-11]。研究表明，吸附与解吸是可逆的物理过程[12, 13]。煤体对瓦斯、二氧化碳等气体的吸附过程符合朗缪尔吸附理论，由相关热力学理论和吸附性试验等得出了朗缪尔等温吸附方程(3-1)[14]。

$$Q = \frac{abp}{1+bp} \tag{3-1}$$

式中，$Q$ 为单位质量的煤体在气体压力为 $p$ 时吸附瓦斯的体积，$cm^3/g$；$a$ 为吸附常数，当 $p$ 无穷大时，$Q=a$，$cm^3/g$；$b$ 为吸附常数，$MPa^{-1}$。

为检测型煤材料与原煤在吸附性上的差异，对两者进行了吸附等温试验，试验曲线如图 3.4 所示。

(a) 吸附等温试验

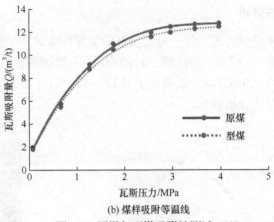

(b) 煤样吸附等温线

图 3.4　原煤与型煤吸附性测试(30℃)

由图 3.4(b)吸附等温线可知，两种煤样在瓦斯吸附试验中，其吸附量均随着吸附压力的增加而增大，并在 1.8MPa 后趋于平缓，两者的吸附趋势相似，吸附量大小趋于相同，进一步充入不同试验气体，得到型煤材料在瓦斯、二氧化碳、氮气、氦气中的吸附常数，见表 3.2。

**表 3.2　型煤材料在不同气体中的吸附常数**

| 吸附常数 | $CO_2$ | $CH_4$ | $N_2$ | He |
|---|---|---|---|---|
| $a/(cm^3/g)$ | 52.707 | 21.5924 | 8.4824 | 0 |
| $b/MPa^{-1}$ | 0.7907 | 0.9281 | 0.6625 | 0 |

## 3.3　静态加载过程中气体吸附诱发煤体劣化试验研究

煤是一种典型的多孔介质。煤中的瓦斯以吸附态和游离态存在，其中吸附态瓦斯对煤体的变形和强度有很大程度的影响[15-24]。为研究煤体在吸附耦合与加载过程中的力学特性，定量分析强度、变形、裂隙扩展等物理力学参数的变化规律，采用多种性质气体，开展了一系列吸附劣化试验研究，参考文献[25]、[26]煤体耦合致裂作用下的强度劣化研究，通过所得峰值强度数据代入劣化率计算式(3-2)，采用劣化率 $f$ 表达：

$$f = \left(1 - \frac{\sigma_{max}}{\sigma_j}\right) \times 100\% \tag{3-2}$$

式中，$\sigma_{max}$ 为吸附后煤体极限承载力；$\sigma_j$ 为常压空气时煤体极限承载力。

本节共两个劣化试验：试验一，相同强度型煤、相同吸附平衡压力、不同吸附性气体控制变量试验；试验二，相同强度型煤、不同气体吸附平衡压力控制变量试验。其中，变量范围见表 3.3。

表 3.3　气体吸附环境下型煤劣化试验变量范围

| 吸附平衡压力/MPa | 0.00 | 0.50 | 1.00 | 1.50 | 2.00 |
|---|---|---|---|---|---|
| 吸附性气体种类 | He | $N_2$ | $CH_4$ | $CO_2$ | — |

劣化试验过程照片如图 3.5 所示。

将试件置入试验仪耦合加载室并抽真空4h

充入一定压强气体并密封吸附6h

安装试验过程可视化系统并开始监测

开始单轴压缩试验

图 3.5　试验过程示意图

### 3.3.1　试验一：不同性质气体吸附诱发煤体劣化试验研究

1. 不同性质气体吸附诱发煤体劣化试验方案

利用第 2 章所述的可视化恒容气固耦合试验系统与圆柱标准环向变形测试系统，采用同强度型煤试件充入高纯度 He、$N_2$、$CH_4$ 和 $CO_2$，并与常压空气单轴加载进行对比分析。其中，参考前人试验经验[10, 27, 28]，气体压力与型煤预制强度均选择为 1.0MPa。气体压力 1.0MPa 是指加载试验过程中的气体压力，试验前，通过对恒容耦合室内充入试验气体并由软件实时监测压力曲线及气源实时补充实现，煤体吸附稳压时间为 24h。为避免温度和空气干扰，试验均在 25℃的恒温实验室和抽真空后开展；待充分吸附后，通过轴向加载模块的位移控制方式对试件轴向加载，加载速率为 1mm/min[29]，监测试验过程中煤体强度、轴向-环向变形规律；采用高速摄像机对耦合加载过程中煤体裂隙发育特征进行实时录像；设最大峰值强度为 $\sigma_{\max}$，由于残余应力的存在，为方便对比分析，选取峰后加载进程中 10%～90%峰值强度点为研究对象，且以 10%峰值强度点为试件最终破坏状态，提取各阶段加载图像进行裂隙对比分析，并列出最终裂隙发育图像。峰后各阶段裂隙演化特征将在第 5 章详细分析。试验参数见表 3.4，试验加载路径如图 3.6(b)所示。

表 3.4　试验关键参数(试验一)

| 试验编号 | 预制强度/MPa | 试验气体 | 气体压力/MPa | 试验温度/℃ | 吸附时间/h |
|---|---|---|---|---|---|
| 1 | 1.0 | He | 1.0 | 25 | 24 |
| 2 | 1.0 | $N_2$ | 1.0 | 25 | 24 |
| 3 | 1.0 | $CH_4$ | 1.0 | 25 | 24 |
| 4 | 1.0 | $CO_2$ | 1.0 | 25 | 24 |

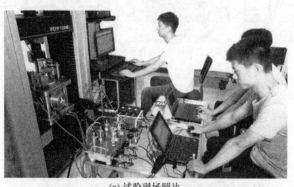

(a) 试验现场照片

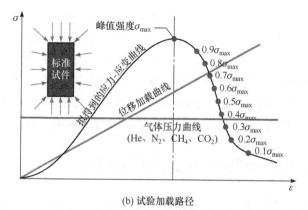

(b) 试验加载路径

图 3.6  不同性质气体中煤体劣化试验研究

## 2. 试验结果

首先通过获取环向变形和轴向变形整理得到常压空气条件下煤体全应力-应变曲线和体应变曲线，通过高速摄像机监测得到加载过程中煤体裂隙发育特征，如图 3.7 所示。

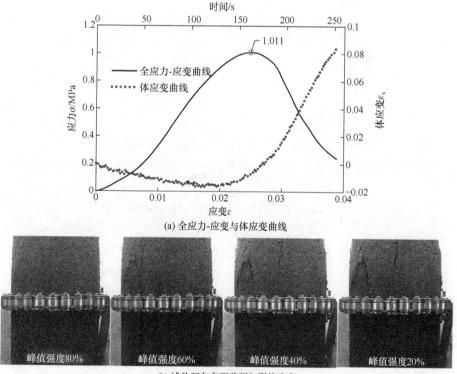

(a) 全应力-应变与体应变曲线

(b) 试件环向变形监测与裂纹发育

图 3.7  煤体单轴加载曲线与变形监测

由体应变与全应力-应变曲线可知，在常压状态下进行单轴加载，由于煤体内部孔隙存在，在压缩初始，轴向压缩应变大于侧向膨胀，环向变形量可视为零，煤体处于压密阶段；之后全应力-应变曲线呈近似直线型发展，随着应力继续增加，试件体积由最初的压缩状态变成膨胀状态，即产生扩容现象，试件体积从压缩变为膨胀的转折点为扩容起始点，Alkan 等[30]将其定义为压缩-扩容边界(C/D 边界)，当试件进入塑性变形阶段，特别是峰后应力阶段时，煤体内部结构遭到破坏产生宏观裂隙。

以相同试验条件，对煤体分别充入相同压力的 He、$N_2$、$CH_4$ 和 $CO_2$，试验曲线如图 3.8 所示。

在经典连续介质理论中，弹性模量、抗压强度、硬度等与材料性质有关的参数不会受尺度的影响，也就是不会由于所观察的尺度不同而发生变化，但是在室内加载试验研究中，很多学者发现，由于试件加载属于硬端部加载，加载压头对岩石试件在水平方向上有较强的限制作用，在相同的应力作用下，试件端部将形成上下对称的三角压应力区，环向变形相对试件来说要小得多，试件中部受端部影

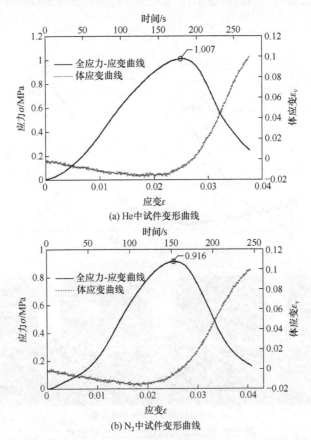

(a) He中试件变形曲线

(b) $N_2$中试件变形曲线

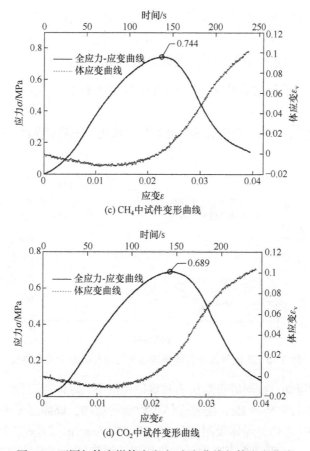

(c) CH₄中试件变形曲线

(d) CO₂中试件变形曲线

图 3.8　不同气体中煤体全应力-应变曲线与体应变曲线

响较小，考虑压头摩擦力迫使端部应力偏高造成的端部效应，截取试件中间高度 80mm 范围内区域进行裂隙对比分析[31-33]。最终裂隙发育图像如图 3.9 所示。

图 3.9　不同气体中煤体峰后裂隙发育($\sigma=0.1\sigma_{max}$)

　　由试验结果可知，充入惰性气体 He 基本不对煤体产生劣化作用，并考虑型煤试件沉浸在一定气体压强的恒容加载室内、气压稳定后无孔隙压差的试验条件，排除了游离态气体的干扰，可以证明型煤的劣化现象是吸附态气体导致的，也可以证明型煤对 He 气体没有吸附性。而对煤体充入吸附性较强的 $CO_2$ 气体则显著降低了煤体强度等力学参数。通过计算得知，He 对煤体的吸附量为零，而煤体在 1.0MPa $CO_2$ 压力环境中的吸附量为 $23.27cm^3/g$，因此有必要对吸附量与煤体劣化结果进行分析讨论。进而将所得的峰值强度数据及实测的煤体对四种气体的吸附平衡常数代入朗缪尔等温吸附方程 $Q = \dfrac{abp}{1+bp}$ 和劣化率计算公

式 $f = \left(1 - \dfrac{\sigma_{\max}}{\sigma_j}\right) \times 100\%$，得到煤体强度劣化率曲线与吸附量曲线，如图 3.10 所示。

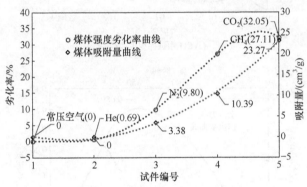

图 3.10　不同气体中煤体强度劣化规律与吸附量关系曲线

由图 3.10 可知，在同等吸附压力和煤体强度下，煤体对四种气体的吸附量顺序为：$CO_2 > CH_4 > N_2 > He$，随着煤体吸附量的增加，煤体强度不断降低，劣化程度增大，其中充 $CO_2$ 煤体吸附量最大，为 $23.27cm^3/g$，对应劣化率为 32.05%，充 He 吸附量为 0，可认为不吸附无劣化作用。详细试验结果见表 3.5。

表 3.5　试验数据(试验一)

| 试验编号 | 试验气体 | 峰值强度/MPa | 减小量/MPa | 降低百分比/% | 吸附量/(cm³/g) |
|---|---|---|---|---|---|
| 1 | 常压空气 | 1.014 | 0 | 0 | 0 |
| 2 | He | 1.007 | 0.007 | 0.69 | 0 |
| 3 | $N_2$ | 0.916 | 0.098 | 9.80 | 3.38 |
| 4 | $CH_4$ | 0.743 | 0.271 | 27.11 | 10.39 |
| 5 | $CO_2$ | 0.689 | 0.325 | 32.05 | 23.27 |

### 3.3.2　试验二：相同吸附量不同吸附压力中煤体劣化试验研究

1. 相同吸附量不同吸附压力中煤体劣化试验方案

由试验一可知，随着气体吸附性能的提高，吸附煤体达到的峰值强度不断降低，煤体更早地由压密阶段进入扩容阶段，峰后裂隙发育也更加丰富，其中，充

入 He 的煤体强度降低量最小，变形与裂隙发育也最接近常压空气状态的试验组。突出煤层瓦斯气压有不同的压力梯度，巷道煤层揭露面前方瓦斯压力沿着揭露面为中心的球面外法向递增至稳定煤层赋存瓦斯压力，高气体压力梯度是煤与瓦斯突出动力灾害的重要诱因之一。为进一步研究吸附压力对煤体的损伤劣化规律，选择将无吸附性气体 He 与吸附性能最强的 $CO_2$ 混合充气方法，即每次试验前，先充入一定量的 $CO_2$，通过充入 He 来提高吸附压力，监测加载过程中应力-应变与变形破坏参数，试验参数变量见表 3.6。

**表 3.6　试验关键参数**(试验二)

| 试验组号 | 试件编号 | 预制强度/MPa | $CO_2$ 压力/MPa | 总压力/MPa | 试验温度/℃ | 吸附时间/h |
|---|---|---|---|---|---|---|
| | 1 | 1.0 | 0.3 | 0.3 | 25 | 24 |
| 1 | 2 | 1.0 | 0.3 | 0.6 | 25 | 24 |
| | 3 | 1.0 | 0.3 | 0.9 | 25 | 24 |
| | 4 | 1.0 | 0.6 | 0.6 | 25 | 24 |
| 2 | 5 | 1.0 | 0.6 | 0.9 | 25 | 24 |
| | 6 | 1.0 | 0.6 | 1.2 | 25 | 24 |
| | 7 | 1.0 | 0.9 | 0.9 | 25 | 24 |
| 3 | 8 | 1.0 | 0.9 | 1.2 | 25 | 24 |
| | 9 | 1.0 | 0.9 | 1.5 | 25 | 24 |

需要说明的是，在恒温条件下，气体压强可等价为单位面积上气体分子对固体表面的平均撞击力。由阿伏伽德罗定律可知，气体在同温-同压的环境中，相同体积的任何气体含有相同的分子数。气体的体积是指所含分子占据的空间，通常条件下，气体分子间的平均距离约为分子直径的 10 倍，因此，当气体所含分子数确定后，气体的体积主要取决于分子间的平均距离而不是分子本身的大小[34]。进而，由克拉佩龙方程式(3-3)可知，当试验系统的体积一定、温度恒定时，气体压力只与气体物质的量有关，而无论是 $CO_2$ 气体分子还是 He 气体分子，因气体分子间的平均距离比分子的直径大得多，可视为同种粒子，故该试验方法可行，且充入气体无先后顺序要求。

$$PV = nRT \tag{3-3}$$

式中，$P$ 表示气体压强；$V$ 表示气体体积；$n$ 表示物质的量；$T$ 表示热力学温度；$R$ 表示摩尔气体常数。所有气体 $R$ 值均相同，当压强、温度和体积都采用国际单位(SI)时，$R=8.314J/(mol \cdot K)$，当压强为标准大气压，体积单位为升时，$R=0.082L \cdot atm^{①}/(mol \cdot K)$。

———————————

① 1atm=1.01325 × 10⁵Pa。

**2. 试验结果**

　　所测试验曲线如图 3.11 所示，为方便叙述，每组试验以 $CO_2$ 压力-总压力命名，如 "0.3-0.6" 代表先充入 0.3MPa $CO_2$，再充入 0.3MPa He，最终吸附压力为 0.6MPa。

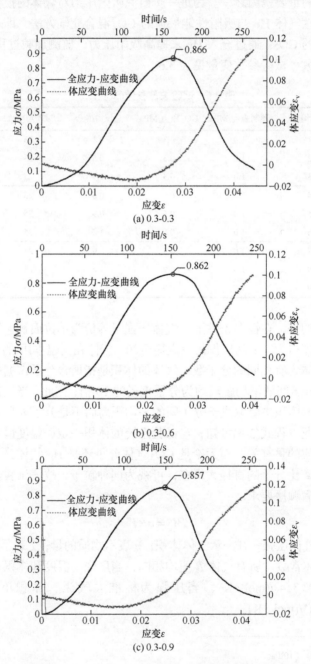

(a) 0.3-0.3

(b) 0.3-0.6

(c) 0.3-0.9

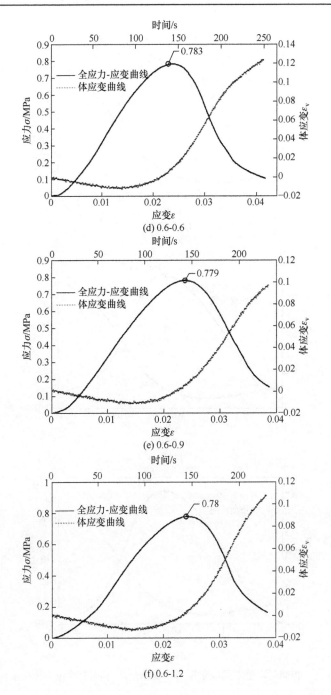

(d) 0.6-0.6

(e) 0.6-0.9

(f) 0.6-1.2

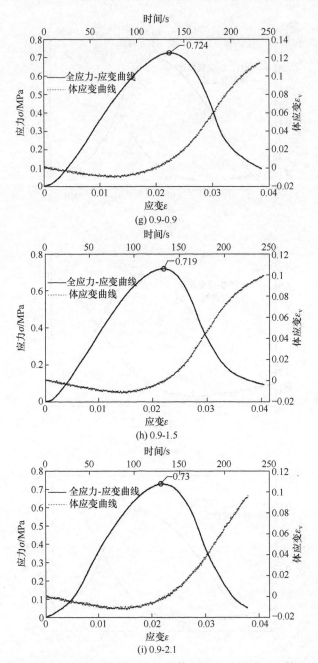

图 3.11　相同吸附量不同吸附压力中煤体全应力-应变曲线与体应变曲线

　　将各组曲线合并处理,得到相同吸附量不同气体压力下煤体全应力-应变曲线和体应变曲线, 如图 3.12 所示。

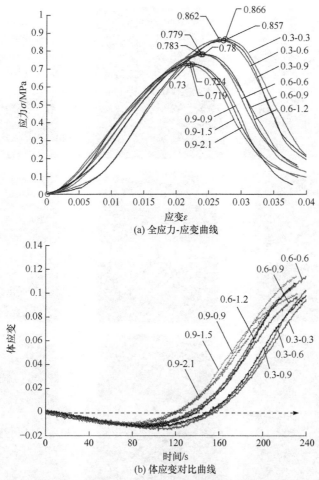

图 3.12　相同吸附量不同气体压力中数据对比曲线

由全应力-应变和体应变曲线可以得出：①He 作为惰性气体对煤体无吸附作用，不参与吸附解吸作用；②吸附后煤体强度降低量只与具有吸附性气体的单位体积含量有关，与混合气体的总压力无关；③当 $CO_2$ 压力为 0.3MPa 时，加载初期，其全应力-应变曲线斜率明显小于同时期 $CO_2$ 压力为 0.6MPa 和 0.9MPa 时；④随着吸附气体含量的增加，煤体体应变由负转正节点不断提前，煤体更早地达到峰值强度进入破坏阶段。各组试验中，煤体最终加载破坏图像如图 3.13 所示。

由图 3.13 可知，随着吸附量的增加，煤体在相同应力阶段的裂隙发育更加丰富，裂隙纹路也更加复杂，其中 $CO_2$ 压力为 0.3MPa 时，煤体主要沿 1～2 条宏观裂隙发展，最终失稳破坏，$CO_2$ 压力为 0.9MPa 时，煤体主干裂隙不再明显，而是产生大量网状裂隙，失稳破坏模式也由典型的剪切或拉伸破坏转变为类似"鱼鳞"状膨胀破碎模式。详细试验数据见表 3.7。

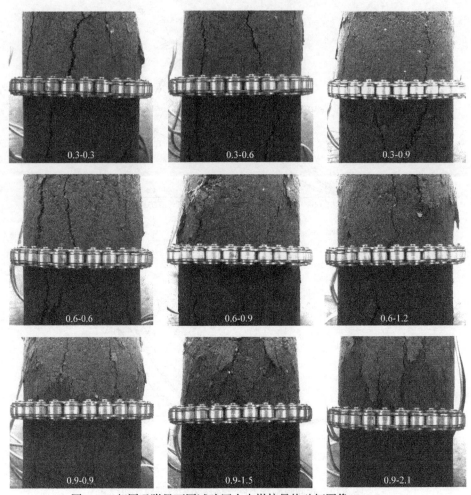

图 3.13　相同吸附量不同试验压力中煤体最终破坏图像($\sigma=0.1\sigma_{max}$)

**表 3.7　试验数据**(试验二)

| 试验组号 | 试件编号 | 实测单轴强度/MPa | $CO_2$压力/MPa | 总压力/MPa | 吸附后强度/MPa | 吸附强度均值/MPa |
|---|---|---|---|---|---|---|
| | 1 | 1.014 | | 0.3 | 0.866 | |
| 1 | 2 | 1.014 | 0.3 | 0.6 | 0.862 | 0.862 |
| | 3 | 1.014 | | 0.9 | 0.857 | |
| | 4 | 1.014 | | 0.6 | 0.783 | |
| 2 | 5 | 1.014 | 0.6 | 0.9 | 0.779 | 0.781 |
| | 6 | 1.014 | | 1.2 | 0.78 | |
| | 7 | 1.014 | | 0.9 | 0.724 | |
| 3 | 8 | 1.014 | 0.9 | 1.5 | 0.719 | 0.724 |
| | 9 | 1.014 | | 2.1 | 0.73 | |

　　由研究结果可知,煤体强度降低量只与具有吸附性气体的单位体积含量有关,与参与试验的惰性混合气体的总压力无关;而当总压力一定,不断提高吸附气体含量时,提取试验数据,得到试验总压力为 0.9MPa,$CO_2$ 压力分别为 0.3MPa、0.6MPa、0.9MPa 的煤体强度降低趋势曲线如图 3.14 所示。

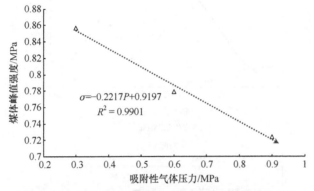

$$\sigma=-0.2217P+0.9197$$
$$R^2 = 0.9901$$

图 3.14　相同试验压力不同吸附量中煤体强度降低趋势

　　从图 3.14 中可以看出,在试验总压力固定为 0.9MPa 时,不断提高吸附性气体压力,煤体强度降低与吸附压力呈负线性相关的函数关系,但因煤基质对气体的吸附未达到饱和状态,图中趋势只能说明该压力范围内吸附关系。为深入研究气体吸附对煤体的劣化作用规律,选用 $CO_2$ 纯净气体,不断提高吸附压力,开展不同吸附压力中煤体劣化试验研究,试验变量与参数见表 3.8,试验结果如图 3.15 所示。

表 3.8　试验关键参数

| 试验编号 | 预制强度/MPa | 试验气体 | 吸附压力/MPa | 吸附温度/℃ | 吸附时间/h |
|---|---|---|---|---|---|
| 1 | 1.0 | $CO_2$ | 0.0 | 25 | 24 |
| 2 | 1.0 | $CO_2$ | 0.2 | 25 | 24 |
| 3 | 1.0 | $CO_2$ | 0.4 | 25 | 24 |
| 4 | 1.0 | $CO_2$ | 0.6 | 25 | 24 |
| 5 | 1.0 | $CO_2$ | 0.8 | 25 | 24 |
| 6 | 1.0 | $CO_2$ | 1.0 | 25 | 24 |
| 7 | 1.0 | $CO_2$ | 1.2 | 25 | 24 |
| 8 | 1.0 | $CO_2$ | 1.4 | 25 | 24 |
| 9 | 1.0 | $CO_2$ | 1.6 | 25 | 24 |
| 10 | 1.0 | $CO_2$ | 1.8 | 25 | 24 |
| 11 | 1.0 | $CO_2$ | 2.0 | 25 | 24 |

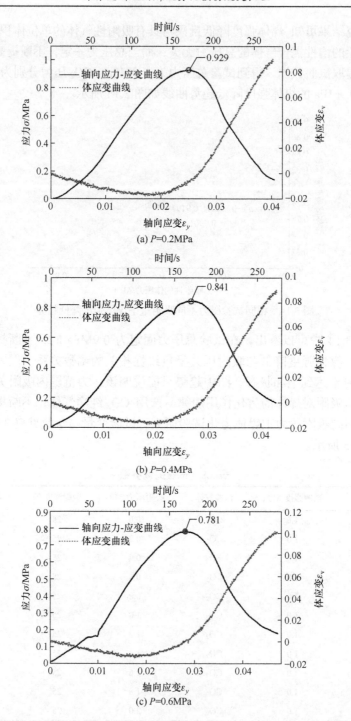

(a) $P=0.2MPa$

(b) $P=0.4MPa$

(c) $P=0.6MPa$

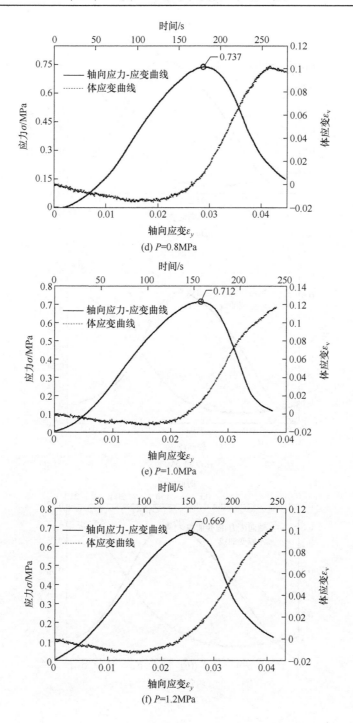

(d) $P$=0.8MPa

(e) $P$=1.0MPa

(f) $P$=1.2MPa

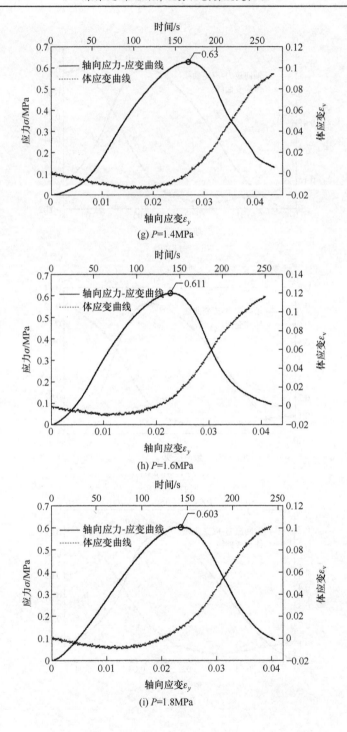

(g) $P$=1.4MPa

(h) $P$=1.6MPa

(i) $P$=1.8MPa

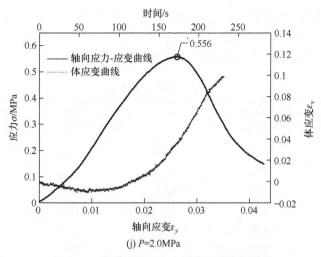

(j) P=2.0MPa

图 3.15　不同吸附压力中煤体强度降低趋势

进一步将曲线合并整理得到不同吸附压力中煤体应力-应变与体应变变化曲线，如图 3.16 所示。

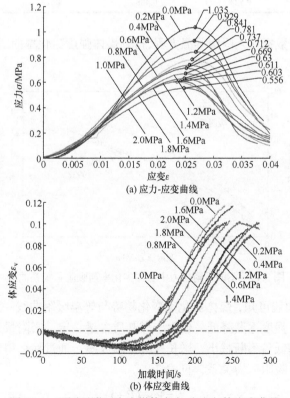

图 3.16　不同吸附压力中煤体应力-应变与体应变曲线

煤体强度随着吸附压力的提高不断降低，其中吸附压力为 2.0MPa 时，煤体劣化率高达 48.27%，强度降低了近 1/2；煤体由体积压缩转化为体积扩容的节点不断提前，更容易发生失稳破坏，具体试验结果数据见表 3.9。

**表 3.9　试验结果数据**

| 吸附压力 $P$/MPa | 吸附后强度 $\sigma_{max}$/MPa | 降低强度 $\Delta\sigma$/MPa | 劣化率 $f$/% | 吸附量 $Q$/(cm³/g) |
|---|---|---|---|---|
| 0 | 1.011 | 0 | 0 | 0 |
| 0.2 | 0.929 | 0.082 | 8.11 | 7.19 |
| 0.4 | 0.841 | 0.170 | 16.82 | 12.66 |
| 0.6 | 0.781 | 0.230 | 22.75 | 16.96 |
| 0.8 | 0.737 | 0.274 | 27.10 | 20.42 |
| 1.0 | 0.689 | 0.322 | 31.85 | 23.27 |
| 1.2 | 0.659 | 0.352 | 34.82 | 25.66 |
| 1.4 | 0.621 | 0.390 | 38.58 | 27.69 |
| 1.6 | 0.601 | 0.410 | 40.55 | 29.44 |
| 1.8 | 0.557 | 0.454 | 44.91 | 30.96 |
| 2.0 | 0.523 | 0.488 | 48.27 | 32.29 |

将试验所测数据代入吸附等温方程,得到煤体强度劣化率曲线与吸附量曲线,如图 3.17 所示。

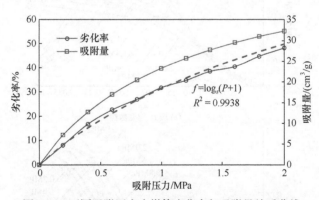

图 3.17　不同吸附压力中煤体劣化率与吸附量关系曲线

由图 3.17 曲线可知，煤体劣化率变化趋势与等温吸附曲线一致，即随着吸附量的增加，煤体强度逐渐降低，但由于煤基质含量一定，吸附量逐渐达到饱和状态，煤体强度降低量不断减小，增长趋势逐渐放缓，通过换算得到 2.0MPa 范围内煤体劣化率与吸附压力关系，见式(3-4)。

$$f = \log_s(P+1) \tag{3-4}$$

式中，$f$ 为煤体劣化率；$P$ 为加载时煤体所处气体压力；$s$ 为劣化参数，受气体性质和煤基质性质影响，此处 $s=1.022$。

## 3.4 本 章 小 结

本章采用室内试验，利用自主研发的可视化恒容气固耦合试验系统与圆柱标准试件环向变形测试系统对气体吸附诱发煤体劣化开展了较为详尽的试验设计与试验结果分析，得到了不同气固耦合环境与动静联合加载条件下，煤体强度、体积扩容、裂隙扩展等关键指标的变化规律，所得主要结论如下。

(1) 为统一试验变量，突出主要矛盾，试验研制了强度可调的型煤标准试件，并给出了详细制作流程，该材料具有物理力学参数调节方便、可重复操作性强、性能稳定、与原煤相似性高、可重复利用、无毒副作用、成本低廉等优势，可以有效地模拟Ⅳ类构造煤。用 $CO_2$ 代替瓦斯气体，保证了试验的安全性和相似性。

(2) 当煤体强度与试验气压一定时，充入不同性质气体，其中充 $CO_2$ 煤体吸附量最大，实测值为 $23.27cm^3/g$，对应劣化率为 32.06%，充 He 劣化率约等于 0，可视为不吸附。随着气体吸附性的提高，煤体更早地由压密阶段进入扩容阶段，煤体达到极限承载值与体积扩容点的位置不断提前，先后顺序为 $CO_2> CH_4 >N_2 >He$。

(3) 当煤体强度与吸附量一定时，不断充入无吸附性的 He 提高试验气体压力，得到的煤体强度降低量与具有吸附性气体的单位体积含量有关，与混合气体的总压力无关；在提高吸附气体含量时，煤体扩容点位置不断提前，煤体更早地达到峰值强度进入破坏阶段，与此同时，煤体在相同应力阶段的裂隙发育更加丰富，裂隙纹路也更加复杂。其中，$CO_2$ 压力为 0.3MPa 时，煤体主要沿 1～2 条宏观裂隙发展，最终失稳破坏；$CO_2$ 压力为 0.9MPa 时，煤体产生大量网状裂隙，呈现"鱼鳞"状膨胀破碎模式。

## 参 考 文 献

[1] 徐卫亚, 韦立德. 岩石损伤统计本构模型的研究[J]. 岩石力学与工程学报, 2002, 21(6): 787-791

[2] Tarasov B, Potvin Y. Universal criteria for rock brittleness estimation under triaxial compression[J]. International Journal of Rock Mechanics and Mining Sciences, 2013, 59: 57-69

[3] 邵强, 王恩营, 王红卫, 等. 构造煤分布规律对煤与瓦斯突出的控制[J]. 煤炭学报, 2010, 35(2): 250-254

[4] Hu Q, Zhang S, Wen G, et al. Coal-like material for coal and gas outburst simulation tests[J]. International Journal of Rock Mechanics and Mining Sciences, 2015, 74: 151-156

[5] Tu Q, Cheng Y, Guo P, et al. Experimental study of coal and gas outbursts related to gas-enriched areas[J]. Rock Mechanics and Rock Engineering, 2016, 49(9): 3769-3781

[6] Harpalani S, Chen G L. Influence of gas production induced volumetric strain on permeability of coal[J]. Geotechnical and Geological Engineering, 1997, 15(4): 303-325

[7] 吕闰生, 彭苏萍, 徐延勇. 含瓦斯煤体渗透率与煤体结构关系的实验[J]. 重庆大学学报, 2012, 35(7): 114-118

[8] 王汉鹏, 张庆贺, 袁亮, 等. 基于 CSIRO 模型的煤与瓦斯突出模拟系统与试验应用[J]. 岩石力学与工程学报, 2015, 34(11): 2301-2308

[9] Cao Y, He D, Glick D C. Coal and gas outbursts in footwalls of reverse faults[J]. International Journal of Coal Geology, 2001, 48(1): 47-63

[10] 王汉鹏, 张庆贺, 袁亮, 等. 含瓦斯煤相似材料研制及其突出试验应用[J]. 岩土力学, 2015, 36(6): 1676-1682

[11] 张群, 桑树勋. 煤层吸附特征及储气机理[M]. 北京: 科学出版社, 2013

[12] 辜敏, 鲜学福. 煤层气变压吸附分离理论与技术[M]. 北京: 科学出版社, 2015

[13] 赵志根, 唐修义. 对煤吸附甲烷的 Langmuir 方程的讨论[J]. 焦作工学院学报(自然科学版). 2002, 21(1): 1-4

[14] Levine J R. Model study of the influence of matrix shrinkage on absolute permeability of coal bed reservoirs[J]. Geological Society London Special Publications, 1996, 109(1): 197-212

[15] Larsen J W, Flowers R A, Hall P J, et al. Structural rearrangement of strained coals[J]. Energy & Fuels, 1997, 11(5): 998-1002

[16] Larsen J W. The effects of dissolved $CO_2$ on coal structure and properties[J]. International Journal of Coal Geology, 2004, 57(1): 63-70

[17] Majewska Z, Ziętek J. Changes of acoustic emission and strain in hard coal during gas sorption-desorption cycles[J]. International Journal of Coal Geology, 2007, 70(4): 305-312

[18] Ranjith P G, Jasinge D, Choi S K, et al. The effect of $CO_2$ saturation on mechanical properties of Australian black coal using acoustic emission[J]. Fuel (Guildford), 2010, 89(8): 2110-2117

[19] Viete D R, Ranjith P G. The effect of $CO_2$ on the geomechanical and permeability behaviour of brown coal: Implications for coal seam $CO_2$ sequestration[J]. International Journal of Coal Geology, 2006, 66(3): 204-216

[20] 姚宇平. 吸附瓦斯对煤的变形及强度的影响[J]. 煤矿安全, 1988(12): 37-41

[21] 何学秋, 王恩元, 林海燕. 孔隙气体对煤体变形及蚀损作用机理[J]. 中国矿业大学学报, 1996, 25(1): 6-11

[22] 赵阳升, 胡耀青. 孔隙瓦斯作用下煤体有效应力规律的试验研究[J]. 岩土工程学报, 1995, 17(3): 26-31

[23] 卢平, 沈兆武, 朱贵旺, 等. 含瓦斯煤的有效应力与力学变形破坏特性[J]. 中国科学技术大学学报, 2001, 31(6): 55-62

[24] 李祥春, 郭勇义, 吴世跃, 等. 煤体有效应力与膨胀应力之间关系的分析[J]. 辽宁工程技术大学学报, 2007, 26(4): 535-537

[25] 邓华锋, 李建林, 朱敏, 等. 饱水-风干循环作用下砂岩强度劣化规律试验研究[J]. 岩土力学, 2012, 33(11): 3306-3312

[26] 崔峰, 来兴平, 曹建涛, 等. 煤岩体耦合致裂作用下的强度劣化研究[J]. 岩石力学与工程学报, 2015, 34(S2): 3633-3641

[27] 尹光志, 赵洪宝, 许江, 等. 煤与瓦斯突出模拟试验研究[J]. 岩石力学与工程学报, 2009, 28(8): 1674-1680

[28] 刘延保, 曹树刚, 李勇, 等. 煤体吸附瓦斯膨胀变形效应的试验研究[J]. 岩石力学与工程学报, 2010, 29(12): 2484-2491

[29] 中华人民共和国住房和城乡建设部. GB/T 50266—2013 工程岩体试验方法标准[S]. 北京: 中国计划出版社, 2013

[30] Alkan H, Cinar Y, Pusch G. Rock salt dilatancy boundary from combined acoustic emission and triaxial compression tests[J]. International Journal of Rock Mechanics and Mining Sciences, 2007, 44(1): 108-119

[31] Jaeger J C, Cook N G W, Zimmerman R W. Fundamentals of Rock Mechanics[M]. New York: Wiley-Blackwell, 2007: 90-95

[32] 梁正召, 张永彬, 唐世斌, 等. 岩体尺寸效应及其特征参数计算[J]. 岩石力学与工程学报, 2013, 32(6): 1157-1166

[33] Weibull W. The phenomenon of rupture in solids[J]. Ingeniors Vetenskaps Akademien Handlingar, 1939, (153): 1-55

[34] 鄂加强. 工程热力学[M]. 北京: 中国水利水电出版社, 2010

# 第4章　基于分形理论的煤体裂隙演化特征分析

## 4.1　引　　言

长期以来，国内外专家学者尝试用各种方法研究和描述岩石破坏过程中复杂的结构性状和物理力学性质，提出了多种分析和计算方法，为解决实际工程问题创造了条件。然而，岩石材料特别是多相耦合作用中煤体复杂的自然性状与研究手段的局限性，导致煤体失稳、岩爆、冲击地压、煤与瓦斯突出、地震等一系列岩石力学问题得不到解决。为此，科学客观地认识和描述煤体在耦合加载过程中的几何物理性状，探索新方法和新理论对有效解决实际工程问题具有重要意义。

第3章基于损伤力学，从细观角度分析阐述了在应力加载和气体吸附的共同影响作用下，煤体内的微观裂隙不断发展并贯通，最终产生宏观裂隙，引起煤体的破坏过程，对峰前及由微观裂隙造成的宏观劣化过程阶段进行了理论分析。本章结合室内劣化试验结果，基于分形理论与 MATLAB 软件编程提取试验过程加载图像，重点研究在气体吸附与应力加载过程中，煤体的峰后宏观裂隙发育扩展与演化特征，计算得到煤体各应力阶段的裂隙密度、分形维数，对不同耦合条件下煤体裂隙演化特征开展了定量研究。

## 4.2　分形理论简介

### 4.2.1　分形与分形维数的定义

在分形名词使用之前，一些数学家就提出过不少复杂和不光滑的集合，如 Cantor 集、Koch 曲线、Sierpinski 垫片、地毯和海绵等。这些都属于规则的分形图形集，并具有严格的自相似性。但如蜿蜒曲折的海岸线、变幻无穷的布朗运动轨迹等自然界诸多事物，均具有不光滑和复杂随机性的性质，这类曲线的自相似性是近似的或统计意义下的，这种自相似性只存在于标度不变的区域，超出标度不变区域，自相似的性质不再存在，定义这类曲线为不规则分形。

分形(fractal)原意指不规则和支离破碎的物体，20 世纪 70 年代由曼德尔布罗特引入自然科学领域用来表征复杂图形或复杂过程,并在 1982 年给出分形的第一个定义。

**定义 4.1**　设在欧几里得空间中一个集合 $F \subset R^n$ 的豪斯多夫维数是 $D_H$，如果 $F$ 的豪斯多夫维数 $D_H$ 严格大于它的拓扑维数 $D_T = n$，则集合 $F$ 称为分形集，简称分形。数学表达式可以写为

$$F = \{D_H : D_H > D_T\} \tag{4-1}$$

由定义 4.1 可知，判断一个集合是不是分形，只要去计算 $F = \{D_H : D_H > D_T\}$ 集合的豪斯多夫维数和拓扑维数，然后由式(4-1)进行判断即可。

**定义 4.2**　组成部分以某种方式与整体相似的形体视为分形。

定义 4.2 在定义 4.1 的基础上更通俗且直观地突出了分形的自相似性，又称为自相似性分形，反映了自然界中物质广泛存在的基本属性，即局部与局部，局部与整体在形态、功能、信息、时间与空间等方面具有统计意义上的自相似性。

之后，英国数学家法尔科奈尔[1](Falconer)认为分形应看作具有如下所列性质的集合 $F$。

**定义 4.3**　分形为具有下列性质的集合。

(1) $F$ 具有精细的结构，在任意小的比例尺度内包含整体。

(2) $F$ 是不规则的，以至于不能用传统的几何语言来描述。

(3) $F$ 通常具有某种自相似性，可以是近似的和统计意义下的。

(4) $F$ 在某种方式下定义的"分形维数"通常大于它的拓扑维数。

(5) $F$ 的定义可以由递归或迭代产生。

综上所述，分形是具有精细和复杂结构的不规则集合，自相似性是分形最重要的特征。自相似和自仿射是最基本的分形结构。从自相似角度出发，许多分形可以通过递归或迭代的简捷方法构造得出。应当指出的是，由于自然界事物的复杂性，目前对分形还没有最终的科学定义，虽然有上述两个定义，但迄今为止对分形尚未有严密的定义。但对分形的定义可以借鉴生物学中对生命定义的方法，生物学中"生命"并没有严格和明确的定义，但都可以列出一系列生命物体的特性，如繁殖能力、运动能力、意识感知能力等，大部分生物都有上述特性。

### 4.2.2　分形理论在岩石力学与工程领域的应用

分形理论(fractal theory)作为混沌学的一个分支，是当今十分风靡和活跃的新理论、新学科。分形理论的数学基础是分形几何学，即由分形几何衍生出分形信息、分形设计、分形艺术等应用。分形理论最基本的特点是用分数维度的视角和数学方法描述和研究客观事物，也就是用分形-分维的数学工具来描述研究客观事物。它跳出了一维的线、二维的面、三维的立体乃至四维时空的传统藩篱，更加趋近复杂系统的真实属性与状态的描述，更加符合客观事物的多样性与复杂性。20 世纪 70 年代美籍数学家曼德尔布罗特(Mandelbrot)在美国权威的《科学》杂志

上发表了题为"英国的海岸线有多长？统计自相似和分数维度"（"How long is the coast of Britain? Statistical self-similarity and fractional dimension"）的著名论文，首先提出了分形的概念[2]。他在研究海岸线长度时发现，海岸线的曲线长度与其曲线细节在表现出无限长或者是无法定义特性的同时，又表现出很好的关联特性——"自相似性"。在自相似性的基础上，曼德尔布罗特为了进一步解释海岸线长度无法确定的现象提出了分数维的概念，分析了一维与二维的情形，记相似比率为 $r(N)$，一维时 $r(N)=1/N$，二维时 $r(N)=(1/N)^{1/2}$，更一般地，$D$ 维时，$r(N)=(1/N)^{1/D}$，由此推导出计算维数(包括分数维)的公式：

$$D = -\frac{\lg N}{\lg r(N)} \tag{4-2}$$

式中，$D$ 为分形维数(为区分损伤变量，以下用 $D_d$(dimension)表示)；$N$ 为测量海岸线 $L$ 长度所需码尺 $\lambda$ 量测的次数。

从海岸线问题中发现自相似性，利用分数维去定义由海岸线归类出的曲线，进一步产生分形这一研究领域，将现实问题转化为数学问题，该论文的提出是数学建模中的经典，为自然界中各种自相似性(或广义的自相似性)的现象和事物的定量描述提供了可能。

分形理论从诞生到现在，无论在理论还是应用方面都取得了巨大进步，具有广阔的发展前景，目前已广泛应用在物理学、化学、地质学、生物学等领域，展现了重要的应用价值[3-9]，如图 4.1 所示；20 世纪 80 年代，分形几何学开始应用于岩石力学工程领域，人们发现岩石力学领域中的分形现象相当普遍，不仅岩石的自然结构性状、缺陷几何形态、分布以及地质结构产状、断层几何形态、分布都观察到分形特征或分形结构，而且大量成果证实岩石类材料的强度、变形、断裂行为以及能量耗散也表现出分形特征[10,11]，如图 4.2 所示。从损伤力学的角度来看，岩石属于一种具有初始损伤的介质。裂隙岩体损伤断裂作用过程的不确定性和非线性，特别是对于考虑吸附与加载多相耦合作用中的煤体，传统的岩石力学研究方法存在明显的局限性，而分形理论为定量认识和描述岩石复杂的断裂力

曲折的海岸线

罗马花椰菜

雪花的形状

空中的闪电

图 4.1　自然界中的自相似现象

隧道衬砌裂纹

沥青路面开裂

图 4.2　工程实例中的裂隙产生

学过程和物理机制提供了新途径。

　　对分形的研究主要包括三个基本方向：①基于岩石自然结构，可抽象地看成分形结构的基本假设，探讨分形空间(非欧几里得空间)中岩石力学研究的数学、力学基础，构造其数学力学框架，包括重新认识和建立分形空间中的物理力学量和物理力学定律；②通过重点研究分析岩石力学中的分形现象、分形性质和分形机理，揭示和定量描述岩石力学中的复杂物理力学行为的分形机理和形成过程；③将分形研究成果应用于工程实际问题,解决和实现复杂岩石力学问题的定量化、精确化和可预测性。目前，运用分形理论计算和表征加载过程中岩石材料的裂隙发育规律已趋于成熟[12-15], Nolen-Hoeksema 等[16]使用光学显微镜和自制加载设备对加载条件下的大理岩折叠悬臂梁缺口处微观裂隙的发展演化进行了光学监测，得到 $\sigma/\sigma_{max}$=64%、80%、93%、96%、100%五个不同应力加载阶段的裂隙损伤区范围分布；谢和平等[17]利用分形几何的覆盖法对 Nolen-Hoeksema 的裂隙损伤区范围的分形特征进行了详细分析，得到了材料损伤演化过程中分形维数随荷载变化的关系曲线；许江[18]等以重庆南桐矿区砂岩为研究对象，给出了单轴压缩下砂岩损伤的整个演化过程；随后，谢和平以许江的试验图片为研究对象，利用相同的方法计算出砂岩在损伤发展过程的分形维数，推导出分形维数与施加荷载之间的线性回归方程。

迄今为止，国内外许多学者都在煤体结构分形性研究方面的成果做了系统的总结，取得了丰硕成果，但在多相耦合加载过程中煤体的损伤劣化与裂隙演化规律方面一直欠缺较为有效的研究方法和定量化分析手段。

## 4.3　煤体峰后裂隙的分形几何研究方法

### 4.3.1　分维数的概念与盒维数法

为了研究分形集的几何性质，在传统几何学中长度、面积和体积概念基础上引入分维数的计算方法。分维数用来度量分形集充满空间的程度，分维空间超越长度、面积、体积概念，属于更广泛意义上的定义。传统几何学中的维数只能是整数维，而分形几何中可以是任意正实数，如谢尔平斯基海绵的维数为 2.7268，表明它在空间的分布比二维空间复杂，但比三维空间简单。

分维数的计算方法有很多，采用不同计算方法所得的计算结果可能不尽相同，但所计算的分维数必须能反映在不断缩小其比例范围的过程中所观测的分形集，能够找出这个集的一个代表"维数"，使它能够反映该图形的复杂程度，或不规则程度的量度，或充满空间的程度，在对欧几里得空间中任意光滑规则的曲线用码尺 $\lambda$ 去量测其长度时，可以得到式(4-3)。

$$L = N\lambda = \text{Const} \tag{4-3}$$

式中，$N$ 为量测曲线 $L$ 长度时所需码尺 $\lambda$ 的量测次数。

为定量地表征曲线的不规则程度，采用分形维数 $D_d$ 刻画曲线的粗糙程度，$D_d$ 值越大表明曲线越弯曲，图形越不规则；相反，$D_d$ 越小，曲线越光滑。对式(4-3)推导得到式(4-4)。

$$L(\lambda) = L_0 \lambda^{1-D_d} \tag{4-4}$$

式中，$L_0$ 为常数。

式(4-4)又称为 Richardson-Mandelbrot 公式，被广泛应用，既可以测量得到非闭合分形曲线的分维，又可以测量闭合的分形曲线的分维数。

进一步，将式(4-3)和式(4-4)推广到多维情况，设 $n$ 为欧几里得维数，则有

$$G(\lambda) = G_0 \lambda^{n-D_d} \tag{4-5}$$

式(4-5)可以适用于分形曲线、分形平面及分形体积的测量，当 $n=1$ 时，$G$ 和 $\lambda$ 对应一维线段；当 $n=2$ 时，$G$ 和 $\lambda$ 对应二维面积；当 $n=3$ 时，$G$ 和 $\lambda$ 对应三维空间体积。

作者在上述方法的基础上采用更为普遍使用的盒维数法(box-dimension method)，也称为覆盖法(covering method)进行计算求解，即通过不同尺寸的正方形格子 $(\delta \times \delta)$ 覆盖要测量的煤体表面裂隙，得到不同尺寸下覆盖住测量物体的正方形格子数目 $N(\delta)$，最终根据格子尺寸与格子数目关系计算出分形维数，覆盖几何图形所需格子数 $N(\delta)$ 与格子尺寸的关系如式(4-6)所示。

$$N(\delta) = \alpha\delta^{D_d} \tag{4-6}$$

进而，不断缩小格子尺寸，得到不同格子尺寸下覆盖分形图形的方格数目，得到式(4-7)。

$$\dim_B F = \lim_{\delta \to 0} \frac{\lg N_\delta(F)}{-\lg \delta} \tag{4-7}$$

并得到一般表达式(4-8)。

$$\lg N(\delta) = \lg \alpha - D_d \lg \delta \tag{4-8}$$

式中，$\alpha$ 为常数。

如图 4.3 所示，在利用盒维数法对分形图像进行量测时，量测分形维数的覆盖过程得到一组 $(\delta_i, N_i)$ 数据，依次得到不同尺寸对应数据，将各数据点画成双对数图，其拟合直线的斜率绝对值就是该集合的分形维数 $D_d$。

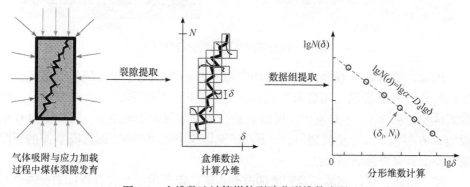

图 4.3 盒维数法计算煤体裂隙分形维数流程

## 4.3.2 基于分形理论的吸附煤体裂隙量化指标与表征方法

研究表明，岩石类材料的变形、强度以及裂隙的产生、扩展均具有分形特征[19, 20]。分形维数可反映煤体材料在不同加载条件和加载阶段中裂隙发育程度和断面复杂性，对工程应用而言，裂隙的走向、倾角、宽度、深度、长度及分布密度是影响裂隙工程力学性质的主要几何要素，它们分别描述裂隙特征的不同方面。裂隙的定量描述主要是对裂隙方向、长度、开度、密度和强度进行统计分析，但传统描述方法只是对裂隙的以上性质进行简单的平均统计，例如，对于岩石裂隙发育程度的研究，传统分析方法主要通过裂隙密度来定量反映[21, 22]。裂隙密度主要分为线密度、面密度和体密度。其中，裂隙面密度最常用，裂隙面密度指裂隙累计长度与煤岩材料截面上基质总面积的比值，定义如式(4-9)所示。

$$\rho_{ls} = \frac{l_{\chi}}{S_v} = \frac{\sum\limits_{i=1}^{n} l_i}{S} \tag{4-9}$$

式中，$\rho_{ls}$ 为裂隙密度；$l_{\chi}$ 为裂隙累计长度；$S_v$ 为所要计算的煤体截面面积。

　　裂隙密度可反映煤体材料的裂隙发育程度，密度越大，材料的裂隙发育越好。但只考虑裂隙密度，即使考虑裂隙的优势方位和走向，也仅反映了材料在优势方位上的裂隙密度，并不能全面表征煤体裂隙发育的分布特征及其发育程度。如图 4.4 所示，两种裂隙模型的裂隙密度和优势方向均相同，但两者的裂隙发育程度和断裂结构明显不同。

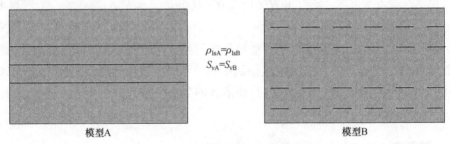

$$\rho_{lsA} = \rho_{lsB}$$
$$S_{vA} = S_{vB}$$

模型A　　　　　　　　　　　　　　模型B

图 4.4　两种裂隙密度相同的模型对比

　　因此，要综合客观地反映煤体的裂隙发育程度，在考虑传统裂隙密度指标的同时还要考虑裂隙充填岩石横截面的复杂程度，即裂隙的分形分布特征。结合式(4-8)，从图 4.4 不难看出，模型 B 的分形维数值大于模型 A，表明模型 B 比模型 A 在裂隙分布上更具离散性，更趋于充填这个截面空间，而且模型 A 的裂隙发育特征具有更强的储集性。

　　综上所述，煤体裂隙发育程度的准确表征，需采用一个综合指标来反映混乱型裂隙网络的几何分布特征。为此，本节从裂隙密度和其分形分布特征两方面考虑，设裂隙发育度为 $M$，定义如式(4-10)所示。

$$M = \rho_{ls} \cdot D_d = \frac{\sum\limits_{i=1}^{n} l_i}{S} \cdot \lim_{\delta \to 0} \frac{\lg N_{\delta}(F)}{-\lg \delta} \tag{4-10}$$

　　借鉴岩体裂隙发育等级规范[23]，可将气体吸附与应力加载过程中煤体裂隙的发育度分为五个等级，如图 4.5 所示：Ⅰ裂隙发育较弱区、Ⅱ裂隙发育中等区、Ⅲ裂隙发育丰富区、Ⅳ低渗裂隙发育区、Ⅴ高渗裂隙发育区。

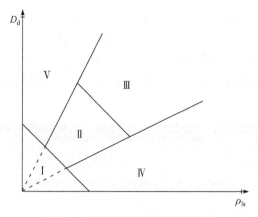

图 4.5　煤体裂隙发育度等级分类

# 4.4　气体诱发煤体劣化试验的峰后裂隙演化特征分析

### 4.4.1　基于 MATLAB 编程的煤体裂隙发育度计算方案

基于分形理论给出了定量描述煤体裂隙发育度的计算公式，进一步为实现加载过程中煤体裂隙扩展的定量分析，提取第 3 章劣化试验中峰后各应力阶段加载图像，通过编写计算程序，导入 MATLAB 数学计算软件，最终得到不同耦合条件中煤体裂隙的分形维数和裂隙发育度。

MATLAB 作为一款基于矩阵运算的工程计算和仿真软件，现已广泛应用于分形几何学、物理学、化学等领域[24-26]。裂隙密度与分形维数的计算流程如图 4.6 所示，具体步骤为：①提取和处理试验加载图像，得到尺寸相同、比例一致的 RGB 彩色图像，并进行编号；②将 RGB 彩图导入 MATLAB 计算程序，转换为 Gray 灰度图，灰度裂隙图像均为黑白图像，呈现从纯黑到纯白的 256 个层次，对应到图像每一点的颜色值即为该点灰度值，纯黑对应灰度值为 0，纯白对应灰度值为 256；③裂隙发展后，图像灰度分布分散，图像中有裂隙产生的位置灰度值偏低，

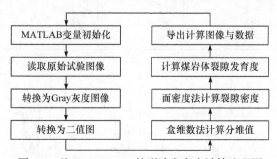

图 4.6　基于 MATLAB 的裂隙发育度计算流程图

由此设置阈值对灰度图像二值化，将裂隙提取转换为二值图，由于试验相机角度和光源不变，本算例中所有阈值相同；④采用盒维数法，通过设置不同格子尺寸对裂隙进行计算，得到分形维数 $D_d$；⑤采用面密度法，计算得到裂隙密度 $\rho_{ls}$；⑥导出试验图像与试验数据，进行后处理分析。基于 MATLAB 编程的裂隙度计算界面如图 4.7 所示。

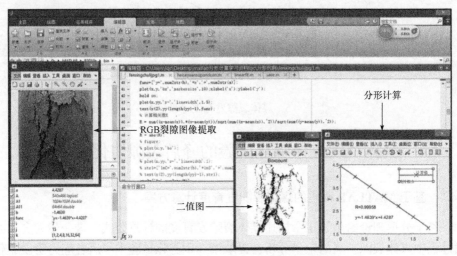

图 4.7　基于 MATLAB 的裂隙度软件计算界面

### 4.4.2　不同性质气体吸附诱发煤体劣化的峰后裂隙演化特征分析

在第 3 章不同性质气体诱发煤体劣化试验中，通过高速摄像机获取了加载过程中煤体裂隙发育图像，将其导入 MATLAB 得到不同气固耦合加载中煤体的峰后裂隙演化过程二值图，如图 4.8 所示。

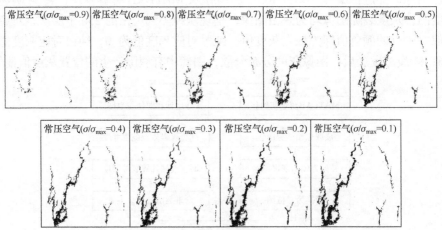

(a) 常压空气中加载

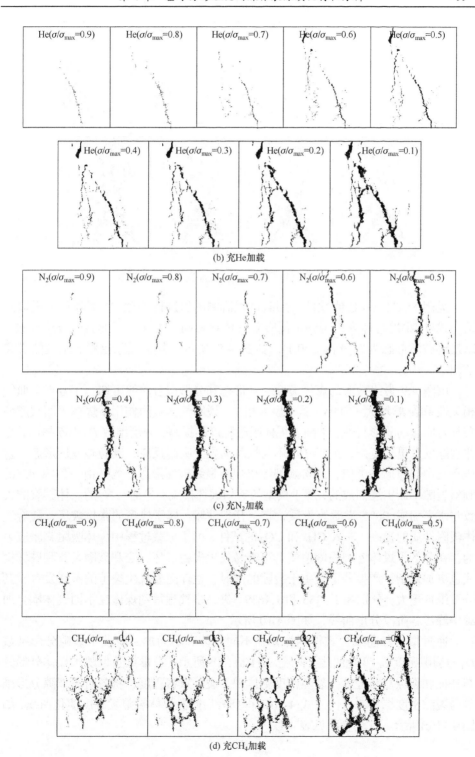

(b) 充He加载

(c) 充N₂加载

(d) 充CH₄加载

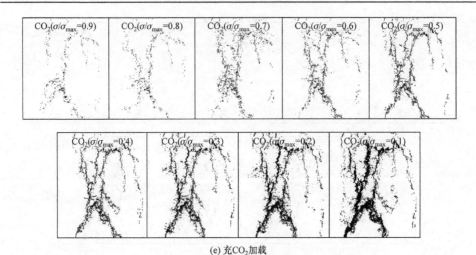

(e) 充CO₂加载

图 4.8　不同气体环境中煤体裂隙发育与演化过程

运用 MATLAB 数值软件对加载过程监测图像进行处理，将裂隙逐一提取并结合式(4-10)进行计算，得到不同吸附气体在相同应力状态下的裂隙分形维数，以最终破坏形态为例($\sigma/\sigma_{max}$=0.1)，如图 4.9 所示，其中裂隙色彩表示裂隙贯穿范围。

由图 4.9 最终截取的煤体裂隙破坏形态和分形拟合曲线可知：①各拟合曲线相关性系数 $R^2$ 均大于 0.95，属于显著相关，说明气体吸附作用下煤体表面裂隙分布具有明显的分形特性；②随着煤体吸附程度的提高，分形维数 $D_d$ 不断提高，煤体裂隙发育更加复杂，由于 He 不与煤基质发生吸附反应，其裂隙发展形态与常压空气中裂隙形态类似，从宏观裂隙出现至最终破坏形态，均是由一条约 45°的倾斜裂隙不断扩展而成的，属于典型的剪切破坏模式；③充入 $N_2$ 的煤体其裂隙大致与水平面成 90°方向垂直发展，直至开裂破坏，属于典型的张拉破坏，随着气体吸附性质的提高，充入 $CH_4$ 和 $CO_2$ 的试件，由于加载过程中煤体吸附膨胀应力的存在降低了煤体宏观强度迫使其更容易发生失稳破坏，宏观裂隙发育和破坏模式也更加复杂，产生若干条主干裂隙的同时，也伴随着次生裂隙的不断发育，其分形维数更大，分别为 1.4355 和 1.4639。进一步整理得到煤体在不同气体耦合加载中峰后各阶段分形曲线，如图 4.10 所示。

通过拟合各曲线公式得到煤体在不同气体和不同加载阶段中裂隙分形维数 $D_d$ 与裂隙密度 $\rho_{ls}$ 变化曲线，如图 4.11(a)、(b)所示。分形维数反映了煤体分形分布特征和裂隙复杂程度，裂隙密度则体现了裂隙致密程度，将各阶段裂隙分形维数与裂隙密度综合考虑代入式(4-10)，得到峰后阶段煤体裂隙发育度演化曲线，如图 4.11(c)所示。试验参数见表 4.1。

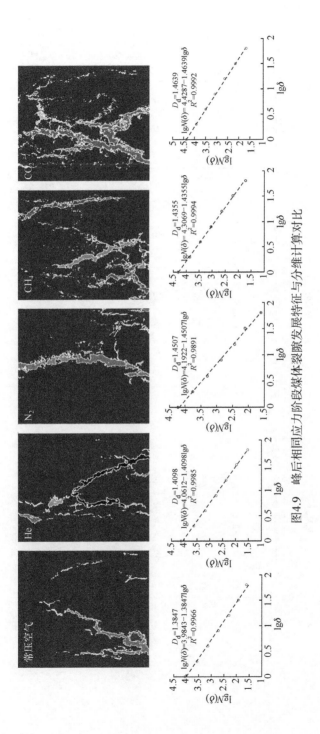

图 4.9　峰后相同应力阶段煤体裂隙发展特征与分维计算对比

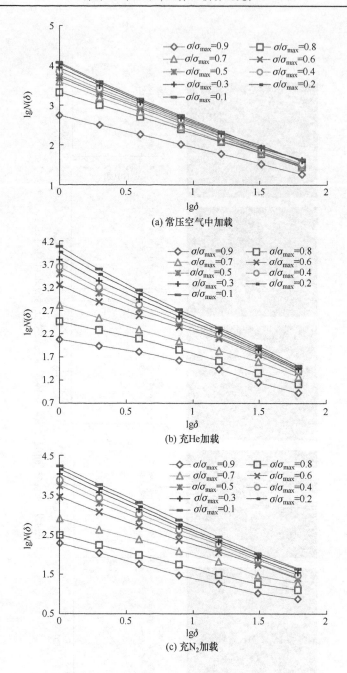

(a) 常压空气中加载

(b) 充He加载

(c) 充N₂加载

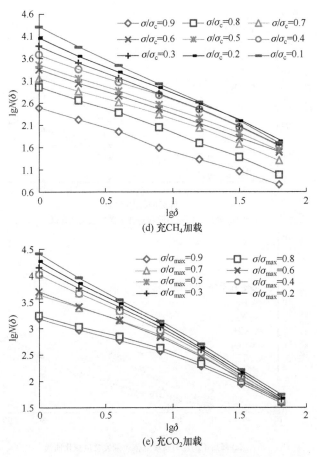

(d) 充$CH_4$加载

(e) 充$CO_2$加载

图 4.10 不同耦合环境中煤体各阶段分形曲线

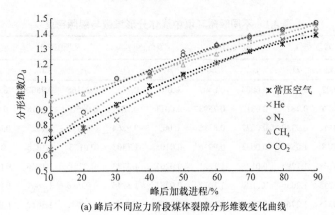

(a) 峰后不同应力阶段煤体裂隙分形维数变化曲线

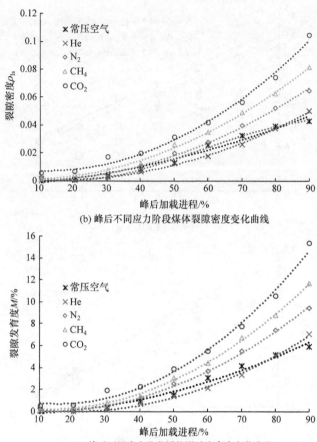

(b) 峰后不同应力阶段煤体裂隙密度变化曲线

(c) 峰后不同应力阶段煤体裂隙发育度变化曲线

图 4.11　煤体峰后裂隙演化规律曲线

表 4.1　不同吸附环境中煤体分形维数与裂隙密度

| 应力阶段 | 常压空气 | | 氦气(He) | | 氮气($N_2$) | | 瓦斯($CH_4$) | | 二氧化碳($CO_2$) | |
| --- | --- | --- | --- | --- | --- | --- | --- | --- | --- | --- |
| $\sigma/\sigma_{max}$ | $\rho_{ls}$ | $D_d$ | $\rho_{ls}$ | $D_d$ | $\rho_{ls}$ | $D_d$ | $\rho_{ls}$ | $D_d$ | $\rho_{ls}$ | $D_d$ |
| 0.9 | 0.002 | 0.7137 | 0.0004 | 0.6407 | 0.003 | 0.7655 | 0.00168 | 0.9592 | 0.006 | 0.8678 |
| 0.8 | 0.0076 | 0.7817 | 0.0012 | 0.7593 | 0.0011 | 0.7891 | 0.00518 | 1.0018 | 0.007 | 0.8873 |
| 0.7 | 0.0142 | 0.9339 | 0.0027 | 0.8316 | 0.003 | 0.9264 | 0.00798 | 1.1028 | 0.0174 | 1.1042 |
| 0.6 | 0.018 | 1.0547 | 0.0073 | 0.9936 | 0.0105 | 1.1303 | 0.0126 | 1.1225 | 0.02 | 1.1416 |
| 0.5 | 0.0208 | 1.1295 | 0.0128 | 1.1221 | 0.0201 | 1.2783 | 0.0261 | 1.1926 | 0.0313 | 1.2555 |
| 0.4 | 0.0258 | 1.2036 | 0.018 | 1.2017 | 0.0281 | 1.3246 | 0.03516 | 1.2601 | 0.0418 | 1.3157 |
| 0.3 | 0.0325 | 1.2761 | 0.0261 | 1.2805 | 0.0401 | 1.382 | 0.04942 | 1.3610 | 0.0564 | 1.3703 |
| 0.2 | 0.0394 | 1.3252 | 0.0376 | 1.3576 | 0.0524 | 1.4103 | 0.06272 | 1.3984 | 0.0742 | 1.4227 |
| 0.1 | 0.0431 | 1.3847 | 0.0501 | 1.4098 | 0.0651 | 1.4507 | 0.0815 | 1.4355 | 0.1045 | 1.4639 |

　　综上分析，煤体在峰后不同气体加载过程中，分形维数在 0.6～1.5 范围内变化，并随着加载进程的增加呈线性函数关系逐渐增大，与此同时，由于宏观裂隙的不断扩展，裂隙密度增长速率随加载进程的增加不断加大，当加载进程为 90%时，即 10%峰值强度，吸附 $CO_2$ 的裂隙密度最大超过了煤基质的 10%。综上所述，通过计算分形维数和裂隙密度可以很好地描述吸附煤体裂缝发展的复杂性和规律性，不同应力阶段分形维数越大，煤体劣化程度越高，相同应力阶段的分形维数越高，气体吸附能力也就越强，裂隙发育则越复杂，裂隙密度也随之增加。

### 4.4.3　不同吸附压力劣化试验中煤体峰后裂隙演化特征分析

　　4.4.2 节中得到不同气体吸附与应力加载过程中，煤体峰后裂隙分形及发育度的扩展演化规律。按照上述方法，对不同吸附压力中煤体峰后裂隙扩展图像进行提取和处理，得到吸附压力对煤体裂隙最终演化形态($\sigma/\sigma_{max}$=0.1)的对比分析，最终裂隙发育与贯穿形态如图 4.12 所示。

　　进一步整理得到不同吸附压力中煤体破坏形态的裂隙分形维数 $D_d$、裂隙密度 $\rho_{ls}$ 变化曲线与裂隙发育度演化规律曲线，如图 4.13 所示，试验参数见表 4.2。

表 4.2　不同吸附压力中煤体裂隙计算参数

| 吸附压力 $P$/MPa | 裂隙密度 $\rho_{ls}$ | 分形维数 $D_d$ | 裂隙发育度 $M$/% |
|---|---|---|---|
| 0.0 | 0.043 | 1.362 | 5.87 |
| 0.2 | 0.049 | 1.350 | 6.63 |
| 0.4 | 0.070 | 1.371 | 9.64 |
| 0.6 | 0.082 | 1.399 | 11.53 |
| 0.8 | 0.070 | 1.434 | 10.03 |
| 1.0 | 0.104 | 1.464 | 15.30 |
| 1.2 | 0.090 | 1.465 | 13.23 |
| 1.4 | 0.093 | 1.471 | 13.61 |
| 1.6 | 0.104 | 1.518 | 15.78 |
| 1.8 | 0.111 | 1.478 | 16.45 |
| 2.0 | 0.104 | 1.519 | 15.77 |

　　综上可知，随着煤体吸附压力的增加，吸附量持续增大，裂隙发育形态更加复杂，分形维数逐渐增大，对应幅值在 1.350～1.519 变化，对应裂隙发育度 $M$ 在 5.87%～16.45%范围内变化，其中吸附压力为 1.8MPa 时的裂隙发育度是常压时的 2.69 倍，表明在相同应力加载条件下气体吸附在整个加载阶段对煤体损伤劣化造成明显的弱化，使得煤体向更容易失稳破坏的方向发展；当吸附压力小于 1.2MPa 时，裂隙发育度与吸附压力呈正相关函数关系，当压力大于 1.2MPa 时，裂隙发

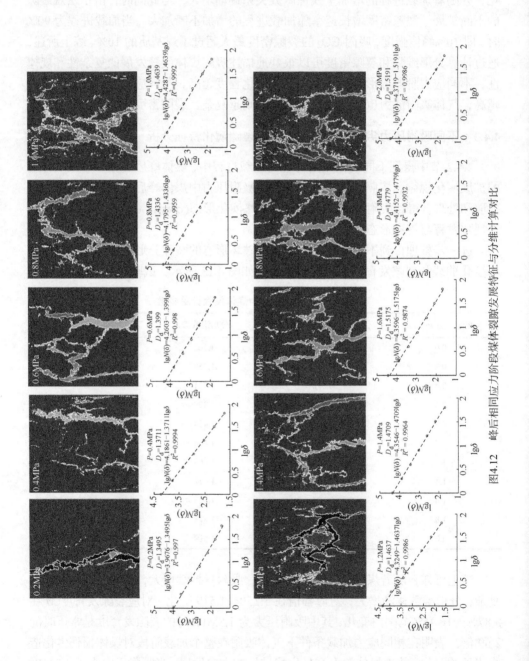

图4.12　峰后相同应力阶段煤体裂体发展特征与分维计算对比

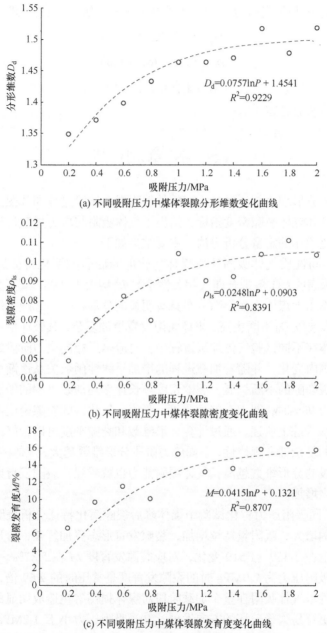

(a) 不同吸附压力中煤体裂隙分形维数变化曲线

(b) 不同吸附压力中煤体裂隙密度变化曲线

(c) 不同吸附压力中煤体裂隙发育度变化曲线

图 4.13　不同吸附压力中煤体峰后裂隙演化规律曲线

育度增长趋势减小，结合吸附压力与吸附量曲线分析，此时的煤样表面裂隙尺度与数量虽然整体上呈增长趋势，但随着吸附压力的升高，有限的煤基质逐渐逼近吸附饱和状态，导致煤体劣化程度减弱。拟合得到煤体分形维数 $D_d$、裂隙密度 $\rho_{ls}$

及裂隙发育度 $M$ 与吸附压力 $P$ 的函数关系表达式，如式(4-11)～式(4-13)所示。

$$D_d = 0.0757\ln P + 1.45 \tag{4-11}$$

$$\rho_{ls} = 0.0248\ln P + 0.09 \tag{4-12}$$

$$M = 4.15\ln P + 13.21 \tag{4-13}$$

试验具体参数见表4.2。

## 4.5　本章小结

本章基于分形理论与 MATLAB 软件编程提取试验过程加载图像，综合考虑分形分布特征和煤体裂隙密度指标，给出了气体吸附与应力加载过程中煤体峰后宏观裂隙演化规律的定量分析方法，主要结论如下。

(1) 对不同性质气体吸附诱发煤体劣化的峰后裂隙演化特征进行了定量分析，分析结果表明：①各拟合曲线相关性系数 $R^2$ 均大于 0.95，属于显著相关，说明气体吸附作用下煤体表面裂隙分布具有明显的分形特性；②随着煤体吸附程度的提高，分形维数 $D_d$ 不断提高，煤体裂隙发育更加复杂，其破坏模式也更加复杂多样；③煤体在不同试验气体加载过程中，对应峰后相同应力阶段的分形维数在 0.6～1.5 范围内变化，并随着加载进程的增加呈线性函数关系逐渐增大，与此同时，由于宏观裂隙的不断扩展，裂隙密度增长速率随加载进程的增加不断加大，当加载进程为90%时，即10%峰值强度，吸附二氧化碳的裂隙密度值最大超过了煤基质的10%。综上所述，通过计算分形维数和裂隙密度可以很好地描述吸附煤体裂隙发展的复杂性和规律性，不同应力阶段分形维数越大，煤体劣化程度越高，相同应力阶段的分形维数越高，气体吸附能力也就越强，裂隙发育则越复杂，裂隙密度也随之增加。

(2) 对不同吸附压力劣化试验中煤体峰后裂隙演化特征分析表明：①随着煤体吸附压力的增大，吸附量持续增加，裂隙发育形态更加复杂，分形维数逐渐增大，对应幅值在 1.350～1.519 变化，对应裂隙发育度 $M$ 在 5.87%～15.8%范围内变化，其中吸附压力为 2.0MPa 时的裂隙发育度是常压时的 2.69 倍，表明在相同应力加载条件下气体吸附在整个加载阶段对煤体损伤劣化造成明显的弱化作用，使得煤体向更容易失稳破坏的方向发展；②当吸附压力小于 1.2MPa 时，裂隙发育度与吸附压力呈正相关函数关系，当压力大于 1.2MPa 时，裂隙发育度增长趋势减小，吸附压力与吸附量曲线分析表明，此时的煤样表面裂隙尺度与数量虽整体上呈增长趋势，但随着吸附压力的升高，有限的煤基质逐渐逼近吸附饱和状态，导致煤体劣化程度减弱；③拟合得到煤体分形维数 $D_d$、裂隙密度 $\rho_{ls}$ 及裂隙发育度 $M$ 与吸附压力 $P$ 的函数关系表达式。

# 参 考 文 献

[1] 法尔科奈尔. 分形几何的数学基础及应用[M]. 北京: 人民邮电出版社, 2007

[2] Mandelbrot B. How long is the coast of britain? Statistical self-similarity and fractional dimension[J]. Science, 1967, 156(3775): 636-638

[3] Nasehnejad M, Nabiyouni G, Gholipour Shahraki M. Fractal analysis of nanostructured silver film surface[J]. Chinese Journal of Physics, 2017, 55(6): 2484-2490

[4] 朱维耀, 岳明, 高英, 等. 致密油层体积压裂非线性渗流模型及产能分析[J]. 中国矿业大学学报, 2014, 43(2): 248-254

[5] 康钊. 移动社交网络的分形应用和演化研究[D]. 南昌: 南昌航空大学, 2018

[6] 闫铁, 李玮. 分形岩石力学在油气井工程中的应用[J]. 大庆石油学院学报, 2010, 34(5): 60-64

[7] 孙柯岩, 赵小莹, 张功磊, 等. 基于分形理论的飞机雷击初始附着点的数值模拟[J]. 物理学报, 2014, 63(2): 476-482

[8] 李恒凯, 吴立新, 李发帅. 面向土地利用分类的HJ-1CCD影像最佳分形波段选择[J]. 遥感学报, 2013, 17(6): 1572-1586

[9] 乔成龙. 分形理论在农业机械化工程中的应用[J]. 农业机械, 2008, (8): 170-171

[10] 王刚, 黄娜, 蒋宇静, 等. 考虑分形特征的节理面渗流计算模型[J]. 岩石力学与工程学报, 2014, 33(z2): 3397-3405

[11] 刘红彬, 鞠杨, 孙华飞, 等. 高温作用下活性粉末混凝土(RPC)孔隙结构的分形特征[J]. 煤炭学报, 2013, 38(9): 1583-1588

[12] 孙辅庭, 佘成学, 蒋庆仁. 一种新的岩石节理面三维粗糙度分形描述方法[J]. 岩土力学, 2013, 34(8): 2238-2242

[13] 吴贤振, 刘祥鑫, 梁正召, 等. 不同岩石破裂全过程的声发射序列分形特征试验研究[J]. 岩土力学, 2012, 33(12): 3561-3569

[14] 杨录军, 邹炎平, 钱建龙. 分形几何在节理岩体研究中的应用[J]. 中国水运(理论版), 2007, (8): 60-62

[15] Mandelbrot B B. Fractals: Form, Chance and Dimension[M]. San Francisco: W. H. Freeman, 1978

[16] Nolen-Hoeksema R C, Gordon R B. Optical detection of crack patterns in the opening-mode fracture of marble[J]. International Journal of Rock Mechanics and Mining Sciences & Geomechanics Abstracts, 1987, 24(2): 135-144

[17] 谢和平, 高峰. 岩石类材料损伤演化的分形特征[J]. 岩石力学与工程学报, 1991, (1): 74-82

[18] 许江, 李贺, 鲜学福, 等. 对单轴应力状态下砂岩微观断裂发展全过程的实验研究[J]. 力学与实践, 1986, (4): 16-20

[19] 谢卫红, 钟卫平, 卢爱红, 等. 岩石分形节理的强度和变形特性研究[J]. 西安科技学院学报, 2004, (1): 31-33

[20] 牛志仁, 施行觉. 岩石分形断裂的统计理论[J]. 地球物理学报, 1992, (5): 594-603

[21] 张家俊, 龚壁卫, 胡波, 等. 干湿循环作用下膨胀土裂隙演化规律试验研究[J]. 岩土力学, 2011, 32(9): 2729-2734

[22] Morris P H, Graham J, Williams D. Cracking in drying soils[J]. Canadian Geotechnical Journal, 1992, 29(1): 263-277

[23] 中华人民共和国建设部. GB 50021—2001　岩土工程勘察规范[S]. 北京: 中国建筑工业出版社, 2002

[24] 王敏, 万文, 赵延林. 基于 MATLAB 的岩体结构面曲线模拟及其分形研究[J]. 湖南科技大学学报(自然科学版), 2013, 28(2): 12-15

[25] 宁吉, 张卫. 基于 MATLAB 的微观分形图像处理[J]. 计算机与现代化, 2013, (2): 5-8

[26] 杨书申, 邵龙义. MATLAB 环境下图像分形维数的计算[J]. 中国矿业大学学报, 2006, (4): 478-482

# 第5章 气体吸附与应力加载过程中煤体损伤 劣化机制探究及数值验证

## 5.1 引　言

在材料学与物理学领域,人们对材料、构件宏观性能劣化-破坏过程的本构关系、力学模型、作用机制及计算方法都非常重视,并试图运用各种理论和假说进行分析验证,并且从微观角度对材料缺陷的产生、扩展机理进行了大量研究,但力学工作与工程实际着眼于宏观分析;材料的结构特征随观测尺度的不同而不同,见表5.1,分析和解决问题的方法也会随着研究尺度的不同而改变,通过较低层次水平的结构特性,分析较高层次水平的特征,可以将问题研究进行有效的演化[1]。近年来,损伤力学理论方法作为固体力学的分支不断应用在岩土工程领域[2]。损伤力学认为材料的损伤是材料的微缺陷发展导致材料力学性质劣化的现象。由此将材料的微观属性与宏观力学变量建立联系,借助前人工作,从宏观连续介质的力学范畴,分析细观层面中材料的力学行为不失为一种简便易行的科学手段[3-5],但这在考虑吸附作用引发煤体强度劣化方面研究较少。

表 5.1　材料尺度简介

| 量级与学科 | 纳观层次 | 微观层次 | 细观层次 | 宏观层次 | 结构层次 |
|---|---|---|---|---|---|
| 量级/mm | $10^{-6}$ | $10^{-3}$ | $10^{-3} \sim 10^{-2}$ | 100 | $10^3$ |
| 学科 | 纳米力学 | 微观力学 | 微观力学<br>细观损伤力学 | 材料力学<br>弹塑性力学<br>损伤断裂力学 | 结构力学 |

第4章通过室内试验从宏观角度对气体吸附中煤体的力学特性与裂隙演化特征进行了详细总结分析。研究表明,煤体强度的改变是由内外诸多因素的耦合作用共同产生的,外部因素主要由材料所受应力作用和气体分子吸附作用造成。煤体宏观的变形破坏过程是裂隙压缩闭合—扩展—密集—汇合,最终贯通形成宏观裂隙演化过程,其演化性质也同时决定了煤体的宏观应力-应变特征[6]。建立科学的数学、力学模型,准确描述应力加载过程中气体吸附诱发煤体损伤劣化过程,是实现含瓦斯煤开采过程中煤体失稳破坏定量描述的前提条件。本章基于试验研

究成果，从宏观层次对煤体强度劣化特性进行理论分析，并利用连续介质损伤力学方法探索其强度劣化诱因与损伤劣化机制，重点探讨气体吸附与荷载作用中煤体损伤本构关系，建立损伤演化方程并进行实例验证。

## 5.2　气体吸附与加载过程中煤体损伤劣化模型研究

外界荷载作用下的应力-应变发展过程实质是煤体内部微裂隙萌生—发展—演变的过程[7,8]，而气体分子对煤颗粒的吸附作用又进一步促进了内部微观裂隙的扩展，降低了煤基质抵抗变形的能力，弱化了煤颗粒间的力学关系。对此，本节基于连续损伤理论对考虑"吸附-加载"耦合过程中煤体损伤劣化机制开展理论分析。

### 5.2.1　考虑气体吸附与外部加载共同作用的煤体损伤劣化本构关系

连续损伤力学方法采用连续变化的损伤变量描述材料损伤过程，为描述裂隙导致煤体非线性应力-应变关系提供了理论框架[9]，在各向同性假设前提下，选取煤体内部任一点表征体积单元，设垂直于 $n$ 方向的截面面积为 $A$，考虑微观裂隙和孔隙存在，设该方向的有效承载面积为 $\tilde{A}$，缺陷缺损面积为 $A_D$，如图 5.1 所示，则有

$$\tilde{A} = A - A_D \tag{5-1}$$

进而，损伤变量 $\omega$ 可定义为

$$\omega = \frac{A_D}{A} = \frac{A - \tilde{A}}{A} \tag{5-2}$$

由以上分析可知，损伤变量 $\omega$ 不随截面方向的改变而变化，即与 $n$ 无关，当 $\omega = 0$ 时对应煤体无损状态，$\omega = 1$ 时对应煤体完全断裂状态，设煤体损伤劣化临界值为 $\omega_c$，$0 < \omega_c < 1$。

当煤体受到外部荷载和气体吸附共同作用时，导致有效承载面积 $\tilde{A}$ 减小，有效应力随之升高，有效应力张量表示为

$$\sigma'_{ij} = \frac{\sigma_{ij}}{1 - \omega} \tag{5-3}$$

需要说明的是，要从细观上对每一种缺陷形式和损伤机制进行分析以确定有效承载面积是非常困难的，根据 Lemaitre[10]提出的应变等价原理：受损材料的变形行为可以只通过有效应力来体现，损伤材料的本构关系可以采用无损时的形式，将应力 $\sigma_{ij}$ 替换为有效应力 $\sigma'_{ij}$ 即可，如损伤材料的一维线弹性关系可表示为

$$\varepsilon^{e}=\frac{\sigma_{ij}'}{E}=\frac{\sigma}{(1-\omega)E}=\frac{\sigma}{E'} \tag{5-4}$$

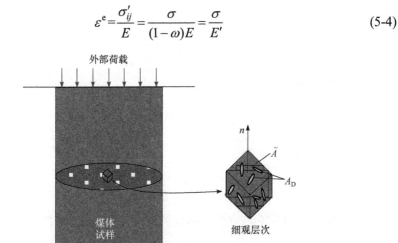

图 5.1　煤体各向同性损伤单元

$E$ 和 $E'$ 分别对应无损和损伤时材料弹性模量，$\varepsilon^{e}$ 为应变。该理论将材料无损伤时的弹性模量 $E$ 减小为损伤后的弹性模量：

$$E'=(1-\omega)E \tag{5-5}$$

根据上述分析可得，外部荷载 $F$ 作用在受损煤体上引起的应变与有效应力作用在无损条件中引起的应变等价，假设任取其中的两种损伤状态，则煤体在第一种损伤状态下的有效应力作用于第二种损伤状态引起的应变等价于材料在第二种损伤状态下的有效应力作用于第一种损伤状态引起的应变，则有

$$\begin{cases} \sigma^{1}A^{1}=\sigma^{2}A^{2} \\ \varepsilon=\dfrac{\sigma^{1}}{E^{2}}=\dfrac{\sigma^{2}}{E^{1}} \end{cases} \tag{5-6}$$

式中，$\sigma^{1}$、$\sigma^{2}$ 分别对应两种损伤状态中的有效应力；$A^{1}$、$A^{2}$ 分别对应两种损伤状态中的有效承载面积；$E^{1}$、$E^{2}$ 分别对应两种损伤状态中的弹性模量。

定义煤体在常压空气"无吸附状态"中作为基准损伤状态，即第一种损伤状态，其有效应力与有效截面面积为 $\sigma_{0}$ 和 $A_{0}$；定义"气体吸附后状态"作为吸附损伤状态，即第二种损伤状态，对应损伤后有效应力与有效截面面积为 $\sigma'$ 和 $A'$，则有

$$\sigma_{0}A_{0}=\sigma'A' \tag{5-7}$$

定义 $D_{p}$ 为吸附损伤变量，与吸附气体压力和气体性质有关，$D_{p}\in(0,1]$，如

式(5-8)所示。

$$D_{\mathrm{p}} = \frac{A_0 - A'}{A_0} \tag{5-8}$$

将式(5-8)代入式(5-7)可得

$$\sigma' = \frac{\sigma_0}{1 - D_{\mathrm{p}}} \tag{5-9}$$

由式(5-6)可得

$$\varepsilon = \frac{\sigma_0}{E'} = \frac{\sigma'}{E_0} \tag{5-10}$$

将式(5-9)与式(5-10)联立得到损伤弹性模量关系式(5-11)。

$$E' = E_0(1 - D_{\mathrm{p}}) \tag{5-11}$$

式(5-11)两边同乘以吸附损伤应变 $\varepsilon'$，得到考虑气体吸附作用的煤体损伤本构关系式(5-12)。

$$\sigma' = E_0(1 - D_{\mathrm{p}})\varepsilon' \tag{5-12}$$

同理，根据应变等效假设，不妨设"吸附"损伤后煤体状态为第一种损伤状态，设"吸附+荷载"耦合作用中煤体损伤作为第二种损伤状态，得到考虑气体吸附条件下，煤体受荷载损伤本构关系表达式见式(5-13)。

$$\sigma = E'(1 - D_{\mathrm{F}})\varepsilon \tag{5-13}$$

式中，$D_{\mathrm{F}}$ 为应力加载损伤变量，$D_{\mathrm{F}} \in (0,1]$。

将式(5-11)～式(5-13)联立，得到考虑气体吸附与应力加载共同作用的煤体损伤劣化本构关系表达式(5-14)。

$$\sigma = E_0(1 - D_{\mathrm{p}})(1 - D_{\mathrm{F}})\varepsilon \tag{5-14}$$

令耦合损伤因子 $D' = D_{\mathrm{p}} + D_{\mathrm{F}} - D_{\mathrm{p}}D_{\mathrm{F}}$，公式简化为式(5-15)。

$$\begin{cases} \sigma = E_0(1 - D')\varepsilon \\ D' = D_{\mathrm{p}} + D_{\mathrm{F}} - D_{\mathrm{p}}D_{\mathrm{F}} \end{cases} \tag{5-15}$$

由式(5-15)可知，气体吸附损伤由气体分子和气体压力作用在煤体颗粒及其微孔隙间的吸附膨胀应力导致，而应力加载损伤使煤体颗粒产生滑移和错动，两种损伤相互耦合、共同作用，从而引发煤体宏观力学特性的改变。式中，$E_0$ 作为煤体基准弹性模量，在煤体处于无气体吸附状态时求得，避开了传统本构方程中要求的真正密实无损岩石的弹性模量。

### 5.2.2　考虑气体吸附与外部加载共同作用的煤体损伤劣化演化方程

由 5.2.1 节可知,把气体吸附诱发煤体强度的宏观劣化作用定义为细观层面的耦合损伤 $D'$,吸附作用与应力加载的耦合效应加剧了煤体总损伤,引起煤体微结构的变化和承载能力的劣化,进一步探索损伤演化过程中煤体本构关系变量的函数关系演化特征,即损伤演化规律。

损伤参量是材料内部不可逆的细观结构变化在宏观上的描述。根据宏观唯象损伤力学概念,通过引进内部变量把细观结构变化现象渗透到宏观力学现象中加以分析,其最终目的是在工程分析和应用中引进损伤影响机制。研究表明,材料宏观物理力学性质的响应能够代表材料内部的劣化程度。煤体的弹性模量在劣化试验中可由监测和计算得出,故可将式(5-11)改写为式(5-16)。

$$D_p = 1 - \frac{E'}{E_0} \tag{5-16}$$

将图 5.1 中煤体损伤单元视为一个微单元,在应力加载过程中,微单元的损伤程度体现了煤体宏观劣化程度,其破坏的积累与叠加数量最终导致煤体的宏观性能劣化,定义煤体中微单元在应力加载中的损伤率为 $\varphi(\varepsilon)$[11],损伤变量 $D_F$ 与微单元关系可表示为

$$\frac{\mathrm{d}D_F}{\mathrm{d}\varepsilon} = \varphi(\varepsilon) \tag{5-17}$$

由于在荷载作用过程中,材料强度服从概率统计中的韦布尔分布(Weibull distribution),可认为损伤量也服从该分布[12];在此,借助混凝土研究成果,用双参数的韦布尔分布表征应力加载过程中的煤体中微单元强度 $D_F$ 的统计分布:

$$D_F = 1 - e^{-\left(\frac{\varepsilon}{n}\right)^{k_s}} \tag{5-18}$$

式中,$n$ 为材料形状参数;$k_s$ 为材料尺度参数;$n$ 和 $k_s$ 均为非负数。

经推导可得以应变为损伤变量的损伤演化方程(5-19)。

$$D_F = 1 - e^{-\frac{1}{k}\left(\frac{\varepsilon}{\varepsilon_{max}}\right)^k} \tag{5-19}$$

式中,$\varepsilon_{max}$ 为劣化试验中煤体峰值强度点对应的应变值;$k$ 为煤体损伤演化特征参数[13,14],$k = 1/\ln\left(\frac{E_0\varepsilon_{max}}{\sigma_{max}}\right)$。$\sigma_{max}$ 为煤体加载过程中峰值应力,与前文定义相同。

对式(5-17)积分得到式(5-20)。

$$D_F = \int_0^\varepsilon \varphi(x)\mathrm{d}x = 1 - e^{-\frac{1}{k}\left(\frac{\varepsilon}{\varepsilon_{max}}\right)^k} \tag{5-20}$$

进一步，将式(5-20)与式(5-16)代入式(5-15)，得到考虑气体吸附与应力加载耦合作用中煤体损伤演化方程式(5-21)。

$$D' = 1 - \frac{E'}{E_0} e^{-\frac{1}{k}\left(\frac{\varepsilon}{\varepsilon_{\max}}\right)^k} \tag{5-21}$$

由方程可以看出，煤体中任意一点的应力-应变关系与煤体弹性模量、峰值强度以及所对应的应变有关，当仅考虑气体吸附损伤时，应力加载应变为零，代入方程可得式(5-22)。

$$D' = 1 - \frac{E'}{E_0} e^{-\frac{1}{k}\left(\frac{\varepsilon}{\varepsilon_{\max}}\right)^k} = 1 - \frac{E'}{E_0} = D_p \tag{5-22}$$

当只有应力加载时，$E' = E_0$，可得式(5-23)。

$$D' = 1 - \frac{E'}{E_0} e^{-\frac{1}{k}\left(\frac{\varepsilon}{\varepsilon_{\max}}\right)^k} = 1 - e^{-\frac{1}{k}\left(\frac{\varepsilon}{\varepsilon_{\max}}\right)^k} = D_F \tag{5-23}$$

综上分析，煤体的损伤演化过程沿着吸附作用与应力加载两种损伤途径变化，耦合损伤因子 $D'$ 表达式表明，气体吸附与应力加载的共同作用使煤体总损伤加剧，并表现出明显的非线性关系，如图 5.2 所示；该方法反映了气体吸附诱发煤体损伤过程中煤体的宏-细观力学特性，可较为真实地揭示吸附煤体在加载劣化过程中的损伤演化规律与损伤劣化机制。

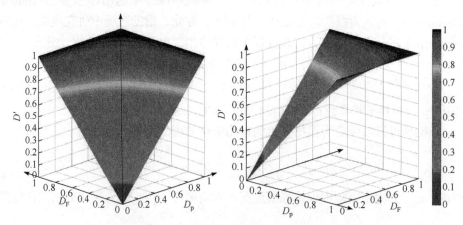

图 5.2　气体吸附与应力加载作用中煤体耦合损伤因子变化图像

### 5.2.3　气体吸附诱发煤体损伤劣化数学模型应用与验证

为验证煤体吸附-加载损伤模型的合理性，以"不同性质气体吸附诱发煤体劣化试验研究"与"不同吸附压力中煤体劣化试验研究"为例，进行算例验证。

### 1. 不同性质气体吸附诱发煤体劣化的损伤演化特征分析

利用可视化恒容气固耦合试验系统与环向变形测试系统，采用同强度型煤试件充入高纯度 He、$N_2$、$CH_4$ 和 $CO_2$ 并与常压空气单轴加载对比分析，煤体预制强度 1.0MPa，气体压力设置为 1.0MPa，煤体吸附稳压时间 24h，不同气体吸附和加载中煤体应力-应变、环向应变、体应变数据如图 5.3 所示；详细试验参数与试验流程请见 3.3.1 节，提取各曲线各点弹性模量，并以常压状态中弹性模量作为基准模量 $E_0$，试验参数见表 5.2。

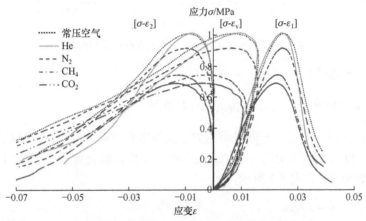

图 5.3　不同气体环境中煤体应力-应变曲线

$\varepsilon_1$ 为轴向应变；$\varepsilon_2$ 为环向应变；$\varepsilon_v$ 为体应变

**表 5.2　不同气体环境中煤体损伤参数**

| 试验气体 | $\sigma_{max}$ /MPa | $\varepsilon_{max}$ | $E_0$/MPa | $E'$/MPa | 特征参数 $k$ |
|---|---|---|---|---|---|
| He | 1.007 | 0.0275 | 67.06 | 66.77 | 2.322 |
| $N_2$ | 0.916 | 0.0276 | 67.06 | 63.48 | 1.888 |
| $CH_4$ | 0.743 | 0.0251 | 67.06 | 51.19 | 1.753 |
| $CO_2$ | 0.689 | 0.0252 | 67.06 | 45.41 | 1.536 |

将试验所测参数代入损伤演化方程式(5-21)，利用 MATLAB 软件得到不同气体吸附和应力加载过程中煤体损伤演化曲线，如图 5.4 所示。

由图 5.4 可知，煤体的损伤劣化程度随着气体吸附性的增大而增大；定义 $\varepsilon=0$ 时为吸附初始损伤变量，在 He 加载中，煤体损伤程度差异最显著，吸附初始损伤变量 0.0043，接近 0，吸附性最强的 $CO_2$ 初始损伤最大(0.3228)，是 He 的约 75 倍；随着应力加载的进行，各种气体中煤体损伤变量最终都趋向于 1，即趋向失稳破坏，但吸附 $CO_2$ 与 $CH_4$ 的煤体趋向破坏的趋势明显早于充入吸附性较弱的 $N_2$ 及无吸附性的 He，说明在荷载作用中，吸附作用的存在进一步促进了煤体的

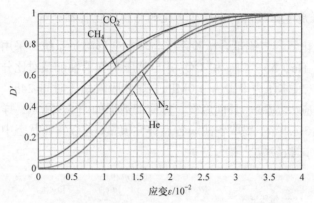

图 5.4　不同性质气体中煤体加载过程损伤模型演化曲线

损伤劣化，使煤体更早地产生失稳破坏。

2. 不同吸附压力中煤体损伤演化特征分析

进一步，将 3.3 节"不同吸附压力中煤体劣化试验研究"中的试验参数进行提取总结，得到不同吸附压力与加载过程中煤体损伤演化特征，应力-应变与试验参数分别如图 5.5 和表 5.3 所示。

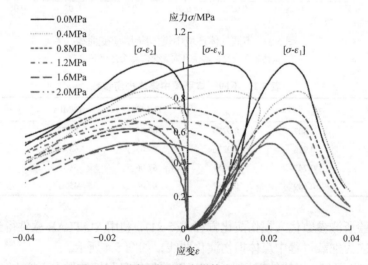

图 5.5　不同吸附压力中煤体应力-应变曲线

**表 5.3　不同吸附压力中煤体损伤参数**

| 吸附压力/MPa | $\sigma_{max}$ | $\varepsilon_{max}$ | $E_0$/MPa | $E'$/MPa | 特征参数 $k$ |
|---|---|---|---|---|---|
| 0.0 | 1.011 | 0.0279 | 67.06 | 67.06 | 1.625 |
| 0.4 | 0.841 | 0.0278 | 67.06 | 53.23 | 1.256 |

续表

| 吸附压力/MPa | $\sigma_{\max}$ | $\varepsilon_{\max}$ | $E_0$/MPa | $E'$/MPa | 特征参数 $k$ |
|---|---|---|---|---|---|
| 0.8 | 0.737 | 0.0269 | 67.06 | 48.27 | 1.117 |
| 1.2 | 0.659 | 0.0256 | 67.06 | 36.43 | 1.044 |
| 1.6 | 0.601 | 0.0227 | 67.06 | 32.51 | 1.076 |
| 2.0 | 0.523 | 0.0243 | 67.06 | 29.63 | 0.878 |

计算得到不同吸附压力和应力加载过程中煤体损伤演化曲线，如图 5.6 所示。

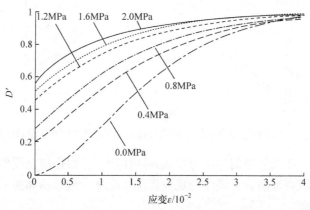

图 5.6　不同吸附压力中煤体加载过程损伤模型演化曲线

由图 5.6 可知，在不同吸附压力下，煤体损伤与不同试验气体中煤体损伤变化趋势一致，即随着煤体应变的增大而增加，煤体损伤变量最终都趋向于 1，同样可划分为损伤弱化、损伤快速扩展和损伤劣化三个阶段；此外，从图中曲线可以看出，加载过程中煤体随吸附压力的增大吸附初始损伤变量不断增大，以吸附压力为 0.0MPa 的初始状态为基准状态，不断提高吸附压力至 0.4MPa、0.8MPa、1.2MPa、1.6MPa、2.0MPa，吸附初始损伤变量分别为 0.206、0.280、0.457、0.515、0.558。呈现先增长较快后增长放缓的趋势，其中吸附压力 2.0MPa 的初始损伤变量是吸附压力 0.4MPa 的 2.7 倍；吸附压力从 0.0MPa 至 1.2MPa，损伤程度差异最显著，而 1.2MPa～2.0MPa 吸附压力中煤体损伤差异变化趋于平稳，损伤快速扩展阶段明显缩短，表明在吸附压力较高时，煤体在吸附损伤的作用下更接近失稳破坏。

将煤体应力-应变与损伤演化曲线对比分析，得到图 5.7。由图中曲线可知，煤体细观损伤阶段可以很好地与宏观劣化现象对应，在加载初始阶段，煤体宏观上处于体积压密阶段，对应煤体在细观层次上微孔隙、微观裂隙的闭合，在加载中期，煤体由压密状态转变为弹性阶段，再进入峰后扩容阶段，此时对应煤体的损伤快速扩展阶段，煤体细观层面上处于损伤演化、稳定扩展阶段；在加载末期，煤体出现大量宏观裂隙，煤体骨架难以抵抗外界荷载，最终达到承载极限，导致失稳破坏，对应煤体损伤劣化阶段。

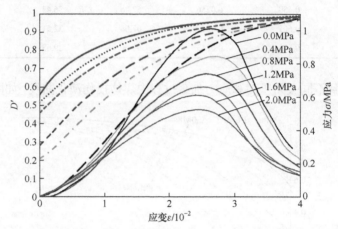

图 5.7　不同吸附压力中煤体加载过程损伤演化与应力-应变对比曲线

　　综上所述，在气体吸附与应力加载共同作用下，损伤演化模型的结果结论与试验现象能够较好地吻合，煤体细观损伤特性能够合理预测和揭示煤体宏观劣化特征和现象本质。

# 5.3　气体吸附诱发煤体强度劣化的力学分析

## 5.3.1　针对吸附煤体强度劣化的宏观力学分析

### 1. 基于表面物理化学理论的煤体劣化作用分析

　　煤体中任一点的应力-应变状态增长到某一极限时就会发生破坏，煤体的成因、吸附条件和应力环境不同，其破坏特性存在诸多差异。为此，人们根据不同条件下的破坏特征，在大量试验基础上，归纳分析建立了多种强度准则[15-17]。煤岩作为脆性岩石的一种，可采用格里菲斯强度理论(Griffith's strength theory)判断其强度特征[18, 19]。煤体受力后使裂隙尖端附近应力升高，当超过其抗拉强度时，引起裂隙扩展所需满足的应力条件，即格里菲斯初始破裂准则(criterion of Griffith's initial fracturing)。格里菲斯强度公式见式(5-24)。

$$\sigma_t = \sqrt{\frac{2E\gamma}{\pi l}} \tag{5-24}$$

式中，$\sigma_t$ 为煤体裂隙尖端抗拉强度；$E$ 为煤体弹性模量；$\gamma$ 为气体吸附中煤颗粒表面自由能；$l$ 为裂隙长度。

班厄姆(Bangham)假设见式(5-25)。

$$\varepsilon = \lambda \Delta \gamma \tag{5-25}$$

式中，$\varepsilon$ 为煤颗粒的相对变形量；$\lambda$ 为比例系数；气体吸附中煤颗粒 $\Delta \gamma$ 为表面自由能变化量。

煤基质对气体分子的吸附属于典型的固体吸附过程，由细观颗粒间的作用力引起，即由微观分子间的范德瓦耳斯力叠加和传递产生[20]。由表面物理化学理论可知，"固-气"分子在两相接触的若干个分子厚度区域内，称为表面或界面。在煤体与吸附性气体分子作用过程中，处在第一层上的气体分子，即与煤颗粒直接接触的分子，将同时受到煤颗粒表面作用力和气体分子间作用力，当两种力的合力不为零时，为趋于平衡和稳定，迫使煤体表面出现张力、吸附等特征，从而其表面自由能最低，气体吸附过程中煤体受力如图 5.8 所示。

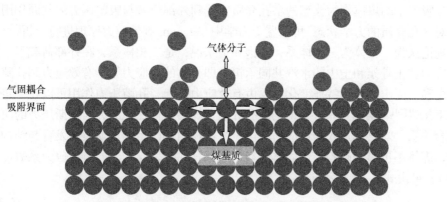

图 5.8　气体吸附过程中煤体接触面作用力示意图

由 Gibbs 自由能公式积分式整理得到

$$\gamma = \gamma_0 - \frac{RT}{SV_0} \int_0^p \frac{Q}{p} \mathrm{d}p \tag{5-26}$$

式中，$\gamma$ 为吸附后表面自由能；$\gamma_0$ 为初始表面自由能；$R$ 为摩尔气体常数，J/(mol·K)；$T$ 为热力学温度，K；$S$ 为比表面积，m²/g；$V_0$ 为气体摩尔质量，标准温压下为 22.4L/mol；$Q$ 为气体吸附量；$p$ 为吸附平衡压力。

由式(5-24)与式(5-26)整理得到

$$\sigma_{\mathrm{t}}^2 = \frac{2E\gamma_0}{\pi l} - \frac{2ERT}{SV_0 \pi l} \int_0^p \frac{Q}{p} \mathrm{d}p \tag{5-27}$$

设 $\sigma_0$ 为煤体在常压条件中的裂隙尖端的抗拉强度，令 $\sigma_0^2 = \dfrac{2E\gamma_0}{\pi l}$，得到

$$\left(\frac{\sigma_t}{\sigma_0}\right)^2 = 1 - \frac{RT}{\gamma_0 V_0 S}\int_0^p \frac{Q}{p}\mathrm{d}p \tag{5-28}$$

将式(5-26)代入式(5-25)可得

$$\varepsilon = \frac{\lambda RT}{SV_0}\int_0^p \frac{Q}{p}\mathrm{d}p \tag{5-29}$$

由式(5-27)和式(5-29)可知，煤体强度、变形量受吸附平衡压力 $p$ 和吸附量 $Q$ 影响。随着煤体吸附压力或吸附量的增加，煤体裂隙尖端抗拉强度降低，煤颗粒间相对变形量增大，弹性模量减小。综上所述，在变化趋势上，理论变化规律与劣化试验宏观结果是一致的，该法可较好地解释气体吸附诱发煤体强度降低的劣化原因。

### 2. 基于 Mohr-Coulomb 强度准则的煤体强度劣化作用分析

吸附中的煤体作为典型的多孔介质，受到外部荷载与吸附压力的共同作用，针对多孔介质的力学状态，可借鉴土力学中 Terzaghi 有效应力原理进行分析[21-23]。该理论认为，土体为三相体系，对饱和土来说，是二相体系，在外部荷载下，土中应力被土骨架和土中的水汽共同承担，即土体的总应力等于有效应力和孔隙应力之和，而土体力学特征变化主要由有效应力引起，孔隙压力作用可以在一定情况下忽略[24]。煤体是一种典型的多孔介质，煤层中存在地应力与瓦斯压力的两相耦合关系。当煤体进入塑性应力阶段时，煤体内部产生不可逆裂隙发育与结构变形，煤体不再属于高胶结性固体材料范畴，其孔隙率 $\alpha$ 增大，有效应力系数可视为 1，可由式(5-30)表示。

$$\sigma'_{ij} = \sigma_{ij} - p \tag{5-30}$$

式中，$\sigma'_{ij}$ 为有效应力张量；$\sigma_{ij}$ 为煤体的总应力；$p$ 为气体压力。

本节所开展的试验研究中，煤体试样置于一定气体压强的密闭空间中，气体吸附与吸附平衡后的应力加载过程，均可视为一个准静态过程，无内外孔隙压差，可以忽略渗流影响，即不考虑游离气体因素，仅考虑吸附态气体分子诱发煤体固体表面物理化学性质的改变。因此，在假设游离气体在加载过程中对煤体无劣化作用的前提下，考虑气体吸附引发煤体膨胀变形的力学特征(图 5.9)[6, 22, 23, 25-29]，式(5-30)可以修正为式(5-31)。

$$\begin{cases} \sigma'_{ij} = \sigma_{ij} - \sigma_p \\ \sigma_p = \dfrac{2a\rho RT(1-2\nu)\ln(1+bp)}{3Q} \end{cases} \tag{5-31}$$

式中，$\sigma_p$ 为吸附作用造成的煤体膨胀应力；$\rho$ 为煤体密度；$\nu$ 为煤体泊松比；$a$、$b$ 为吸附平衡常数。

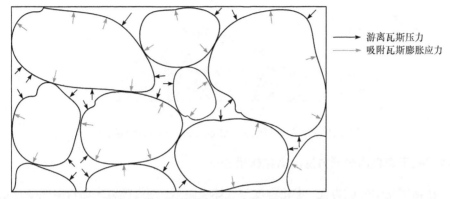

图 5.9　游离与吸附态瓦斯对煤颗粒的作用示意图

将式(5-31)代入 Mohr-Coulomb 普遍表达式(5-32)。

$$\tau_f = c + \sigma \tan\phi \tag{5-32}$$

式中，$\tau_f$ 为抗剪强度；$c$ 为黏聚力；$\phi$ 为内摩擦角。

得到煤体剪切破坏强度条件式(5-33)。

$$\tau_f = c + \sigma'_{ij}\tan\phi = c + (\sigma_{ij} - \sigma_p)\tan\phi \tag{5-33}$$

将式(5-33)应用到 Mohr 应力圆中，得出新应力圆表达式(5-34)。

$$\begin{cases} \sigma'_m = \dfrac{\sigma'_{11} + \sigma'_{33}}{2} = \dfrac{\sigma_{11} + \sigma_{33}}{2} - \sigma_p = \sigma_m - \sigma_p \\ \tau'_m = 0 \\ r'_m = \dfrac{\sigma'_{11} - \sigma'_{33}}{2} = \dfrac{\sigma_{11} - \sigma_{33}}{2} = r_m \end{cases} \tag{5-34}$$

进一步，将 $\sigma_p$ 表达式代入式(5-33)中，得到气体吸附中煤体黏聚力 $c$ 的表达式(5-35)。

$$c = c_0 - \frac{2a\rho RT(1-2\nu)\ln(1+Bbp)}{3Q}\tan\phi \tag{5-35}$$

式中，$c$ 为煤体吸附作用后黏聚力；$c_0$ 为常压空气状态煤体黏聚力。

由式(5-34)和式(5-35)可知，吸附膨胀应力 $\sigma_p$ 的存在，导致 Mohr-Coulomb 强度包络线向右平移，内摩擦角 $\phi$ 不变，黏聚力 $c$ 变小，应力圆半径 $r'_m$ 没有变化，应力圆圆心为 $(\sigma'_m, \tau'_m)$，圆心随着吸附压力的增加左平移(图 5.10)。可以说明，随着孔隙吸附压力的增大，煤体承载力降低，向更容易导致失稳破坏的方向发生。

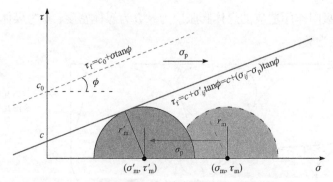

图 5.10　考虑气体压力的 Mohr-Coulomb 强度包络线

### 5.3.2　基于颗粒离散元方法的劣化作用分析

在物理化学性质方面，劣化程度与气体吸附量、型煤颗粒表面自由能变化量、温度等因素有关；从岩土力学性质角度，劣化程度与型煤颗粒吸附膨胀应力-应变等因素有关。煤体的破坏主要有拉伸破坏和压剪破坏，分别表现为描述裂隙尖端拉伸破坏的格里菲斯强度理论和认为岩石压剪破坏的 Mohr-Coulomb 剪切强度理论。无论是哪种破坏，都和细观力学性质的变化息息相关，拉伸破坏与裂隙尖端抗拉强度有关，剪切破坏与黏聚力以及摩擦系数有关。文献[18]、[19]、[30]指出，煤吸附瓦斯和游离瓦斯会诱发不可逆微裂隙，导致煤体的抗拉强度、摩擦系数、黏聚力变小，宏观试验结果表现为煤体强度下降、弹性模量下降。文献[31]指出，气体吸附会使煤岩从玻璃态转变为橡胶态。

综合上述研究，吸附瓦斯可以改变煤的某些力学参数，并对煤的本构关系产生影响，含瓦斯煤宏观力学特征的变化是瓦斯诱发的不可逆微裂隙与作用在煤体颗粒上的游离/吸附瓦斯力叠加和传递产生的。因此，在细观上可以假设：煤体吸附瓦斯的劣化特征是细观力学参数变化的结果，可以从煤体的细观力学参数的角度分析吸附瓦斯对煤体的劣化作用。鉴于此，本章将从岩土颗粒力学的角度，基于商业颗粒流软件 PFC(Particle Flow Code)的接触模型原理，将气体吸附对煤体劣化作用的岩土力学分析与颗粒力学分析统一起来，并使用 PFC 初步模拟验证。

#### 1. 颗粒离散元方法介绍

从实际出发，岩土材料都由形状各异、尺寸不一的颗粒或块体组成，离散性是岩土材料的一大重要属性。基于连续介质数值方法的研究重点在于岩土体的本构关系，然而，作为复杂颗粒或块体集合体的本构关系以及高度非线性行为是难以详尽描述的，连续介质理论也无法真实描述岩土体内部的破裂流动变形特征。

离散元法(discrete element method，DEM)启蒙于分子动力学，至今已有近 50 年发展历史，其初衷就是用于解决岩石力学问题。在固体的离散化方面，离散元法和有限元法有异曲同工之处：将研究域划分为目标单元，通过节点建立单元间的作用联系。"离散"就是认为岩土体由连续的颗粒/块体和非连续的接触(contact)组成，采用连续介质的方法描述连续体、采用非连续的方法描述接触的力学行为，从而共同控制岩土体的基本特性。

离散元法在几何形状上分为颗粒离散元和块体离散元，如图 5.11 所示。颗粒离散元的基本原理是建立在牛顿第二定律基础上的，颗粒间的碰撞与运动规律符合牛顿第二定律，荷载通过颗粒间的接触传递并遵循一定的力-位移法则，采用显示差分求解，能够较好地体现岩石颗粒尺寸上的力学特性，不需要定义材料本构关系及其参数[32-34]。

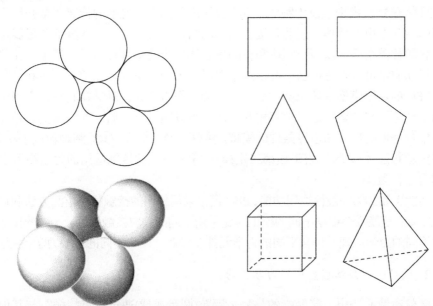

图 5.11　颗粒离散元与块体离散元示意图

ITASCA 公司开发的 PFC 是由 Cundall 和 Strack 于 1979 年提出的二维圆盘/三维球程序发展而来的。PFC 通过在颗粒的接触上生成黏结键并赋予适用模型，能够重现固体材料中很多可观测的力学行为。从概念上讲，黏结键位于颗粒间极小的接触面上，这些黏结键可以承受一定上限的荷载，在此荷载上限内，颗粒集合材料是连续的，可以模拟固体材料的弹性变形过程，超过荷载上限后，颗粒间黏结断开，可以模拟固体材料中裂隙的发生。

PFC 的研究理念与地质力学物理模型试验异曲同工，物理模型试验的对象由颗粒材料(黄沙、石英砂、重晶石粉等)和胶结剂(石膏、松香等)混合制成，基于相似原理，通过物理试验模拟岩土体力学行为；PFC 的对象是由按照用户需求生成的一定形状与尺寸的颗粒和颗粒间接触模型组成的颗粒集合体，通过计算颗粒运动与相互作用力模拟颗粒集合体力学行为。

本节物理试验中型煤相似材料标准试件也符合岩土颗粒力学思想，由一定级配煤粉颗粒混合黏结而成，与 PFC 模拟有更高的相似性。在小尺度问题上，PFC 模拟有更高的计算精度，能更好地反映岩土类材料基础力学试验性质，包括应力-应变关系、破坏模式、细观力学行为等。PFC 模拟基于以下假设：①计算颗粒为刚体；②基本颗粒形状为球/单位厚度圆盘；③颗粒仅在成对的接触点上发生力与力矩的相互作用；④刚性颗粒在极小的接触区域内允许有相互"重叠"的部分，该"重叠"部分用于计算力与位移；⑤颗粒间的接触可以存在黏结。

PFC 的建模模型包含圆盘/球颗粒模型、簇颗粒模型、"墙"模型以及接触模型。圆盘/球颗粒模型假设为刚体，将集合体内部的力与变形的传递完全归结于颗粒间的相互作用、滑移、滚动和接触黏结的断裂与否，与颗粒本身的变形属性无关。簇颗粒模型是指以多个刚体颗粒的集合体作为基本颗粒单元，基本颗粒单元的外形和质量可以随意控制，可以用于对粗粒土的模拟等。除圆盘颗粒和簇颗粒外，PFC 的建模模型中还包括"墙"，"墙"作为边界，对颗粒起到约束和压缩作用，"墙"与"墙"之间没有相互作用，可以通过对"墙"的控制实现颗粒集合体集合外形的建立和边界条件的模拟。接触模型功能有：①监测颗粒接触状态；②规定颗粒运动碰撞法则(牛顿第二定律)；③赋予颗粒接触适用的力学模型以控制其力学行为。

功能①和②为一般性通用功能，PFC 模拟采用相同的接触状态监测方法和运动碰撞法则，功能③会根据不同的模拟问题采用不同的颗粒接触模型，不同的接触模型有不同的力学原理，包含不同的力学元件及参数，反映不同的宏观力学行为。

2. 线性平行黏结模型中的力学行为

颗粒离散元法中，接触指的是每个颗粒(圆盘或球)通过"点接触"与其他颗粒相互作用，作用力发生在接触点上，接触点是颗粒间产生"重叠"生成的，相当于物理受力变形，同时颗粒在接触点是可以黏结在一起的。接触模型(contact model)指的是接触点上发生的本构行为。PFC 内置了丰富的接触模型，其中适用于岩土材料的模型主要是黏结颗粒模型(bond-particle model，BPM)，包括线性接触黏结模型(linear contact bond model，LCBM)和线性平行黏结模型(linear parallel bond model，LPBM)[33]。LPBM 能同时考虑力和力矩，因此对岩土材料的模拟多选用 LPBM[34, 35]。剖析线性平行黏结模型中的力学行为，与气体吸附诱发的型煤颗粒力学行为统一起来，分析型煤吸附气体劣化作用在颗粒力学层面的机理。

如图 5.12 所示，线性平行黏结模型中的力学元件主要包括线性元件(linear component，LC)、平行黏结元件(parallel bond component，PBC)。其中，LC 位于无限小的接触点上，包含阻尼元件；PBC 相当于在两个颗粒间有限尺寸接触面上定义胶结剂型的力学行为，类似于玻璃球间的环氧树脂胶，并且可以视为一系列恒定法向/切向刚度的弹簧，均匀地分布在以接触点为中心的有限尺寸接触面上。线性平行黏结模型的力学原理如图 5.13 所示，本节内容不考虑阻尼元件作用。当接触模型加入 PBC 后，接触上的相对运动会造成 PBC 中的力和力矩，当这些力超过 PBC 的强度后，PBC 失效，即颗粒黏结断开，此后颗粒间的力学行为仅由模型中的 LC 控制。

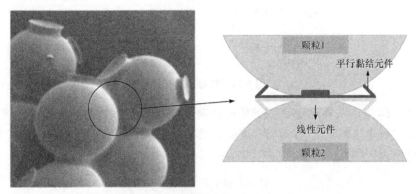

图 5.12　玻璃球的环氧树脂胶结示意图(平行黏结元件)

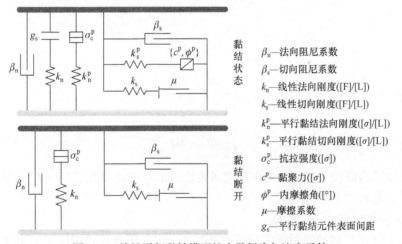

$\beta_n$—法向阻尼系数
$\beta_s$—切向阻尼系数
$k_n$—线性法向刚度([F]/[L])
$k_s$—线性切向刚度([F]/[L])
$k_n^p$—平行黏结法向刚度([σ]/[L])
$k_s^p$—平行黏结切向刚度([σ]/[L])
$\sigma_c^p$—抗拉强度([σ])
$c^p$—黏聚力([σ])
$\phi^p$—内摩擦角([°])
$\mu$—摩擦系数
$g_s$—平行黏结元件表面间距

图 5.13　线性平行黏结模型的力学行为与流变元件

1) 接触面参数

在讨论 LPBM 的强度与变形性质前，首先规定接触面坐标系，以便统一推导运算。接触面坐标系如图 5.14 所示。

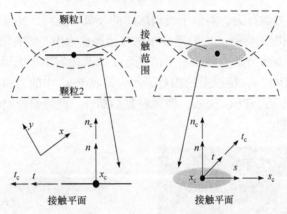

图 5.14　接触面坐标系

图 5.14 中，$n_c$ 是接触平面的单位法向量(方向沿两颗粒中心连线)，$s_c$ 和 $t_c$ 单位向量平行于接触平面(方向与 $t_c$ 正交，沿 $st$ 坐标轴)，$x_c$ 是接触面中心。同时在作用范围内定义几何参数，见式(5-36)。

$$R = \lambda \min(R^{(1)} + R^{(2)})$$

$$A = \begin{cases} 2Rt, & 2\mathrm{D}(t=1) \\ \pi R^2, & 3\mathrm{D} \end{cases}$$

$$I = \begin{cases} \dfrac{2}{3}tR^3, & 2\mathrm{D}(t=1) \\ \dfrac{1}{4}\pi R^4, & 3\mathrm{D} \end{cases} \tag{5-36}$$

$$J = \begin{cases} 0, & 2\mathrm{D} \\ \dfrac{1}{2}\pi R^4, & 3\mathrm{D} \end{cases}$$

式中，$R^{(i)}$ 为颗粒半径；$\lambda$ 为半径缩减系数；$A$ 为 PBC 作用范围；$I$ 为 PBC 的惯性矩；$J$ 为 PBC 的极惯性矩。

2) 接触模型的强度性质

LPBM 中接触的极限强度特征由 PBC 决定[34]，因此仅讨论该力学元件的力学性质，不考虑 LC 的性质。LPBM 中接触的力与力矩表示为式(5-37)。

$$F_c = F^l + F^p$$
$$M_c = M^p \tag{5-37}$$

式中，$F^l$ 为线性力；$F^p$ 为平行黏结力；$M^p$ 为平行黏结力矩。

将 PBC 中的力分解为法向与切向，力矩分解为扭矩与弯矩，表示为式(5-38)。

$$F^p = -F_n^p n_c + F_s^p$$
$$M^p = M_t^p n_c + M_b^p \quad (2D, M_t^p \equiv 0) \tag{5-38}$$

规定 $F_n^p > 0$ 时为拉力，PBC 的切向力($F_s^p$)和弯矩($M_b^p$)在接触平面坐标系($nst$)上分解为式(5-39)。

$$F_s^p = F_{ss}^p s_c + F_{st}^p t_c \quad (2D, F_{ss}^p \equiv 0)$$
$$M_b^p = M_{bs}^p s_c + M_{bt}^p t_c \quad (2D, M_{bt}^p \equiv 0) \tag{5-39}$$

在 PBC 中，力与力矩源于黏结的变形(平移、旋转)，用各流变元件表示为

$$F_n^p = k_n^p A \Delta \delta_n$$
$$F_s^p = -k_s^p A \Delta \delta_s \quad (F_{ss}^p = -k_s^p A \Delta \delta_{ss},\ F_{st}^p = -k_s^p A \Delta \delta_{st})$$
$$M_t^p = \begin{cases} 0, & 2D \\ -k_s^p J \Delta \theta_t, & 3D \end{cases} \tag{5-40}$$
$$M_b^p = -k_n^p I \Delta \theta_b \quad (M_{bs}^p = -k_n^p I \Delta \theta_{bs},\ M_{bt}^p = -k_n^p I \Delta \theta_{bt})$$

式中，$\Delta \delta_n$ 为相对法向位移增量；$\Delta \delta_s$ 为相对切向位移增量(2D 时，$\Delta \delta_{ss} \equiv 0$)；$\Delta \theta_t$ 为相对扭转角度增量(2D 时，$\Delta \theta_t \equiv 0$)；$\Delta \theta_b$ 为相对弯转角度增量(2D 时，$\Delta \theta_{bt} \equiv 0$)。上述运动参数的定义及推导过程参考文献[33]，不再赘述。模型中的力随各增量的变化过程如图 5.15 所示。

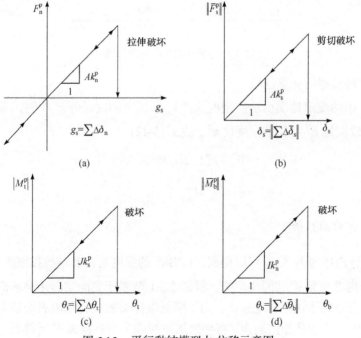

图 5.15　平行黏结模型力-位移示意图

根据上述接触模型力与力矩的推导运算可以求得PBC的最大正应力与切应力：

$$\sigma^{\mathrm{p}} = \frac{F_{\mathrm{n}}^{\mathrm{p}}}{A} + \beta \frac{\left\| M_{\mathrm{b}}^{\mathrm{p}} \right\| R}{I}$$

$$\tau^{\mathrm{p}} = \frac{\left\| F_{\mathrm{s}}^{\mathrm{p}} \right\|}{A} + \beta \frac{\left| M_{\mathrm{t}}^{\mathrm{p}} \right| R}{I}$$

(5-41)

式中，$\beta \in [0,1]$，是力矩贡献因子[34]。

当黏结元件的最大正应力 $\sigma^{\mathrm{p}}$ 不断变大，超过其抗拉强度 $\sigma_{\mathrm{c}}^{\mathrm{p}}$ 时，黏结被拉断，PBC 失效，如图 5.15(a)所示；当黏结元件的最大切应力 $\tau^{\mathrm{p}}$ 不断变大，超过其剪切强度 $\tau_{\mathrm{c}}^{\mathrm{p}} = c^{\mathrm{p}} - \sigma \tan \phi^{\mathrm{p}}$ 时($\sigma = F^{\mathrm{p}}/A$ 是作用在 PBC 上的平均正应力)，黏结被剪断，PBC 失效，如图 5.15(b)所示。PBC 强度极限特征如图 5.16 所示。

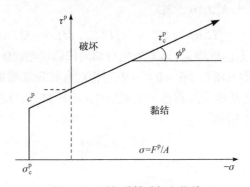

图 5.16　平行黏结破坏包络线

3) 接触模型的变形性质

PBC 中的变形性质由法向刚度元件 $k_{\mathrm{n}}^{\mathrm{p}}$ 和切向刚度元件 $k_{\mathrm{s}}^{\mathrm{p}}$ 控制，参数上表现为黏结有效模量 $E^*$ 与黏结刚度比 $\kappa^*$，见式(5-42)。

$$E^* = k_{\mathrm{n}}^{\mathrm{p}} L, \ L = R^{(1)} + R^{(2)}$$

$$\kappa^* = k_{\mathrm{n}}^{\mathrm{p}} / k_{\mathrm{s}}^{\mathrm{p}}$$

(5-42)

3. 劣化作用分析

由推导论述与图 5.16 可以得到，LPBM 的强度是由黏结抗拉强度 $\sigma_{\mathrm{c}}^{\mathrm{p}}$、黏聚力 $c^{\mathrm{p}}$ 以及内摩擦角 $\phi^{\mathrm{p}}$ 共同决定的。根据 5.3.1 节基于表面物理化学理论与岩石断裂力学理论的煤体强度劣化分析，为了降低煤体裂隙或孔隙内表面自由能，瓦斯吸附于煤体裂隙或孔隙内表面，将导致煤体裂隙尖端抗拉强度 $\sigma_{\mathrm{t}}$ 降低，从而降低煤体宏观强度。如图 5.17 所示，裂隙尖端抗拉强度 $\sigma_t$ 可以等效为 PBC 中的抗拉强度 $\sigma_c^p$。同时，根据式(5-28)，气体吸附平衡压力 $p$ 越大，黏结抗拉强度 $\sigma_c^p$ 越小。

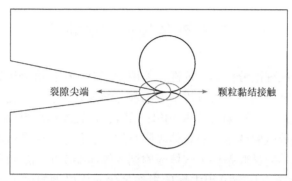

裂隙尖端　颗粒黏结接触

图 5.17　裂隙尖端的颗粒力学示意图

因此，气体吸附对型煤强度的影响可以表述为：为了降低型煤颗粒表面自由能，气体吸附于型煤颗粒表面，将导致型煤颗粒接触的黏结抗拉强度 $\sigma_c^p$ 减小，气体吸附平衡压力 $p$ 越大，黏结抗拉强度 $\sigma_c^p$ 越小，黏结越容易发生拉伸破坏，从而降低型煤宏观强度。

根据 5.3.1 节基于有效应力原理与 Mohr-Coulomb 强度理论的煤体强度劣化分析，煤体吸附膨胀应力 $\sigma_p$ 的存在会导致 Mohr-Coulomb 剪切强度包络线向右平移(黏聚力 $c$ 减小、内摩擦角 $\phi$ 不变)，同时 Mohr 应力圆向左平移(半径不变)，使煤体应力状态更容易进入破坏状态，从而降低煤体宏观强度。在 LPBM 中，PBC 的剪切强度 $\tau_c^p = c^p - \sigma \tan \phi^p$ 同样采用 Mohr-Coulomb 强度理论，与黏结黏聚力 $c^p$、黏结内摩擦角 $\phi^p$ 有关。同时，根据式(5-35)，气体吸附平衡压力 $p$ 越大，黏结黏聚力 $c^p$ 越小。

因此，气体吸附对型煤强度的影响可以表述为：为了降低型煤颗粒表面自由能，气体吸附于型煤颗粒表面，产生吸附膨胀应力 $\sigma_p$，导致型煤颗粒接触的黏结黏聚力 $c^p$ 减小(黏结内摩擦角 $\phi^p$ 不变)，气体吸附平衡压力 $p$ 越大，黏结黏聚力 $c^p$ 越小，接触的黏结剪切强度 $\tau_c^p$ 越低，黏结越容易发生剪切破坏，从而降低了型煤宏观强度。

吸附态瓦斯将导致煤体相对变形量 $\varepsilon$ 增大，从而减小煤体弹性模量。文献[36]指出，$E$ 与 LPBM 中的黏结有效模量 $E^*$ 有关，$E$ 随着 $E^*$ 的减小而减小。同时，根据式(5-29)，气体吸附平衡压力 $p$ 越大，煤体相对变形量 $\varepsilon$ 越大。因此，气体吸附对型煤变形的影响可以表述为：为了降低型煤颗粒表面自由能，气体吸附于型煤颗粒表面，型煤颗粒相对变形量 $\varepsilon$ 增大，型煤颗粒黏结接触的有效模量 $E^*$ 减小，

气体吸附平衡压力 $p$ 越大，型煤颗粒相对变形量 $\varepsilon$ 越大，有效模量 $E^*$ 越小，型煤宏观弹性模量越小。

# 5.4　PFC 数值模拟与试验验证

为进一步验证理论分析的合理性，采用 PFC2D5.0 数值分析软件，软件界面如图 5.18 所示，结合煤体吸附过程中宏细观力学参数的损伤劣化特征规律与峰后裂隙演化研究成果，通过编写调用 FISH 语言，定义煤体材料模型的性质、加载方式、伺服控制等试验变量，对煤体吸附与加载过程中力学参数的弱化过程进行数值模拟，得到不同试验条件下气体吸附诱发煤体损伤劣化的数值演化结果，为探索气体吸附与应力加载过程中煤体损伤劣化变化机制提供了可行的数值模拟方法。

图 5.18　PFC2D5.0 版本

## 5.4.1　PFC 软件特点

1. PFC 软件简介

众所周知，试验手段得出复杂条件下的本构关系非常困难，随着计算机技术的不断进步，大数据时代的到来，用颗粒模型模拟整个问题成为可能，PFC 便成为模拟固体力学和颗粒流复杂问题的一种有效工具，它既可用于参数预测，也可用于在原始资料详细情况下的实际模拟[37, 38]。

PFC 作为离散元颗粒流程序，试图从微观结构角度研究介质的力学特性和行为。简单地说，它采用离散单元方法来模拟圆形或不规则颗粒介质的运动及其相互作用，通过颗粒模型反映单元的力学特性后，用不连续介质的方法求解复杂变形方式的真实问题。其计算原理和模拟方法与岩石力学界比较流行的实验室"地质力学"模型试验非常相似，该试验中往往是用砂(颗粒)和石膏(黏结剂)混合、按照相似理论来模拟煤体的力学特性，目前已广泛应用在岩土工程领域[39-42]。

2. 计算流程与基本假设

PFC 颗粒流数值模拟的计算流程如图 5.19 所示。结合本次数值试验和 PFC5.0 版本特点，详细步骤如下。

(1) 根据试验模拟对象基本特征，确定粒子参数值，包括颗粒尺寸和大小的统计分布等，并根据介质的密度大小随机生成合适数目的粒子。

(2) 给颗粒间的接触赋予摩擦强度参数、变形参数和初始强度，在给定的边界条件下运行程序，生成具备摩擦强度的条件下达到平衡的颗粒集合。

(3) 根据试验真实尺寸，构建劣化试验的试样模型。结合试验成果对数值模型赋予不同的微观力学参数进行一系列的数值试验，从而获得试样的宏观力学结果。

(4) 根据应力加载方式，确定模型边界荷载边界条件，不断调整边界的几何坐标及边界荷载并运行程序，使得模型介质的应力条件符合实际的初始应力场条件。

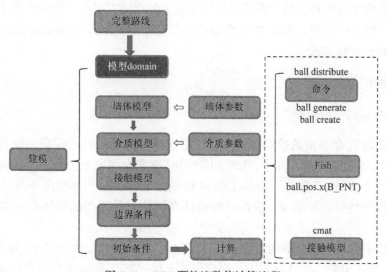

图 5.19　PFC 颗粒流数值计算流程

(5) 合理确定每一时步所需时间，并对模型的运行状态及时保存和跟踪，以便在后续运行中调用其结果。

(6) 运行计算模型，开展数值试验。

(7) 导出数值运算结果，与实测结果进行分析比较，对结果给出合理的解释。

使用 PFC 在模拟过程中有如下假设。

(1) 颗粒单元为刚性体，自身不会破坏。

(2) 接触发生在很小的范围内，即点接触。

(3) 接触特性为柔性接触，接触位置允许有一定的"重叠"量。

(4) "重叠"量的大小与接触力大小相关，但与颗粒的大小相比，"重叠"量很小。

(5) 接触点可以有黏结强度。

(6) 所有的颗粒是圆形(PFC2D)，也可以用到簇逻辑机理生成任意形状的超级颗粒。每一个簇单元由一系列颗粒重叠成为边界可以变形的块体。

需要说明的是，在岩土工程中研究岩石、煤颗粒、沙砾等大部分为散体介质，其变形主要由颗粒的相对滑动、滚动以及软弱界面的张开或闭合产生，而不是由颗粒自身的变形导致，因此假设颗粒实体为刚性体是符合实际要求的。另外，在计算模型中，通过设置"墙体单元"施加速度边界条件，来模拟轴向加载过程，以达到颗粒集合体的压实、施加应力等目的。颗粒和墙体之间通过相互接触处的接触力发生作用，对颗粒而言应满足运动方程，而对于每一个墙体单元则不满足运动方程，即作用在墙体单元上的接触力不影响墙体的运动，墙体单元的运动是通过人为给定速度控制的，并不受作用于其上的接触力影响。在两个墙体之间不会产生接触力的作用，因此 PFC 模型中只存在颗粒-颗粒单元接触或颗粒-墙体单元接触两种接触方式。

### 5.4.2　数值试验方案

#### 1. 本构模型的选择

PFC 内置有丰富的接触模型[33, 43]，用于模拟岩土材料的模型主要为 BPM，包括 LCBM 和 LPBM。其中，LPBM 能同时考虑力和力矩，为此，模拟多选用 LPBM[34, 35, 44]。本节数值试验将 LPBM 中的力学行为与气体吸附诱发的型煤颗粒力学行为特征统一起来，进而分析验证在颗粒力学层面的煤体损伤劣化作用机理。

线性平行黏结模型中的力学元件主要包括 LC 和 PBC，如图 5.13 所示[45]。其中，LC 位于无限小的接触点上，包含阻尼元件；PBC 相当于在两个颗粒间有限尺寸接触面上定义胶结剂型的力学行为，用以模拟天然岩石材料的胶结作用[46]，并且可以被视为一系列恒定法向/切向刚度的弹簧，均匀地分布在以接触点为中心的有限尺寸接触面上。当接触模型加入 PBC 后，颗粒间相对运动造成 PBC 的力和力矩，当接触力超过 PBC 的强度后，即为失效，颗粒黏结断开，此后颗粒间的力学行为仅由模型中的 LC 控制。

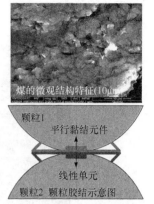

图 5.20　线性平行黏结模型的力学行为[45]

**2. LPBM 模型力学破坏特征**

为统一推导和运算，参考文献[33]，规定接触面坐标系，如图 5.14 所示。

**3. 模型建立与模型关键参数的获取**

颗粒材料的力学行为受构造影响较大，切合实际的试件构成对模拟结果的合理性至关重要，为突出吸附对煤体损伤劣化的主要矛盾，做到定量模拟，数值试验以第 3 章所研制的胶结均匀、各向同性的颗粒材料-型煤标准试件为模拟对象进行模型构建。在 PFC2D 模型建立前，首先定义数值模型的计算域(domain)，模型在计算域内执行计算步，超出域就失效；计算域的大小取决于模型的大小，此处研究仅计算试件宏观强度与变形特性，计算域比试件模型稍大即可。由 PFC2D 通过"墙"命令(wall create)生成由上下左右四面"墙"包围的 50mm×100mm 的矩形区域，通过颗粒命令(ball distribute)在矩形区域内生成相应粒径与级配的圆盘颗粒，数值模拟中的模型采取和真实型煤相同的粒径与级配(0～1mm：1～3mm=0.76：0.24)，对型煤颗粒中腐植酸钠胶结剂采用 LPBM 进行等效模拟；通过属性命令(ball attribute)给生成的颗粒分配密度(density)、局部阻尼系数(damp)等属性。经过一定计算步(cycle)，颗粒重叠部分会相互运动弹开，均匀分布充满矩形区域并渐趋平衡，生成具有目标孔隙率的 2D 标准试件无黏结颗粒模型。本节不研究孔隙率的影响，根据前人模拟经验，孔隙率始终取 0.09[36, 47-49]。最后再由 PFC2D 通过命令(contact model)给无黏结颗粒模型的颗粒接触重新分配 LPBM，覆盖 LM 并赋参。

进行单轴压缩(unconfined compressive strength, UCS)试验的模拟时，试验控制与准备需通过 PFC2D 内置 FISH 语言定义函数实现，具体操作方法为：删除模型左右"墙"并结合实际加载速率控制上下"墙"运动，模拟压力试验机压头加载过程。上下"墙"运动速度与物理试验相同，通过计算上下"墙"与接触颗粒的总作用力，并除以试件直径得到轴向应力；通过监测记录上下"墙"位移，并除以模型初始高度得到轴向应变。上述试验控制与准备均通过 PFC2D 内置 FISH

语言定义函数实现。标准试件二维平行黏结颗粒数值模型如图 5.21 所示。

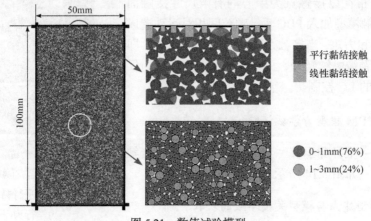

图 5.21　数值试验模型

颗粒试件的力学行为受其构造影响极大，型煤标准试件模型的生成过程就是其构造的形成过程，切合实际的试件构成对模拟结果的科学合理性至关重要。在计算模型所用关键参数的取值方面，结合第 4 章的推导论述，基于对煤体宏-细观层面的强度劣化作用分析，煤体吸附膨胀应力 $\sigma_p$ 的存在会导致 Mohr-Coulomb 剪切强度包络线向右平移(黏聚力减小、内摩擦角不变)，同时 Mohr 应力圆向左平移(半径不变)，使煤体应力-状态更容易进入破坏状态，以降低煤体宏观强度。在 LPBM 中，PBC 的剪切强度 $\tau_c^p = c^p - \sigma \tan \phi^p$ 同样采用 Mohr-Coulomb 强度理论，裂隙尖端抗拉强度、黏聚力、内摩擦角与 PBC 中的抗拉强度 $\sigma_t^p$ 等效；此外，材料弹性模量与 LPBM 中的黏结有效模量 $E^*$ 呈线性比例关系，但比例系数受到材料属性影响[37, 38]。同时，在考虑气体吸附与应力加载过程中各参数变量关系时，可由式(5-21)、式(5-28)、式(5-35)计算求得，具体见式(5-43)。

$$
\begin{cases}
\sigma_t^p = \sigma_t \\
c^p = c \\
E^* = C_1 E' + C_2 \\
\phi^p = \phi
\end{cases}
\Leftrightarrow
\begin{cases}
\sigma_t = \sqrt{\sigma_0^2 - \dfrac{2ERT}{SV_0 \pi l} \int_0^p \dfrac{V}{p} \mathrm{d}p} \\
c = c_0 - \dfrac{2a\rho RT(1\text{-}2\upsilon)\ln(1+Bbp)}{3V} \tan \phi \\
E' = (1-D')E_0 \mathrm{e}^{\frac{1}{k}\left(\frac{\varepsilon}{\varepsilon_{\max}}\right)^k} \\
\phi \text{值不变}
\end{cases}
\tag{5-43}
$$

式中，$C_1$ 和 $C_2$ 为待定系数。其他物理力学参数均可在试验条件下求得。

式(5-43)从 PFC 平行黏结本构关系特点与煤体损伤劣化特征的角度出发，构建了 LPBM 数值计算模型与考虑气体吸附与应力加载损伤劣化试验中各物理力学参数的转换关系，其中左侧公式为数值计算与试验中关键参数的等效关系式，右侧为不同试验条件中关键参数变化规律的关系表达式,式(5-43)的建立为接下来数值试验中力学参数的合理选取提供了理论基础。

综上所述，气体吸附诱发煤体损伤劣化的作用过程可以表述为：为了降低煤体颗粒表面自由能，气体吸附于颗粒表面，颗粒相对变形量 $\varepsilon$ 增大，颗粒黏结接触的有效模量 $E^*$ 减小，气体吸附平衡压力 $p$ 越大，颗粒相对变形量 $\varepsilon$ 越大，有效模量 $E^*$ 越小，煤体宏观弹性模量及宏观强度越小。

### 5.4.3　数值试验过程与结果分析

结合室内试验实测数据，并基于文献[35]、[46]、[47]、[48]～[50]对 LPBM 模型中细观参数选取方法的研究和总结，得到在常压无吸附劣化条件下，数值模型计算关键参数取值，参数见表 5.4。

**表 5.4　数值模型接触参数**

| 尖端抗拉强度 $\sigma_t^p$ /MPa | 黏聚力 $c^p$ /Pa | 弹性模量 $E$/MPa | 内摩擦角 $\phi^p$ /(°) |
|---|---|---|---|
| 0.6 | $81 \times 10^3$ | 67 | 25 |

由 5.4.2 节知道，材料的弹性模量 $E$ 与数值模型中的黏结有效模量 $E^*$ 呈线性比例关系，为进一步确定式(5-43)中黏结有效模量 $E^*$ 的取值，对 $E^*$ 取不同梯度的数值进行数值计算，将模拟结果与试验实测数据对比分析，进而确定待定系数 $C_1$ 和 $C_2$，找到本次试验所用型煤材料 $E$ 与 $E^*$ 的对应关系。

基于表 5.4 中已知参数，令 $E^*$ =15MPa、25MPa、35MPa、45MPa、55MPa，代入计算，得到数值模拟应力-应变曲线与最终破坏形态图，如图 5.22 所示。

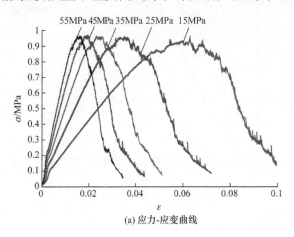

(a) 应力-应变曲线

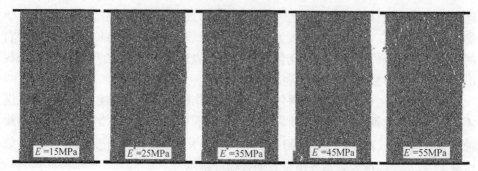

(b) 最终裂隙形态

图 5.22　不同黏结模量取值对模拟结果的影响

从数值计算所得应力-应变曲线规律可知：①随着黏结有效模量 $E^*$ 的不断增大，模型弹性阶段的斜率逐渐减小，宏观弹性模量 $E$ 不断增大，黏结有效模量迫使煤体进入塑性阶段的节点不断提前；②数值模拟中颗粒为理想状态的刚性体，且模型试件在生成过程中已经压密，加载过程中的弹性阶段表现出理想的线弹性变形，因此优先考虑匹配单轴抗压强度；③由模型裂隙图可知，在模拟常压空气中各参数较高的水平下，模型的裂隙数量较小，主干裂隙发育特征清晰，表现为剪切破坏。

通过对黏结有效模量 $E^*$ 的不断取值，得到 $E^*$=38MPa 时，最接近室内试验数据，并得到弹性模量与黏结有效模量的函数关系：$E^*=0.567E$，计算结果如图 5.23 所示。

进一步，为模拟煤体在不同试验气体中的宏观力学行为，将各种试验气体的吸附平衡常数、吸附量、吸附压力等数据代入式(5-43)，得到相对应的数值模型接触参数，并代入软件计算，计算参数见表 5.5。

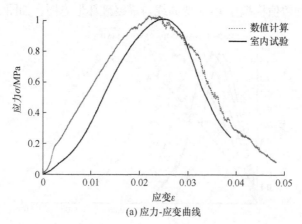

(a) 应力-应变曲线

(b) 最终裂隙扩展形态

图 5.23　数值模拟与试验结果对比

**表 5.5　模拟不同试验气体中数值模型接触参数**

| 试验气体 | 尖端抗拉强度 $\sigma_t^p$ /MPa | 黏聚力 $c^p$ /Pa | 黏结有效模量 $E^*$/MPa | 内摩擦角 $\phi^p$ /(°) |
|---|---|---|---|---|
| He | 0.60 | $81 \times 10^3$ | 37.86 | 25 |
| $N_2$ | 0.48 | $72 \times 10^3$ | 35.99 | 25 |
| $CH_4$ | 0.27 | $63 \times 10^3$ | 29.02 | 25 |
| $CO_2$ | 0.15 | $51 \times 10^3$ | 25.75 | 25 |

　　由此得到模拟不同气体吸附与应力加载过程中煤体峰后损伤劣化发育过程，如图 5.24 所示。

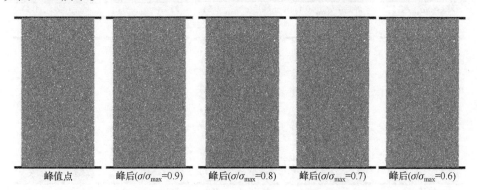

| 峰值点 | 峰后($\sigma/\sigma_{max}$=0.9) | 峰后($\sigma/\sigma_{max}$=0.8) | 峰后($\sigma/\sigma_{max}$=0.7) | 峰后($\sigma/\sigma_{max}$=0.6) |

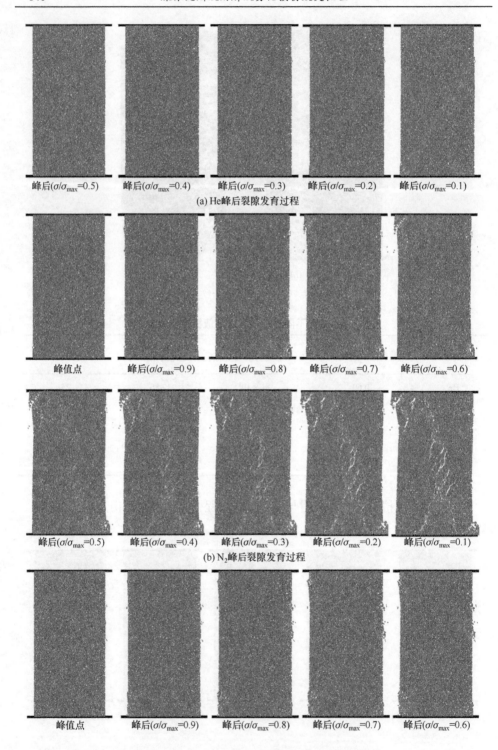

峰后($\sigma/\sigma_{max}$=0.5)　　峰后($\sigma/\sigma_{max}$=0.4)　　峰后($\sigma/\sigma_{max}$=0.3)　　峰后($\sigma/\sigma_{max}$=0.2)　　峰后($\sigma/\sigma_{max}$=0.1)

(a) He峰后裂隙发育过程

峰值点　　　　　峰后($\sigma/\sigma_{max}$=0.9)　　峰后($\sigma/\sigma_{max}$=0.8)　　峰后($\sigma/\sigma_{max}$=0.7)　　峰后($\sigma/\sigma_{max}$=0.6)

峰后($\sigma/\sigma_{max}$=0.5)　　峰后($\sigma/\sigma_{max}$=0.4)　　峰后($\sigma/\sigma_{max}$=0.3)　　峰后($\sigma/\sigma_{max}$=0.2)　　峰后($\sigma/\sigma_{max}$=0.1)

(b) N$_2$峰后裂隙发育过程

峰值点　　　　　峰后($\sigma/\sigma_{max}$=0.9)　　峰后($\sigma/\sigma_{max}$=0.8)　　峰后($\sigma/\sigma_{max}$=0.7)　　峰后($\sigma/\sigma_{max}$=0.6)

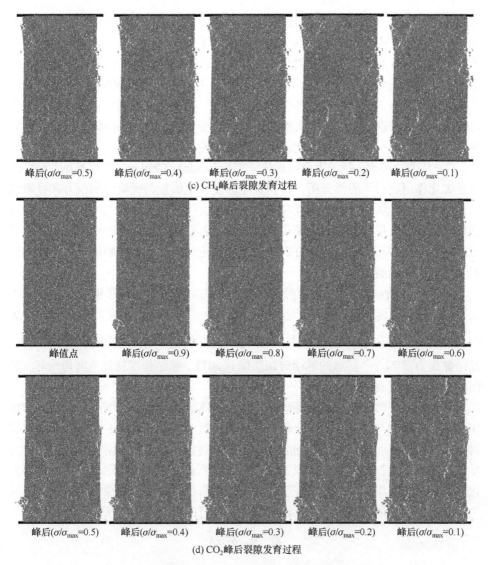

峰后($\sigma/\sigma_{max}$=0.5)　峰后($\sigma/\sigma_{max}$=0.4)　峰后($\sigma/\sigma_{max}$=0.3)　峰后($\sigma/\sigma_{max}$=0.2)　峰后($\sigma/\sigma_{max}$=0.1)

(c) CH$_4$峰后裂隙发育过程

峰值点　　峰后($\sigma/\sigma_{max}$=0.9)　峰后($\sigma/\sigma_{max}$=0.8)　峰后($\sigma/\sigma_{max}$=0.7)　峰后($\sigma/\sigma_{max}$=0.6)

峰后($\sigma/\sigma_{max}$=0.5)　峰后($\sigma/\sigma_{max}$=0.4)　峰后($\sigma/\sigma_{max}$=0.3)　峰后($\sigma/\sigma_{max}$=0.2)　峰后($\sigma/\sigma_{max}$=0.1)

(d) CO$_2$峰后裂隙发育过程

图 5.24　气体吸附与应力加载过程中 PFC 数值模拟结果

# 5.5　本章小结

(1) 基于连续损伤理论对考虑"吸附-加载"耦合过程中煤体损伤劣化机制开展了理论分析,利用损伤变量与应变等效假设原理建立了煤体损伤劣化本构关系,进一步推导了考虑气体吸附与外部加载共同作用的煤体损伤劣化演化方程。以"不同性质气体吸附诱发煤体劣化试验研究"与"不同吸附压力中煤体劣化试验研究"

为例，对所建立的损伤演化模型进行了验证，由损伤演化曲线可知，在气体吸附和应力加载过程中，煤体分为三个损伤阶段：①损伤弱化阶段，该阶段煤体微孔隙、微观裂隙逐渐闭合，密度增大，强度提高；②损伤快速扩展阶段，该阶段的煤体由于外力持续作用，煤体内微变形持续发展，煤体进入损伤稳定扩展阶段；③损伤劣化阶段，该阶段中煤体损伤程度加剧，微观裂隙不断发育，最终贯通，迫使煤体产生宏观裂隙，直至失稳破坏，损伤变量趋于 1；煤体细观损伤特性能够合理预测和揭示煤体宏观劣化特征、现象本质。

(2) 从理论层面，基于表面物理化学理论和 Mohr-Coulomb 强度准则，对煤体强度劣化作用进行了力学分析，得到煤体强度、变形量与吸附平衡压力和吸附量的关系：①随着煤体吸附压力或吸附量的增加，煤体裂隙尖端抗拉强度降低，煤颗粒间相对变形量增大，弹性模量减小；②随着孔隙吸附压力的增大，煤体承载力降低，向更容易失稳破坏的方向发生，从理论分析上较好地解释了气体吸附诱发煤体强度降低的劣化原因。

(3) 从岩土颗粒力学的角度分析了气体吸附对型煤强度的影响：为了降低型煤颗粒表面自由能，气体吸附于型煤颗粒表面，产生吸附膨胀应力 $\sigma_p$，导致型煤颗粒接触的黏结黏聚力 $c^p$ 减小(黏结内摩擦角 $\phi^p$ 不变)，气体吸附平衡压力 $p$ 越大，黏结黏聚力 $c^p$ 越小，接触的黏结剪切强度 $\tau_c^p$ 越低，黏结越容易发生剪切破坏，从而降低了型煤宏观强度。

(4) 采用 PFC2D5.0 数值分析软件，结合煤体吸附过程中宏细观力学参数的损伤劣化特征规律与峰后裂隙演化研究成果，通过编写调用 FISH 语言，定义煤体材料模型的性质、加载方式、伺服控制等试验变量，对煤体吸附与加载过程中力学参数的弱化过程进行数值模拟，得到不同试验条件中气体吸附诱发煤体损伤劣化的数值演化结果。进一步验证了上述理论分析的合理性，为探索气体吸附与应力加载过程中煤体损伤劣化变化机制提供了可行的数值模拟方法。

## 参 考 文 献

[1] 平洋. 峰后岩体宏细观破裂过程数值模拟方法及应用研究[D]. 济南: 山东大学, 2015
[2] 谢和平, 彭瑞东, 周宏伟. 基于断裂力学与损伤力学的岩石强度理论研究进展[J]. 自然科学进展, 2004, 14(10): 7-13
[3] 秦跃平, 张金峰, 王林. 岩石损伤力学理论模型初探[J]. 岩石力学与工程学报, 2003, (4): 646-650
[4] 吴刚, 孙钧, 吴中如. 复杂应力状态下完整岩体卸荷破坏的损伤力学分析[J]. 河海大学学报, 1997, (3): 46-51
[5] 庄蔚敏, 曹德闯, 叶辉. 基于连续介质损伤力学预测 7075 铝合金热冲压成形极限图[J]. 吉林大学学报(工学版), 2014, 44(2): 409-414

[6] 刘星光. 含瓦斯煤变形破坏特征及渗透行为研究[D]. 徐州: 中国矿业大学, 2013

[7] 李兆霞. 损伤力学及其应用[M]. 北京: 科学出版社, 2002

[8] 谢和平. 岩石混凝土损伤力学[M]. 徐州: 中国矿业大学出版社, 1990

[9] Tang C Y, Shen W, Peng L H, et al. Characterization of isotropic damage using double scalar variables[J]. International Journal of Damage Mechanics, 2002, 11(1): 3-25

[10] Lemaitre J. Evaluation of dissipation and damage in metals submitted to dynamic loading[J]. Mechanical Behavior of Materials, 76(6): 540-549

[11] 杨天鸿, 屠晓利, 於斌, 等. 岩石破裂与渗流耦合过程细观力学模型[J]. 固体力学学报, 2005, (3): 333-337

[12] Rosin P, Rammler E. The laws governing the fineness of powdered coal[J]. Journal of the Institute of Fuel, 1933, 7: 29-36

[13] 吴政. 基于损伤的混凝土拉压全过程本构模型研究[J]. 水利水电技术, 1995, (11): 58-63

[14] 宁建国, 朱志武. 含损伤的冻土本构模型及耦合问题数值分析[J]. 力学学报, 2007, 39(1): 70-76

[15] 钱坤. 基于砂岩矿柱强度特征与破坏机制的矿柱设计[D]. 北京: 中国矿业大学, 2015

[16] 赵明华, 肖尧, 徐卓君, 等. 基于 Griffith 强度准则的岩溶区桩基溶洞稳定性分析[J]. 中国公路学报, 2018, 31(1): 31-37

[17] 朱合华, 张琦, 章连洋. Hoek-Brown 强度准则研究进展与应用综述[J]. 岩石力学与工程学报, 2013, 32(10): 1945-1963

[18] 姚宇平. 吸附瓦斯对煤的变形及强度的影响[J]. 煤矿安全, 1988, (12): 37-41

[19] 何学秋, 王恩元, 林海燕. 孔隙气体对煤体变形及蚀损作用机理[J]. 中国矿业大学学报, 1996, (1): 6-11

[20] 郭万里, 朱俊高, 徐佳成, 等. PFC3D 模型中粗粒料孔隙率及摩擦系数的确定方法[J]. 地下空间与工程学报, 2016, 12(S1): 157-162

[21] 卢平, 沈兆武, 朱贵旺, 等. 含瓦斯煤的有效应力与力学变形破坏特性[J]. 中国科学技术大学学报, 2001, (6): 55-62

[22] 李祥春, 郭勇义, 吴世跃, 等. 煤体有效应力与膨胀应力之间关系的分析[J]. 辽宁工程技术大学学报, 2007, (4): 535-537

[23] 祝捷, 唐俊, 传李京, 等. 煤吸附解吸气体变形的力学模型研究[J]. 中国科技论文, 2015, 10(17): 2090-2094

[24] Terzaghi K. Theoretical Soil Mechanics[M]. New York: John Wiley & Sons, 1943

[25] 刘星光, 高峰, 张志镇, 等. 考虑损伤的含瓦斯煤有效应力方程[J]. 科技导报, 2013, 31(3): 38-41

[26] 刘力源, 朱万成, 魏晨慧, 等. 气体吸附诱发煤强度劣化的力学模型与数值分析[J]. 岩土力学, 2018, 39(4): 1500-1508

[27] Lawson H E, Tesarik D, Larson M K, et al. Effects of overburden characteristics on dynamic failure in underground coal mining[J]. International Journal of Mining Science and Technology, 2017, 27(1): 121-129

[28] Liu X F, Wang X R, Wang E Y, et al. Effects of gas pressure on bursting liability of coal under uniaxial conditions[J]. Journal of Natural Gas Science and Engineering, 2017, 39: 90-100

[29] 尹光志, 王登科, 张东明, 等. 基于内时理论的含瓦斯煤岩损伤本构模型研究[J]. 岩土力学, 2009, 30(4): 885-889

[30] 梁冰, 章梦涛, 王泳嘉. 煤层瓦斯渗流与煤体变形的耦合数学模型及数值解法[J]. 岩石力学与工程学报, 1996, (2): 40-47

[31] Larsen J W, Flowers R A, Hall P J, et al. Structural rearrangement of strained coals[J]. Energy & Fuels, 1997, 11(5): 998-1002

[32] Cundall P A, Strack O D L. A Discrete Numerical model for granular assemblies[J]. Géotechnique, 1979, 29(1): 47-65

[33] Itasca Consulting Group Incorporation. PFC2D Particle Flow Code in 2 Dimensions: Theory and Background[M]. Minneapolis: Itasca Consulting Group Inc, 2004

[34] Potyondy D O, Cundall P A. A bonded-particle model for rock[J]. International Journal of Rock Mechanics and Mining Sciences, 2004, 41(8): 1329-1364

[35] 夏明, 赵崇斌. 簇平行黏结模型中微观参数对宏观参数影响的量纲研究[J]. 岩石力学与工程学报, 2014, 33(2): 327-338

[36] 蒋承林, 俞启香. 煤与瓦斯突出过程中能量耗散规律的研究[J]. 煤炭学报, 1996, (2): 173-178

[37] 魏群. 散体单元法的基本原理数值方法及程序[M]. 北京: 科学出版社, 1991

[38] 丁浩, 李科, 周小平, 等. 公路隧道衬砌裂纹扩展机理[J]. 土木建筑与环境工程, 2018, 40(5): 86-91

[39] 陈达, 薛喜成, 魏江波. 基于 PFC$^{2D}$ 的刘涧滑坡破坏运动过程模拟[J]. 煤田地质与勘探, 2018, 46(4): 115-121

[40] Liu H, Wang F M, Shi M S, et al. Mechanical behavior of polyurethane polymer materials under triaxial cyclic loading: A particle flow code approach[J]. Journal of Wuhan University of Technology(Materials Science), 2018, 33(4): 980-986

[41] 叶海旺, 潘俊锋, 雷涛, 等. 基于 PFC 的层状板岩巴西劈裂渐进破坏能量分析[J]. 矿业研究与开发, 2018, 38(7): 38-42

[42] 孟陆波, 陈海清, 李天斌, 等. PFC 数值模拟方法在岩石力学实验教学中的应用[J]. 实验技术与管理, 2018, 35(7): 178-180

[43] Itasca Consulting Group Incorporation. PFC3D User's Guide[R]. Minnesota, 2005

[44] Yan W M. Fabric evolution in a numerical direct shear test[J]. Computers and Geotechnics, 2009, 36(4): 597-603

[45] 邹俊鹏, 陈卫忠, 杨典森, 等. 基于 SEM 的珲春低阶煤微观结构特征研究[J]. 岩石力学与工程学报, 2016, 35(9): 1805-1814

[46] 蒋明镜, 白闯平, 刘静德, 等. 岩石微观颗粒接触特性的试验研究[J]. 岩石力学与工程学报, 2013, 32(6): 1121-1128

[47] 丛宇, 王在泉, 郑颖人, 等. 基于颗粒流原理的岩石类材料细观参数的试验研究[J]. 岩土工程学报, 2015, 37(6): 1031-1040

[48] 赵国彦, 戴兵, 马驰. 平行黏结模型中细观参数对宏观特性影响研究[J]. 岩石力学与工程学报, 2012, 31(7): 1491-1498

[49] 徐国建, 沈扬, 刘汉龙. 孔隙率、级配参数对粉土双轴压缩性状影响的颗粒流分析[J]. 岩土

力学, 2013, 34(11): 3321-3328

[50] 李坤蒙, 李元辉, 徐帅, 等. PFC$^{2D}$数值计算模型微观参数确定方法[J]. 东北大学学报(自然科学版), 2016, 37(4): 563-567

# 第6章  卸压过程煤体瓦斯解吸-扩散特征

在煤和瓦斯突出的孕育、发生过程中,瓦斯起着重要的作用。袁亮等[1]、胡千庭等[2]认为,瓦斯含量决定了瓦斯内能的大小,是突出发生的能量基础。景国勋等[3]认为,瓦斯在突出过程中的作用是粉碎煤体并将碎煤抛出。瓦斯在煤体中以吸附态和游离态两种状态存在[4]。瓦斯卸压过程中,煤体瞬间放散包括裂隙内的游离瓦斯和瞬时解吸的吸附瓦斯在内的大量瓦斯,继而引起一系列连锁反应(如加剧煤体损伤、造成煤体有效应力的突变等)。因此,探明瓦斯卸压过程中瓦斯的扩散-渗流规律,对于揭示煤体瓦斯卸压损伤致突机理意义重大。

在游离瓦斯渗流规律方面,前人已开展大量详尽的研究,并获取了较为成熟的含瓦斯煤渗透率演化模型及渗流场方程[5-7]。这些数学模型仍适用于动态的瓦斯卸压过程。

在吸附瓦斯解吸扩散规律方面,研究了吸附平衡压力、煤的变质程度、破坏程度、粒度、水分、温度等因素对瓦斯扩散的影响,并建立了大量适用性不同的煤体瓦斯解吸扩散数学模型[8-16]。但瓦斯卸压过程中急剧变化的裂隙气压及煤体损伤程度两个重要因素对瓦斯解吸扩散的影响规律尚不清楚。因此,本章重点研究环境气压及煤体损伤程度变化对瓦斯解吸扩散的影响。

## 6.1  煤体瓦斯解吸扩散机理

### 6.1.1  煤的孔隙特征

煤内部含有大量的孔隙和裂隙。其中,孔隙是煤中瓦斯吸附储存和扩散运移的主要场所,因此煤的孔隙特征是影响煤中瓦斯气体储存和运移的主要因素之一[17]。

煤的孔隙是在成煤过程中形成的。按照形成原因,可将煤的孔隙分为6种[18]。

(1) 变质气孔:这种气孔是由于煤中有机质强烈的成烃作用和挥发作用形成的,呈单个或群体出现,连通性差。

(2) 植物组织孔:这种孔隙是由于植物细胞组织内蛋白质、酪类等化学性质不稳定的化合物经生物地球化学作用强烈分解而残留的,孔隙连通性差。

(3) 颗粒间孔:这种孔隙可分为两类,一类由破碎的显微组分形成,另一类发育在原生结构为碎屑状的煤中,两类的连通性都较好。

(4) 胶体收缩孔：这种孔隙是由植物残体受强烈的生物化学作用而形成的，连通性差。

(5) 层间孔：这种孔隙是由于层状煤体组分之间表面不平或其他杂质存在而形成的，连通性好。

(6) 矿物溶蚀孔：这种孔隙是由于地下水或酸碱有机气体对可溶性矿物的溶蚀作用形成的，连通性差。

煤的孔隙一部分是相互贯通的，一部分是封闭的，如图 6.1 所示。按照孔隙是否封闭，可将孔隙分为开放性孔隙(又称导通性孔隙)、封闭性孔隙、半封闭性孔隙(又称独头孔隙或死孔隙)。开放性孔隙与其他的孔隙或裂隙连通，瓦斯可以在其中自由流动；封闭性孔隙是完全封闭独立的孔隙，内部瓦斯不参与渗流扩散过程；半封闭性孔隙的瓦斯在扩散过程中会因受阻而被迫向其他方向流动；封闭性孔隙可能在煤体破碎时与外界连通，转换成开放性孔隙或半封闭性孔隙[19]。

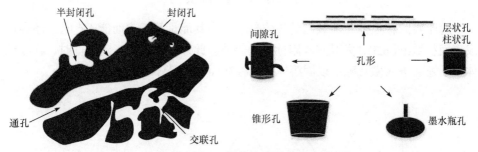

图 6.1　煤的孔隙类型

煤中孔隙的大小并不是均一的。按照孔隙的大小，可将煤的孔隙划分为微孔、小孔(或过渡孔)、中孔、大孔，几种典型的分类方案见表 6.1[20]。其中，煤的微孔与小孔具有较大的比表面积，是瓦斯等气体主要吸附场所。

表 6.1　煤体孔隙分类方案[20]

| 研究者 | 微孔/Å | 小孔(或过渡孔)/Å | 中孔/Å | 大孔/Å |
|---|---|---|---|---|
| 霍多特(1961 年) | <100 | 100～1000 | 1000～10000 | >10000 |
| Gan 等(1972 年) | <12 | — | 12～300 | >300 |
| 朱之培(1982 年) | <120 | 120～300 | — | >300 |
| 煤炭工程研究总院抚顺分院(1985 年) | <80 | 80～1000 | — | >1000 |
| Girish 等(1987 年) | <8(亚微孔) | 8～20(微孔) | 20～500 | >500 |

### 6.1.2　煤基质瓦斯扩散物理过程

多孔隙介质中不同尺寸孔隙的扩散机理是不同的。根据孔半径 $d$ 和分子运动平均自由程 $\lambda$ 的相对大小,可将煤层瓦斯在不同孔隙中的气相扩散分为菲克(Fick)扩散、克努森(Knudsen)扩散和过渡型扩散[19, 21, 22]。

当克努森数(表示孔隙直径和分子运动平均自由程的相对大小) $Kn \geqslant 10$ 时,称为菲克扩散,其特征是孔隙气体分子之间的碰撞占主导,基本遵循菲克定理。当 $Kn \leqslant 0.1$ 时,称为克努森扩散,其特征是孔隙壁与孔隙气体分子碰撞占主导。当 $0.1 < Kn < 10$ 时,称为过渡型扩散,介于上述两种扩散之间,如图 6.2 所示。

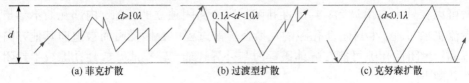

(a) 菲克扩散　　　　　　　　(b) 过渡型扩散　　　　　　　　(c) 克努森扩散

图 6.2　煤基质中瓦斯扩散模式

对于吸附在煤体孔隙表面的气体分子,当其能量等于表面能 $\Delta E_a$ 时,还会形成表面扩散(图 6.3),尤其是吸附性强的煤体。此外,当达到一定条件时,孔隙气体分子还会进入微孔隙中以固溶体形式存在而发生晶体扩散。

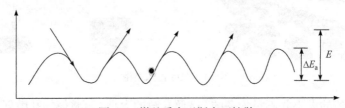

图 6.3　煤基质中瓦斯表面扩散

由于煤层的孔隙范围分布广泛,在煤层中扩散常常是多种扩散形式的组合。实际煤体中,影响瓦斯在煤体中扩散的因素很多。从微观上看,主要是瓦斯的平均自由程和煤体中不同尺寸孔隙的分布情况。

## 6.2　环境气压对煤体瓦斯解吸影响试验研究

### 6.2.1　试验方案

由于地温、气候等因素的影响,不同矿区井下环境温度差异很大,一般为 $283 \sim 313K$[23, 24]。依据矿井实际温度,前人进行的煤体瓦斯解吸试验研究大多在 303K 条件下进行。为方便与前人测定结果进行对比分析,本次试验在 303K 恒定温度下进行。

依据煤层气藏条件，试验确定煤样吸附平衡压力为 1.0MPa(相对压力)，环境压力分别为 0.00MPa(大气压力)、0.05MPa、0.10MPa、0.15MPa、0.20MPa，对应的试验组别分别为 1.0-0.00、1.0-0.05、1.0-0.10、1.0-0.15、1.0-0.20。试验测定了煤样在 960min 内的瓦斯解吸量，设置压力传感器采集频率为 1 次/min，以便于数据处理。

试验煤样取自安徽省淮南矿区新庄孜矿 B6 煤层。采用粒径为 1.25～2.5mm 的煤粒用于试验。煤粒依据《煤样的制备方法》(GB/T 474—2008)制备。试验前，煤粒密封保存于带磨口塞的广口瓶中。由于试验煤样较为干燥，且广口瓶中氧气量少，氧气对煤样的氧化作用及其对试验结果的影响可忽略不计。

煤样物理力学性质见表 6.2。其中，煤样真密度依据《煤的真相对密度测定方法》(GB/T 217—2008)方法测定；煤的视密度依据《煤的视相对密度测定方法》(GB/T 6949—2010)方法测定；煤的孔隙率依据《煤和岩石物理力学性质测定方法　第 4 部分：煤和岩石孔隙率计算方法》(GB/T 23561.4—2009)测定；煤样工业分析依据《煤的工业分析方法　仪器法》(GB/T 30732—2014)测定。

煤体对瓦斯的吸附遵循朗缪尔吸附理论[25]，其表达式见式(3-1)。为了确定试验煤样在各压力条件下的瓦斯吸附量，本次试验依据《煤的高压等温吸附试验方法》(GB/T 19560—2008)在 30℃下(后续解吸试验温度)测定了煤样的吸附常数，其结果一并列入表 6.2 中。

表 6.2　煤样物理力学性质

| 真密度 /(g/cm³) | 视密度 /(g/cm³) | 孔隙率 /% | 吸附常数 | | 工业分析 | | |
|---|---|---|---|---|---|---|---|
| | | | $a$/(cm³/g) | $b$/MPa⁻¹ | 水分 $M_{ad}$/% | 灰分 $A_{ad}$/% | 挥发分 $V_{ad}$/% |
| 1.47 | 1.42 | 3.4 | 21.7654 | 0.7362 | 2.3 | 22.46 | 28.62 |

## 6.2.2　环境气压对煤体瓦斯扩散动力学影响

试验获取了煤粒在不同环境气压下的瓦斯解吸量随时间的变化曲线，如图 6.4 所示。

试验结果显示，不同环境气压下，煤样瓦斯解吸随时间变化趋势保持一致，即煤样瓦斯解吸量随时间增长而变大，且解吸速度随时间延长而放缓。环境气压对煤样瓦斯解吸速度、解吸量影响明显。其影响规律为，环境气压越大，瓦斯解吸速度越小，瓦斯解吸量越小。

为从机理层面获取环境气压对煤样瓦斯扩散的影响。本节选取经典扩散模型对上述数据进行分析。经典扩散模型具有物理意义明确、导出严格、计算简单的

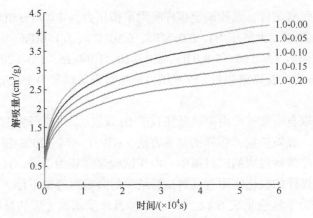

图 6.4  不同环境气压下煤样的瓦斯解吸量(960min)

优点，常用来分析煤粒瓦斯扩散[26]。其表达式如式(6-1)所示[27]。其中，经典扩散模型中扩散系数 $D_r$ 是表征煤基质气体扩散动力学的重要参数[28]，是本节分析的重点。

$$\frac{M_t}{M_\infty} = 1 - \frac{6}{\pi^2}\sum_{n=1}^{\infty}\frac{1}{n^2}e^{\frac{n^2\pi^2 D_r t}{r^2}} \tag{6-1}$$

式中，$M_t$ 为 $t$ 时刻内煤粒瓦斯扩散质量；$M$ 为瓦斯扩散总质量；$r$ 为煤粒平均直径。

式(6-1)可采用瓦斯扩散体积表示为式(6-2)[29, 30]。

$$\frac{Q_t}{Q_\infty} = 1 - \frac{6}{\pi^2}\sum_{n=1}^{\infty}\frac{1}{n^2}e^{\frac{n^2\pi^2 D_r t}{r^2}} \tag{6-2}$$

式中，$Q_t$ 为 $t$ 时刻内煤粒瓦斯解吸扩散体积；$Q$ 为瓦斯解吸扩散总体积。

不同环境气压下煤粒瓦斯扩散总体积 $Q$ 可利用煤粒的吸附常数计算得到，其表达式可表述为[31]

$$Q_\infty = \frac{abp_b}{1+bp_b} - \frac{abp_a}{1+bp_a} \tag{6-3}$$

式中，$a$ 为吸附常数，表示煤的极限瓦斯吸附量，$cm^3/g$；$b$ 为吸附常数，$MPa^{-1}$；$p_b$ 为煤样瓦斯吸附平衡压力，$MPa$；$p_a$ 为煤样瓦斯解吸环境气压，$MPa$。

将式(6-2)、式(6-3)及各参数值导入计算软件，可以求得煤粒瓦斯扩散系数 $D_r$。

经典扩散模型假定扩散系数 $D_r$ 在扩散过程中为常数。然而，Li(李志强)等[32]、Jian(简星)等[33]、Yue 等[26]的研究成果则认为扩散系数 $D_r$ 随时间变化而改变。为此，求解试验条件下煤粒在各时刻的扩散系数 $D_r$，结果如图6.5所示。

另外，为了清晰展示环境气压对扩散系数的影响程度，计算环境气压为 0.05～0.20MPa 的非常压扩散系数与常压扩散系数之间的相对偏差 $S$。以环境气压为

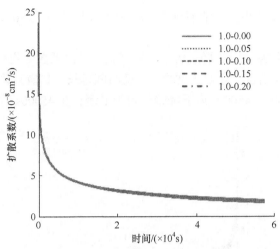

图 6.5　不同环境气压下煤样的扩散系数

0.05MPa 的非常压扩散系数与常压扩散系数之间的相对偏差 $S_{0.05}$ 为例，其表达式见式(6-4)。

$$S_{0.05} = \frac{D_r^{0.00} - D_r^{0.05}}{D_r^{0.00}} \times 100\% \qquad (6\text{-}4)$$

式中，$D_r^{0.05}$ 为环境气压为 0.05MPa 的非常压扩散系数；$D_r^{0.00}$ 为常压扩散系数。

依据式(6-4)求得的扩散系数相对偏差结果如图 6.6 所示。

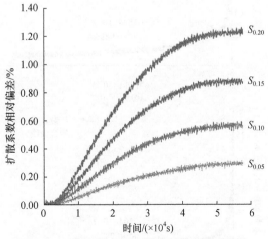

图 6.6　不同环境气压下扩散系数的相对偏差

## 1. 时间对扩散系数影响

由图 6.5 可知，煤粒瓦斯解吸过程中扩散系数 $D_r$ 并非恒定不变的常数，而是随时间延长而逐渐变小。该结果与刘彦伟等[8]、Li 等[32]、Jian 等[33]、Wang 等[34] 的研究成果一致。

　　此外，试验结果显示，随着解吸时间延长，扩散系数变化率减缓，并逐渐趋于平稳。如图 6.7 所示，在本次试验中，随时间延长，扩散系数 $D_r$ 在前 4000s 内下降明显，在 4000～45000s 内下降趋势趋于平缓，在 45000s 后趋于平稳。

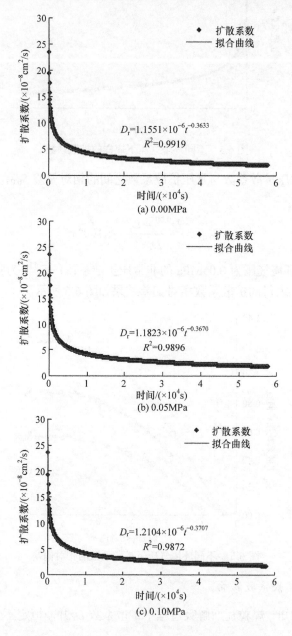

$$D_r = 1.1551 \times 10^{-6} t^{-0.3633}$$
$$R^2 = 0.9919$$

(a) 0.00MPa

$$D_r = 1.1823 \times 10^{-6} t^{-0.3670}$$
$$R^2 = 0.9896$$

(b) 0.05MPa

$$D_r = 1.2104 \times 10^{-6} t^{-0.3707}$$
$$R^2 = 0.9872$$

(c) 0.10MPa

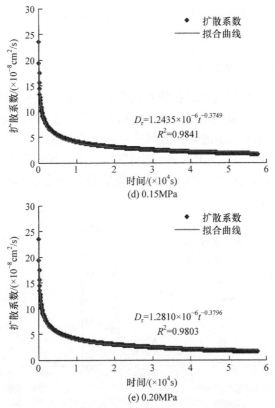

图 6.7　不同环境气压下扩散系数的拟合曲线

经数据拟合，扩散系数 $D_r$ 随时间 $t$ 呈幂函数关系降低(图 6.7)，其表达式见式(6-5)。

$$D_r = \beta t^\gamma \tag{6-5}$$

式中，$\beta$、$\gamma$ 为函数参数。

扩散系数随时间的变化规律与煤中瓦斯的扩散机制有关。基于孔隙直径($d$)和气体分子平均自由程($\lambda$)，煤中气体扩散模式可分为以下 3 种：菲克扩散($d \geqslant 10\lambda$)、过渡型扩散($0.1\lambda < d < 10\lambda$)、克努森扩散($d \leqslant 0.1\lambda$)，如图 6.2 所示。上述扩散模式中单一机制下的扩散系数依次减小[35-37]。瓦斯解吸初期，菲克扩散和过渡型扩散可能占主导，因而扩散系数较大，相应扩散系数变化率也较大。随着解吸不断进行，煤中瓦斯含量减小，菲克扩散受到限制，过渡型扩散、克努森扩散成为主要扩散机制，导致扩散系数减小，相应扩散系数变化率也较小。在解吸后期，瓦斯扩散机制逐渐稳定，因此扩散系数趋于平稳。

以上获取的扩散系数随时间变化的规律，说明经典扩散模型关于扩散系数为常数的假设不合理，同时也解释了为什么经典扩散模型不能较好地描述煤中瓦斯扩散全过程。基于上述规律可知，研究扩散系数随时间的变化规律将是经典扩散模型不断完善的方向之一。

2. 环境气压对扩散系数影响

试验结果发现，环境气压对扩散系数有一定影响，且影响程度与时间有关。图 6.8 为扩散系数与环境气压的关系图。由图可知，扩散系数随环境气压增大呈线性关系减小。图 6.6 展示的是扩散系数相对偏差 $S$ 表征着环境气压对扩散系数影响程度。根据图 6.6，在前 4000s 内，环境气压对扩散系数影响甚微，低于 0.01%，可忽略不计；在 4000s 后，环境气压对扩散系数的影响程度逐渐增大，并于 45000s 后影响程度趋于平稳。

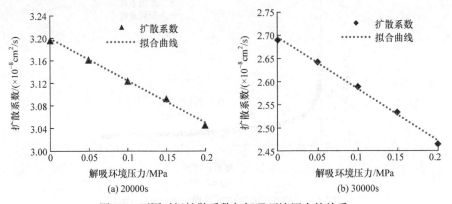

图 6.8  不同时间扩散系数与解吸环境压力的关系

环境气压对扩散系数的影响趋势可能与压力对气体分子活性的影响和煤基质吸附膨胀效应有关。Cui 等[38]研究认为较高的吸附瓦斯压力会导致密集气体分子碰撞和煤基质膨胀效应，从而引起扩散系数减小。Moore[39]认为较高吸附瓦斯压力会引起煤基质吸附膨胀效应和相应的微孔拉伸变形，最终导致微孔孔径变化和扩散路径变化，引起扩散系数减小。瓦斯解吸过程中，环境气压可能与吸附瓦斯压力对其有相同的影响机制。随着环境气压增大，分子碰撞效应和煤基质膨胀效应加剧，最终导致扩散系数变小。

扩散系数的时间效应问题可能与瓦斯扩散机制有关。解吸过程中，分子碰撞效应和解吸收缩效应仅对煤基质微孔有显著影响[39]，而微孔是过渡型扩散与克努森扩散的主要通道。因此，环境气压对解吸初期占主导的菲克扩散影响甚微，对解吸后期占主导的过渡型扩散、克努森扩散影响较为明显。这也是为什么扩散系数变化速率减缓时间与扩散系数开始受环境气压影响时间均为 4000s。在该时间扩散模式由菲克扩散主导转为以过渡型扩散和克努森扩散为主导。

以上获取的环境气压对扩散系数的影响规律说明，解吸前期不同环境气压下瓦斯扩散的动力特性是相同的。

# 6.3　煤体损伤对瓦斯解吸影响试验研究

## 6.3.1　试验方案

该试验的基本思路为：首先，对煤体试件施加不同的轴向力，表征煤体不同的损伤程度；然后，测试煤样的损伤大小；最后，将单轴压缩后的煤体试件放入煤体瓦斯解吸测定仪进行瓦斯解吸试验。试验采用 $\phi$50mm×100mm 的标准试件。

煤样损伤的度量采用超声波测试方法，该方法的优点为受环境影响较小、测试便捷。该方法的基本原理如下[40-42]。

各向同性损伤材料的单轴拉伸(或压缩)弹性应变 $\varepsilon_e$ 可表示为式(6-6)。

$$\varepsilon_e = \frac{\sigma}{E(1-D)} = \frac{\sigma}{\widetilde{E}} \tag{6-6}$$

式中，$E$ 为材料的无损伤弹性模量；$\widetilde{E}$ 为材料的有损伤弹性模量；$D$ 为材料的损伤变量。

依据式(6-6)，材料的损伤变量可表示为

$$D = 1 - \frac{\widetilde{E}}{E} \tag{6-7}$$

材料中波的传播速度与其密度和弹性性质相关，材料内纵波的波速可表示为

$$v_p = \sqrt{\frac{E}{\rho} \frac{1-\nu}{(1+\nu)(1-2\nu)}} \tag{6-8}$$

式中，$\rho$ 为材料的密度；$\nu$ 为材料的泊松比；$v_p$ 为无损伤材料内纵波的波速。

假设损伤后材料的泊松比和密度不变，其纵波波速则表示为

$$\tilde{v}_p = \sqrt{\frac{\widetilde{E}}{\rho} \frac{1-\nu}{(1+\nu)(1-2\nu)}} \tag{6-9}$$

式中，$\tilde{v}_p$ 为损伤材料内纵波的波速。

那么，可以得到由波速表达的损伤变量见式(6-10)。

$$D = 1 - \frac{\tilde{v}_p^2}{v_p^2} \tag{6-10}$$

本试验采用智博联 ZBL-U5 系列非金属超声检测仪进行试样的超声波测试。其主要技术指标见表 6.3。

表 6.3　　非金属超声检测仪主要技术指标

| 技术指标 | 参数 |
|---|---|
| 声时测读精度/μs | 0.025 |
| 系统最大动态范围/dB | 154 |
| 增益调整精度/dB | 0.5 |
| 幅值测量误差/dB | ≤1 |
| 接收灵敏度/μV | ≤10 |
| 采样周期/μs | 0.025~409.6 |
| 波形点数 | 512~4096 |
| 频带宽度/kHz | 1~250 |

　　试验依据测得的煤体应力-应变曲线,设置煤样在峰前的轴向力分别为 0MPa、2MPa、4MPa、6MPa、8MPa、10MPa、11MPa、12MPa(峰值);由于煤体脆性,峰后加载状态难以精确控制,峰后的轴向力依据实际加载情况确定。以上应力点保证了煤体各阶段都具有充足的数据:前三个点大致处于煤体压缩阶段,第 3 个至第 6 个应力点大致处于煤体弹性阶段,第 6 个至第 8 个应力点大致处于煤体屈服阶段,最后 1 个应力点处于煤体破坏阶段。

　　瓦斯是突出过程中的主要气体。试验采用 99.99%的 $CH_4$ 进行试验,以保证与实际工况条件的一致性。试验所用煤样取自安徽省淮南矿区望峰岗煤矿 $C_{13}$ 煤层,该煤层属于煤与瓦斯突出煤层,曾发生过多次煤与瓦斯突出事故、延期突出事故。$C_{13}$ 煤的物理力学性质如下:容重=1.38N/cm³,孔隙率=3.45%,水分=1.04%,灰分=21.05%,挥发分=24.26%。为了保证煤样的均匀性,解吸试验前进行了 2 步筛选:首先剔除明显含有节理的煤样,然后选取波速一致的煤样。

　　煤体通过位移控制方式加载,加载速率为 0.001mm/s。依据矿井实际温度,解吸试验在 303K 恒定温度下进行,该温度与前人进行的解吸试验一致[23, 24]。依据煤层气藏条件,确定煤样吸附平衡压力为 0.75MPa(相对压力)。突出持续时间为几秒至十几秒不等,基于此确定解吸测定时间为 10s。

### 6.3.2　煤体损伤对瓦斯解吸影响及机理分析

　　由图 6.9 可以看出,随着煤体损伤增大,瓦斯解吸量明显增大。其中,在相同时间内煤体最大解吸量(出现在煤体破坏阶段)是最小解吸量(出现在煤体压密阶段)的 2 倍左右。

　　如图 6.10 所示,瓦斯解吸量、煤体损伤变量随应力条件变化,变化规律一致,均呈明显的阶段性,且各阶段与煤体破裂的四个阶段一致。在压密阶段($OA$ 段),

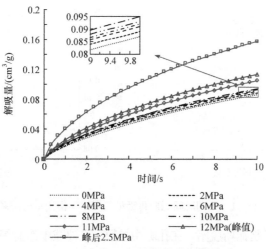

图 6.9  不同应力下煤体瓦斯解吸量

瓦斯解吸量煤体损伤变量基本不变；在弹性阶段(*AB* 段)，瓦斯解吸量、煤体损伤变量均有轻微上涨，增量不大，瓦斯解吸量上涨 0.003cm³/g，煤体损伤变量上涨 0.04；在屈服阶段(*BC* 段)，瓦斯解吸量、煤体损伤变量明显增大，瓦斯解吸量增大 0.013cm³/g，煤体损伤变量增大 0.055；在破坏阶段(*CD* 段)，瓦斯解吸量、煤体损伤变量猛增，增量分别为 0.033cm³/g、0.255。整个阶段中，煤体屈服点(*B* 点)为瓦斯解吸量、煤体损伤变量的突变点，*B* 点以前，两参数平稳，*B* 点以后，两参数突增。

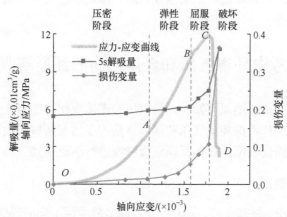

图 6.10  应力加载过程中煤体瓦斯解吸量及煤体损伤变量变化

基于以上分析可知，瓦斯解吸量与煤体损伤变量相关性极好，两者呈线性关系，如图 6.11 所示。

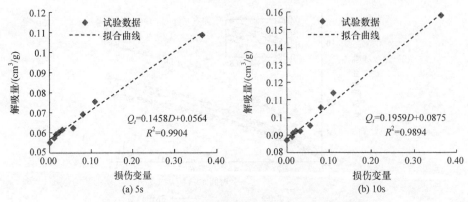

图 6.11　不同时间瓦斯解吸量与煤体损伤变量的关系

煤体瓦斯解吸是瓦斯脱附、在孔隙中扩散、在裂隙中渗流等过程的综合。应力加载中，煤体裂隙结构演化剧烈，这会对上述三个过程产生不同程度的影响[43,44]。其中，煤体损伤变化引起的瓦斯通过能力变化是瓦斯解吸量变化的主要原因之一。

因此，应力加载过程中煤体瓦斯解吸量变化机理可理解如下：在压密阶段和弹性阶段，煤体破裂程度及裂隙的发育、扩展较少，瓦斯渗流通道基本不发生变化；在屈服阶段，煤体超过屈服极限后，由弹性变形向塑性变形转化，此时微破裂发生了质的变化，大量剪切破裂发生并连通形成贯通裂隙，增大了瓦斯的渗流通道，瓦斯解吸量相应增大；在破坏阶段，试件通过应力峰值后，其内部结构遭到破坏，裂隙发展并交叉汇合成宏观断裂面的速度加快，因此该阶段的瓦斯解吸量变化较大；最终当煤体进入残余强度以后，渗透率达到极限值，相应的瓦斯解吸量也达到极限。

# 6.4　考虑环境气压和煤体损伤的瓦斯解吸模型

基于 6.3 节的试验结果可知，环境气压和煤体损伤程度对瓦斯解吸量影响明显，因此有必要构建考虑环境气压和煤体损伤程度的瓦斯解吸数学模型，对任意环境气压下任意损伤程度的煤体瓦斯解吸特征进行准确描述。

## 6.4.1　模型形式确定

依据煤质情况、外部条件，前人建立了许多适应性不同的煤体瓦斯解吸模型，比较有代表性的有孙重旭式、王佑安式等[45]，见表 6.4。这些模型均在一定程度上反映了煤粒瓦斯解吸的特征与机理[46]，具有一定的借鉴意义。利用试验获取的不同环境气压下、不同损伤程度煤样的瓦斯解吸特征，对已有模型进行修正，具有一定的可行性。

表 6.4　煤体瓦斯解吸模型及试验拟合结果

| 解吸模型 | 解吸量 $Q_t$ | 拟合参数 | | | | | |
|---|---|---|---|---|---|---|---|
| | | 0.8-0.0 | 0.8-0.1 | 0.8-0.2 | 0.8-0.3 | 0.8-0.4 | 0.8-0.5 |
| 巴雷尔式 | $k\sqrt{t}$ | $k$=0.0633 | $k$=0.0514 | $k$=0.0408 | $k$=0.0315 | $k$=0.0232 | $k$=0.0165 |
| 孙重旭式 | $\eta t^i$ | $\eta$=0.0863 | $\eta$=0.0716 | $\eta$=0.0539 | $\eta$=0.0443 | $\eta$=0.0325 | $\eta$=0.0219 |
| | | $i$=0.42762 | $i$=0.4224 | $i$=0.4350 | $i$=0.4206 | $i$=0.4211 | $i$=0.4332 |
| 文特式 | $v_1 t^{1-k_t}/(1-k_t)$ | $v_1$=0.0369 | $v_1$=0.0303 | $v_1$=0.0235 | $v_1$=0.0186 | $v_1$=0.0137 | $v_1$=0.0095 |
| | | $k_t$=0.5724 | $k_t$=0.5776 | $k_t$=0.5650 | $k_t$=0.5795 | $k_t$=0.5789 | $k_t$=0.5668 |
| 指数式 | $v_0(1-\mathrm{e}^{-bt})/b$ | $v_0$=0.0170 | $v_0$=0.014 | $v_0$=0.0107 | $v_0$=0.0081 | $v_0$=0.0058 | $v_0$=0.0039 |
| | | $b$=0.0251 | $b$=0.0250 | $b$=0.0241 | $b$=0.0235 | $b$=0.0220 | $b$=0.0201 |
| 乌斯基诺夫式 | $v_0\left[(1+t)^{1-n}-1\right]/(1-n)$ | $v_0$=0.0649 | $v_0$=0.0540 | $v_0$=0.0406 | $v_0$=0.0333 | $v_0$=0.0244 | $v_0$=0.0165 |
| | | $n$=0.7190 | $n$=0.7283 | $n$=0.7068 | $n$=0.7298 | $n$=0.7284 | $n$=0.7099 |
| 王佑安式 | $ABt/(1+Bt)$ | $A$=0.8057 | $A$=0.6472 | $A$=0.5276 | $A$=0.3973 | $A$=0.2927 | $A$=0.2122 |
| | | $B$=0.0301 | $B$=0.0312 | $B$=0.0288 | $B$=0.0311 | $B$=0.0309 | $B$=0.0291 |
| 博特式 | $Q_\infty(1-A\mathrm{e}^{-\lambda t})$ | $A$=0.9734 | $A$=0.9731 | $A$=0.9742 | $A$=0.9736 | $A$=0.9743 | $A$=0.9760 |
| | | $\lambda$=5.47× $10^{-4}$ | $\lambda$=5.40× $10^{-4}$ | $\lambda$=5.46× $10^{-4}$ | $\lambda$=5.25× $10^{-4}$ | $\lambda$=5.11× $10^{-4}$ | $\lambda$=5.03× $10^{-4}$ |

突出过程一般持续几秒至十几秒，从瓦斯解吸释放内能的角度来讲，前 120s 内煤层的瓦斯解吸变化将是决定煤与瓦斯突出的关键因素[47]。为此，本节采用较高的采集频率(10Hz)重新测试了 120s 内不同环境气压下煤样瓦斯解吸曲线。为保证试验数据的多样性和获取规律的普适性，本次试验选取与 6.3 节不同的煤样粒径、吸附平衡压力、环境压力。具体如下：煤样粒径设置为 1～3mm，煤样仍采用淮南矿业集团公司新庄孜矿 $B_6$ 煤，煤样的吸附平衡压力设置为 0.8MPa，环境气压设置为 0.0MPa、0.1MPa、0.2MPa、0.3MPa、0.4MPa、0.5MPa，试验温度设置为 30℃恒温。测试的试验结果如图 6.12 所示。

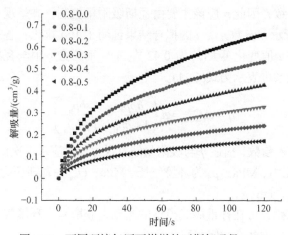

图 6.12　不同环境气压下煤样的瓦斯解吸量(120s)

为了获取适应性较高的模型数学形式，利用前人经验公式对试验测得的瓦斯解吸量进行拟合。拟合方法采用最小二乘法，并采用相关性系数 $R^2$ 对拟合结果进行评价，各模型的拟合参数见表 6.4，各模型的相关性系数见表 6.5。

**表 6.5　煤粒瓦斯解吸模型拟合相关性系数**

| 试验组别 | 巴雷尔式 | 孙重旭式 | 文特式 | 指数式 | 乌斯基诺夫式 | 王佑安式 | 博特式 |
|---|---|---|---|---|---|---|---|
| 0.8-0.0 | 0.98006 | 0.99564 | 0.99564 | 0.96000 | 0.99965 | 0.98768 | 0.91666 |
| 0.8-0.1 | 0.97636 | 0.99465 | 0.99465 | 0.95658 | 0.99951 | 0.98822 | 0.91138 |
| 0.8-0.2 | 0.98453 | 0.99671 | 0.99671 | 0.95941 | 0.99996 | 0.98649 | 0.92216 |
| 0.8-0.3 | 0.97762 | 0.99696 | 0.99696 | 0.94419 | 0.99998 | 0.98424 | 0.91874 |
| 0.8-0.4 | 0.97834 | 0.99746 | 0.99746 | 0.93386 | 0.99991 | 0.98302 | 0.92129 |
| 0.8-0.5 | 0.98323 | 0.99616 | 0.99616 | 0.93509 | 0.99986 | 0.98754 | 0.91913 |

拟合结果显示，所有解吸模型中，乌斯基诺夫式、文特式、孙重旭式的拟合度较高，相关性系数 $R^2$ 均在 0.99 以上。其中，乌斯基诺夫式模型和文特式模型均是基于试验数据拟合的经验公式，孙重旭式模型基于煤粒瓦斯解吸受扩散控制的假设得到，考虑了瓦斯解吸机理，具有更强的理论意义。因此，选用孙重旭式模型的数学形式对不同环境气压下煤体瓦斯解吸量进行描述。

### 6.4.2　模型中环境气压的引入

孙重旭式模型中各参数具有明确的物理意义，$\eta$ 表征煤粒瓦斯解吸的初始强度，$i$ 为与煤的结构相关的常数。对于本试验，由于煤体结构一致，各环境气压下的 $i$ 值应该相等；另外，由经典扩散模型可知，煤粒瓦斯解吸强度主要受扩散系数和瓦斯吸附量控制，而 6.3 节的试验结果证明短时间内不同环境气压下煤体瓦斯扩散系数一致，因此 $\eta$ 应该主要由瓦斯吸附量控制，并呈现一定的规律性。

如图 6.13 所示，参数 $\eta$、$i$ 的拟合结果证明了上述推论：各组试验的解吸量拟合公式中参数 $i$ 值变化不大(均为 0.42 左右)，而参数 $\eta$ 值与瓦斯吸附量呈线性关系，其线性关系可表示为式(6-11)。

$$\eta = A_1 Q_{ba} = A_1 \left( \frac{abp_b}{1+bp_b} - \frac{abp_a}{1+bp_a} \right) \tag{6-11}$$

式中，$A_1$ 为新引入参数，描述 $\eta$ 与吸附量线性关系，对应于本次试验，$A_1$=0.0119；$p_b$ 为吸附平衡压力，MPa；$p_a$ 为环境气压，MPa；$Q_{ba}$ 为瓦斯压力从 $p_a$ 增至 $p_b$ 的煤粒瓦斯吸附量，$cm^3/g$。

基于以上规律，可在孙重旭式模型的基础上获取考虑环境气压的煤体瓦斯解吸扩散模型。模型中瓦斯解吸量可表示为

$$Q_t = A_1 \left( \frac{abp_b}{1+bp_b} - \frac{abp_a}{1+bp_a} \right) t^{A_2} \qquad (6\text{-}12)$$

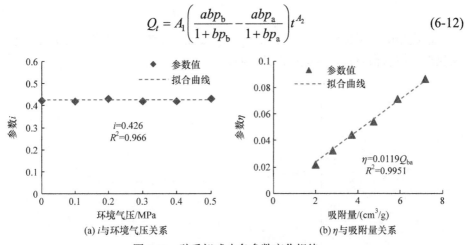

(a) $i$ 与环境气压关系 　　　　　　　(b) $\eta$ 与吸附量关系

图 6.13　孙重旭式中各参数变化规律

解吸速度 $v_t$ 是解吸量对时间 $t$ 的一阶导数，可表示为

$$v_t = A_1 A_2 \left( \frac{abp_b}{1+bp_b} - \frac{abp_a}{1+bp_a} \right) t^{A_2-1} \qquad (6\text{-}13)$$

相比于原公式，新模型引入了吸附平衡常数 $a$、$b$ 以及吸附平衡压力 $p_b$、环境气压 $p_a$，反映出环境气压对煤样瓦斯解吸扩散的影响。

对于损伤程度、水分、测试温度等固定的煤样，通过测定任意环境气压下瓦斯解吸特征确定参数 $A_1$ 与 $A_2$，基于式(6-12)、式(6-13)便可获得该煤样在固定吸附平衡压力、任意环境气压条件下的瓦斯解吸特征。

### 6.4.3　模型中损伤变量的引入

基于 6.3 节试验结果可以发现，任意时间内，两个损伤程度下煤体瓦斯解吸量之间呈现固定的倍数关系。以轴向应力 11MPa 与 0MPa 下煤体瓦斯解吸量为例，前 10s 内的任意时刻，轴向应力 11MPa 下煤体瓦斯解吸量均是轴向应力 0MPa 下煤体瓦斯解吸量的 1.27 倍左右，如图 6.14 所示。

将 0MPa 下煤体瓦斯解吸量($Q_t^0$)作为参照基准，其他应力状态(损伤程度)下煤体瓦斯解吸量与其倍数关系见表 6.6。倍数值($y$)与煤体损伤程度呈较好的线性关系，如图 6.15 所示。该关系可描述为式(6-14)。

$$y = A_3 D + 1 \qquad (6\text{-}14)$$

式中，$A_3$ 为新引入参数，表征了倍数值与损伤变量的线性关系。

那么，某一损伤状态煤体的解吸量($Q_t$)可基于无损伤煤体的瓦斯解吸量($Q_t^0$)获取，见式(6-15)。

$$Q_t = yQ_t^0 = (A_3D+1)Q_t^0 \tag{6-15}$$

该模型引入了损伤变量 $D$，其中 $A_3DQ_t^0$ 表征了煤体损伤诱发的解吸瓦斯增量，反映出煤体损伤对瓦斯解吸扩散的影响。

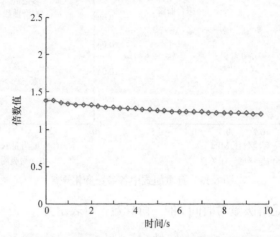

图 6.14　轴向应力 11MPa 与 0MPa 下煤体瓦斯解吸量的倍数关系

**表 6.6　各应力状态下煤体损伤变量及瓦斯解吸量倍数关系**

| 参数 | 应力状态/MPa | | | | | | | | |
| --- | --- | --- | --- | --- | --- | --- | --- | --- | --- |
| | 0 | 2 | 4 | 6 | 8 | 10 | 11 | 12 | 2.5(峰后) |
| 损伤变量 | 0.000 | 0.010 | 0.014 | 0.020 | 0.029 | 0.052 | 0.078 | 0.106 | 0.354 |
| 倍数值 | 1 | 1.04 | 1.08 | 1.11 | 1.13 | 1.13 | 1.27 | 1.39 | 2.03 |

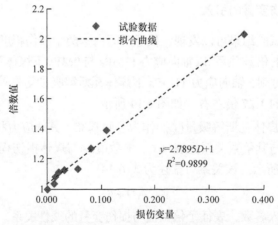

图 6.15　各应力状态下煤体瓦斯解吸量倍数值与损伤变量关系曲线

式(6-15)结合 6.4.2 节得到的考虑环境气压的煤体瓦斯解吸模型(式(6-12))，可以得到兼顾环境气压、煤体损伤变量的煤体瓦斯解吸模型，见式(6-16)。

$$Q_t = (A_3 D + 1)Q_t^0 = A_1(A_3 D + 1)\left(\frac{abp_b}{1+bp_b} - \frac{abp_a}{1+bp_a}\right)t^{A_2} \tag{6-16}$$

对于处在瓦斯卸压过程的煤样，裂隙气压及煤体损伤程度急剧变化。通过常压下无损状态煤体的瓦斯解吸特征确定参数 $A_1$、$A_2$、$A_3$，基于式(6-16)即可掌握瓦斯卸压过程煤样的瓦斯解吸扩散规律。

# 6.5　小　　结

本章聚焦瓦斯卸压动态过程中的解吸扩散规律，采用自主研发的煤粒瓦斯放散测定仪，重点研究了环境气压、煤体损伤程度等卸压过程关键变量对瓦斯解吸扩散的影响，所得的主要结论如下。

(1) 针对现有仪器功能限制，自主研发了煤粒瓦斯放散测定仪，仪器的气体量基于气体状态方程获取，测试数据实时、高频、准确，可任意调节吸附平衡压力、解吸环境压力等参数，满足复杂赋存环境中煤样瓦斯吸附、解吸特性测试的需求。

(2) 采用煤粒瓦斯放散测定仪开展了不同环境气压下煤粒瓦斯解吸试验，并采用经典扩散模型对测试结果进行了分析。试验结果显示，环境气压对煤样瓦斯解吸速度、解吸量影响明显，环境气压越大，瓦斯解吸速度越小，解吸量越小；受扩散机制影响，解吸过程中扩散系数 $D_r$ 并非恒定不变的常数，而是随时间增长而逐渐变小；环境气压对扩散系数有一定影响，且影响程度与时间有关，在 4000s 前影响甚微，在 4000s 后影响程度逐渐增大，其规律为扩散系数随环境气压增大而线性减小。

(3) 采用煤粒瓦斯放散测定仪开展了不同损伤状态煤样的瓦斯解吸试验，试验结果显示，随着煤体损伤增大，煤样破裂程度及裂隙的发育更为丰富，瓦斯扩散渗流路径变化，瓦斯解吸量增大 0～1.03 倍，两者呈线性关系。

(4) 基于测试获取的试验数据，在孙重旭式模型的数学形式基础上，引入了吸附平衡常数、吸附平衡压力 $p_b$、环境气压 $p_a$、煤体损伤变量 $D$，构建形成了适用性更广的瓦斯解吸扩散模型。

## 参 考 文 献

[1] 袁亮, 薛生, 谢军. 瓦斯含量法预测煤与瓦斯突出的研究与应用[J]. 煤炭科学技术, 2011, 39(3): 47-51

[2] 胡千庭, 邹银辉, 文光才, 等. 瓦斯含量法预测突出危险新技术[J]. 煤炭学报, 2007, (3):

276-280

[3] 景国勋, 张强. 煤与瓦斯突出过程中瓦斯作用的研究[J]. 煤炭学报, 2005, 30(2): 169-171

[4] 张遵国, 赵丹, 曹树刚, 等. 软煤吸附解吸变形差异性试验研究[J]. 采矿与安全工程学报, 2019, 36(6): 1264-1272

[5] 祝捷, 唐俊, 王琪, 等. 受载煤样渗透率与应变的关联性研究[J]. 煤炭学报, 2019, 44(S2): 566-573

[6] 祝捷, 唐俊, 王琪, 等. 含瓦斯煤渗透率演化模型和实验分析[J]. 煤炭学报, 2019, 44(6): 1764-1770

[7] 刘永茜. 循环载荷作用下煤体渗透率演化的实验分析[J]. 煤炭学报, 2019, 44(8): 2579-2588

[8] 刘彦伟, 刘明举. 粒度对软硬煤粒瓦斯解吸扩散差异性的影响[J]. 煤炭学报, 2015, 40(3): 579-587

[9] 刘彦伟, 张加琪, 刘明举, 等. 水分对不同变质程度煤粒瓦斯扩散系数的影响[J]. 中国安全生产科学技术, 2015, 11(6): 12-17

[10] 刘彦伟, 薛文涛. 水分对煤粒瓦斯扩散动态过程的影响规律[J]. 安全与环境学报, 2016, 16(1): 62-66

[11] 聂百胜, 柳先锋, 郭建华, 等. 水分对煤体瓦斯解吸扩散的影响[J]. 中国矿业大学学报, 2015, 44(5): 781-787

[12] 刘彦伟, 魏建平, 何志刚, 等. 温度对煤粒瓦斯扩散动态过程的影响规律与机理[J]. 煤炭学报, 2013, 38(S1): 100-105

[13] 李志强, 王登科, 宋党育. 新扩散模型下温度对煤粒瓦斯动态扩散系数的影响[J]. 煤炭学报, 2015, 40(5): 1055-1064

[14] 刘彦伟. 煤粒瓦斯放散规律、机理与动力学模型研究[D]. 焦作: 河南理工大学, 2011

[15] Liu P, Qin Y P, Liu S M, et al. Non-linear gas desorption and transport behavior in coal matrix: Experiments and numerical modeling[J]. Fuel, 2018, 214: 1-13

[16] 秦跃平, 郝永江, 王亚茹, 等. 基于两种数学模型的煤粒瓦斯放散数值解算[J]. 中国矿业大学学报, 2013, 42(6): 923-928

[17] 聂百胜, 李祥春, 崔永君, 等. 煤体瓦斯运移理论及应用[M]. 北京: 科学出版社, 2014

[18] 李强, 欧成华, 徐乐, 等. 我国煤岩储层孔-裂隙结构研究进展[J]. 煤, 2008, (7): 1-3

[19] 刘清泉, 程远平, 董骏, 等. 煤层瓦斯流动理论简明教程[M]. 徐州: 中国矿业大学出版社, 2017

[20] 吴世跃. 煤层中的耦合运动理论及其应用: 具有吸附作用的气固耦合运动理论[M]. 北京: 科学出版社, 2009

[21] 何学秋, 聂百胜. 孔隙气体在煤层中扩散的机理[J]. 中国矿业大学学报, 2001, (1): 3-6

[22] 聂百胜, 何学秋, 王恩元. 瓦斯气体在煤层中的扩散机理及模式[J]. 中国安全科学学报, 2000, (6): 27-31

[23] Liu Y W, Wang Q, Chen W X, et al. Enhanced coalbed gas drainage based on hydraulic flush from floor tunnels in coal mines[J]. International Journal of Mining, Reclamation and Environment, 2016, 30(1): 37-47

[24] Zhang Z, Qin Y, Wang G X, et al. Numerical description of coalbed methane desorption stages based on isothermal adsorption experiment[J]. Science China: Earth Sciences, 2013, 56(6):

1029-1036

[25] Meng Y, Li Z P. Experimental study on diffusion property of methane gas in coal and its influencing factors[J]. Fuel, 2016, 185: 219-228

[26] Yue G W, Wang Z F, Xie C, et al. Time-dependent methane diffusion behavior in coal: Measurement and modeling[J]. Transport in Porous Media, 2016, 116(1): 1-15

[27] Crank J. The Mathematics of Diffusion[M]. London: Oxford University Press, 1975

[28] Busch A, Gensterblum Y. CBM and $CO_2$-ECBM related sorption processes in coal: A review[J]. International Journal of Coal Geology, 2011, 87(2): 49-71

[29] Clarkson C R, Bustin R M. The effect of pore structure and gas pressure upon the transport properties of coal: A laboratory and modeling study. 1. Isotherms and pore volume distributions[J]. Fuel, 1999, 78(11): 1333-1344

[30] Clarkson C R, Bustin R M. The effect of pore structure and gas pressure upon the transport properties of coal: A laboratory and modeling study. 2. Adsorption rate modeling[J]. Fuel, 1999, 78(11): 1345-1362

[31] Liu Y, Liu M. Effect of particle size on difference of gas desorption and diffusion between soft coal and hard coal[J]. Journal of China Coal Society, 2015, 40(3): 579-587

[32] Li Z Q, Yong L, Xu Y P, et al. Gas diffusion mechanism in multi-scale pores of coal particles and new diffusion model of dynamic diffusion coefficient[J]. Journal of China Coal Society, 2016, 41(3): 633-643

[33] Jian X, Guan P, Zhang W. Carbon dioxide sorption and diffusion in coals: Experimental investigation and modeling[J]. Science China(Earth Sciences), 2012, 55(4): 633-643

[34] Wang Y, Liu S. Estimation of pressure-dependent diffusive permeability of coal using methane diffusion coefficient: Laboratory measurements and modeling[J]. Energy & Fuels, 2016, 30(11): 8968-8976

[35] Meng Z P, Liu J R, Li G Q. Experimental analysis of methane adsorption-diffusion property in high-maturity organic-rich shale and high-rank coal[J]. Natural Gas Geoscience, 2015, 26(8): 1499-1506

[36] Li G, Meng S, Wang B. Diffusion and seepage mechanisms of high rank coal-bed methane reservoir and its numerical simulation at early drainage rate[J]. Journal of China Coal Society, 2014, 39(9): 1919-1926

[37] Saghafi A, Faiz M, Roberts D. $CO_2$ storage and gas diffusivity properties of coals from Sydney Basin, Australia[J]. International Journal of Coal Geology, 2007, 70(1-3): 240-254

[38] Cui X J, Bustin R M, Dipple G. Selective transport of $CO_2$, $CH_4$, and $N_2$ in coals: Insights from modeling of experimental gas adsorption data[J]. Fuel, 2004, 83(3): 293-303

[39] Moore T A. Coalbed methane: A review[J]. International Journal of Coal Geology, 2012, 101: 36-81

[40] Kawamoto T, Ichikawa Y, Kyoya T. Deformation and fracturing behaviour of discontinuous rock mass and damage mechanics theory[J]. International Journal for Numerical and Analytical Methods in Geomechanics, 1988, 12(1): 1-30

[41] 尹光志, 鲜学福, 王登科. 含瓦斯煤岩固气耦合失稳理论与试验研究[M]. 北京: 科学出版

社, 2011

[42] 张国凯, 李海波, 王明洋, 等. 岩石单轴压缩下损伤表征及演化规律对比研究[J]. 岩土工程学报, 2019, 41(6): 1074-1082

[43] He M C, Wang C G, Feng J L, et al. Experimental investigations on gas desorption and transport in stressed coal under isothermal conditions[J]. International Journal of Coal Geology, 2010, 83(4): 377-386

[44] Xu L H, Jiang C L. Initial desorption characterization of methane and carbon dioxide in coal and its influence on coal and gas outburst risk[J]. Fuel (Guildford), 2017, 203: 700-706

[45] 杨其銮. 关于煤屑瓦斯放散规律的试验研究[J]. 煤矿安全, 1987, (2): 9-16

[46] 秦跃平, 史浩洋, 乔璇, 等. 关于煤粒瓦斯解吸经验公式的探讨[J]. 矿业安全与环保, 2015, 42(1): 109-111

[47] 李云波, 张玉贵, 张子敏, 等. 构造煤瓦斯解吸初期特征实验研究[J]. 煤炭学报, 2013, 38(1): 15-20

# 第 7 章　瓦斯卸压诱发煤体损伤劣化研究

## 7.1　引　　言

瓦斯卸压蕴含程度不一的动力作用，该动力作用会对含瓦斯煤体造成不可逆损伤。例如，蒋承林等[1, 2]认为瓦斯卸压的动力作用促进了微裂隙扩展贯通与煤块粉碎；Pirzada 等[3]通过 X 射线微计算机断层扫描(micro CT)技术获得的三维图像得出，气体卸压可以打开煤中预先存在的裂隙，并产生新的裂隙，从而增强煤层中的裂隙密度。瓦斯卸压对煤体的损伤劣化作用在煤与瓦斯突出的孕育、发展、激化阶段扮演了重要的角色。高压力瓦斯是造成煤与瓦斯突出动力灾害的重要因素，在突出的不同阶段表现出不同的作用。在突出孕育阶段，吸附态瓦斯对煤体起到力学性质劣化作用，游离态高压瓦斯起到促进微裂隙扩展贯通的作用；在突出发展阶段，游离态瓦斯对破碎煤块起到高速运移抛出的作用，同时暴露的破碎煤块中的吸附态瓦斯得以快速解吸膨胀，起到促进煤块粉碎的作用[1, 2]。掌握该动力作用对煤体的损伤劣化规律对于深化煤体瓦斯卸压损伤致突机理意义重大。

根据文献[4]、[5]对瞬间揭露致突试验的研究，在突出启动的极短时间内，在瓦斯压力为 0.75MPa 的情况下，$CH_4$、$N_2$、$CO_2$ 吸附性气体会发生强度不等的突出现象，吸附气体含量比为 $N_2 : CH_4 : CO_2 =1 : 2.71 : 6.45$，此时三种吸附性气体突出强度比为 $1 : 1.067 : 1.134$，远小于吸附气体含量比，并且不吸附气体 He 同样能够突出，这表明试验条件下吸附气体含量对突出强度影响较小。

同时，该研究选取对短时瓦斯放散量具有较好拟合效果的"秦跃平式"模型，如式(7-1)所示。

$$Q = \frac{AB\sqrt{t}}{1 + B\sqrt{t}} \tag{7-1}$$

式中，$Q$ 为瓦斯累积吸附量，mL/g；$t$ 为吸附时间，s；$A$ 为瓦斯饱和吸附量，mL/g；$B$ 为反映吸附速率的常数，$s^{-0.5}$。

计算得出，在揭露后 1s 内瓦斯解吸量占总吸附量的 2.8%，游离瓦斯体积占总量的 20%~30%。从而可以说明，在突出启动时，煤层揭露面上的游离态瓦斯是发生突出的主要动力来源。

煤与瓦斯突出过程中，煤体处于吸附气体解吸、应力条件瞬息万变的非稳定状态，涉及煤体损伤状态、气体卸压速率、解吸气体量等多个影响因素。本章拟通过试验研究上述因素对瓦斯卸压诱发煤体损伤的影响程度和影响规律。基于试验结果,分析瓦斯卸压诱发煤体损伤的机制,构建适用于瓦斯卸压过程的煤体损伤状态数学模型。

# 7.2　煤体卸气压试验

## 7.2.1　试验方案

试验采用可视化恒容气固耦合试验系统开展。该试验系统可对吸附煤体施加瞬间卸压扰动,在卸压瞬间可维持轴向有效应力的稳定,排除了卸压瞬间有效应力突增带来的干扰。此外,基于该系统的可视化功能,还可获取气体卸压过程吸附煤体的裂隙扩展、破坏模式等动态特性。

为研究煤体损伤状态、气体卸压速率对瓦斯卸压诱发煤体损伤的影响程度和影响规律,试验设置多个损伤程度煤体,对每个损伤程度的吸附煤体开展多个速率的气体卸压试验,考察每组试验中气体卸压对吸附煤体的损伤劣化程度。煤体损伤程度的差异通过对其加载不同轴向应力实现,轴压设置为 $0.16\sigma_c$、$0.33\sigma_c$、$0.50\sigma_c$、$0.67\sigma_c$、$0.83\sigma_c$、$0.92\sigma_c$、$\sigma_c$、峰后 $0.9\sigma_c$、$0.8\sigma_c$、$0.7\sigma_c$、$0.6\sigma_c$ 多个水平(压密阶段 3 个、弹性阶段 4 个、屈服阶段 3 个、破坏阶段 4 个)。气体卸压速率通过不同途径的卸压电磁阀实现。经测试,采用不同通径电磁阀时,对应的气体卸压速率及气体卸压时间见表 7.1 及图 7.1。

表 7.1　不同通径电磁阀的气体卸压参数

| 速率 | 电磁阀通径/mm | 平均卸压速率/(MPa/s) | 卸压时间/s |
|---|---|---|---|
| 1 | 40 | 3.13 | 0.24 |
| 2 | 22 | 1.92 | 0.39 |
| 3 | 15 | 1.56 | 0.48 |
| 4 | 8 | 1.32 | 0.57 |
| 5 | 6 | 0.68 | 1.10 |

为保证试验安全,试验气体采用 $CO_2$。为分别获取游离气体、解吸气体对气体卸压诱发煤体损伤的影响规律,分析两者的影响机制差异,挑选部分试验采用 He、$N_2$、$CH_4$、$CO_2$ 四种气体进行。其中,采用 He 可测得游离气体的作用效应,采用 $N_2$、$CH_4$、$CO_2$ 可测得游离气体和解吸气体的共同作用效应。利用两组试验的差值可确定不同含量解吸气体的作用效应。

煤体的损伤状态采用超声波探伤仪确定。该方法已应用于岩石试件损伤的确

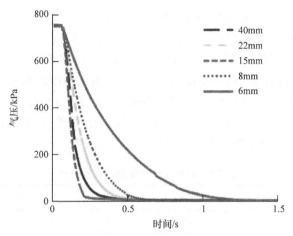

图 7.1 不同通径电磁阀气体卸压曲线

定,并取得良好的效果。超声波探伤仪可基于波在材料中的传播速度,通过式(6-10)定量表征煤体的绝对损伤状态,可用于煤体全应力-应变过程的损伤状态测定。此外,在试验过程中,采用高速摄像机透过试验系统的可视化窗口对吸附煤样的裂隙扩展及破坏特性等动态信息进行实时采集。

为消除原煤煤样强度离散性大对试验结果的影响,采用强度可调且均匀的型煤进行试验。型煤已广泛应用于揭示煤与瓦斯突出内在机制的试验中[6-8]。试验结果表明,型煤与突出区域煤性质相似,可以有效地模拟高孔隙率、低强度的构造破坏煤层。为克服目前型煤强度低、强度值单一和吸附性能差等缺点,突出试验所用型煤采用自主研制的相似材料制作[9]。该材料以粒径分布 $0\sim1$mm:$1\sim3$mm= 0.76:0.24 的煤粉为骨料,以腐植酸钠水溶液为胶结剂,在 15MPa 压力下压制成型。100 余组标准试件的物理力学参数试验表明,型煤容重和孔隙率与原煤相当;型煤强度达 $0.5\sim2.8$MPa,可根据胶结剂浓度进行调节;相似材料的吸附性能与原煤接近,型煤的物理力学参数接近实际工况中IV类突出松软煤层。试验所用煤样取自安徽省淮南矿区望峰岗煤矿 $C_{13}$ 煤层,$C_{13}$ 煤的物理力学性质如第 6 章所示,制作型煤的物理力学性质见表 7.2。

表 7.2 型煤物理力学参数

| 单轴抗压强度/MPa | 弹性模量/MPa | 泊松比 | 视密度/(kg/m³) | 真密度/(kg/m³) | 孔隙率/% |
|---|---|---|---|---|---|
| 1.02 | 141 | 0.342 | 1322.6 | 1470 | 10.029 |
| 1.51 | 239 | 0.348 | 1319.6 | 1470 | 9.998 |
| 2.02 | 315 | 0.350 | 1329.9 | 1470 | 9.953 |
| 2.53 | 395 | 0.352 | 1324.3 | 1470 | 9.913 |

依据淮南矿区实际矿井中突出煤层赋存环境，气固耦合状态下型煤强度设置为 1.6MPa，气体压力设置为 0.75MPa。需要说明的是，对于同一型煤，当采用不同气体时，由于吸附量不同，其吸附饱和后的强度也有所差异[10-12]。为消除该差异，试验保持气固耦合状态下型煤强度一致，均为 1.6MPa。依据气体吸附诱发煤体损伤劣化规律[13]，采用 He 时，型煤强度需设置为 1.6MPa；采用 $N_2$ 时，型煤强度需设置为 1.7MPa；采用 $CH_4$ 时，型煤强度需设置为 1.9MPa；采用 $CO_2$ 时，型煤强度需设计为 2.0MPa。具体的试验方案见表 7.3。

表 7.3　吸附煤样气体卸压试验方案

| 试验组别 | 应力阶段 | 轴压 | 卸压速率 | 气压/MPa | 气体 |
| --- | --- | --- | --- | --- | --- |
| 1 | | $0.16\sigma_c$ | 1 | 0.75 | $CO_2$ |
| 2 | | $0.33\sigma_c$ | 1 | 0.75 | $CO_2$ |
| 3 | 峰前 | $0.50\sigma_c$ | 1 | 0.75 | $CO_2$ |
| 4 | | $0.67\sigma_c$ | 1 | 0.75 | $CO_2$ |
| 5 | | $0.83\sigma_c$ | 1 | 0.75 | $CO_2$ |
| 6 | | $0.92\sigma_c$ | 1 | 0.75 | $CO_2$ |
| 7~10 | 峰值 | $\sigma_c$ | 1 | 0.75 | $He/N_2/CH_4/CO_2$ |
| 11~15 | | $0.90\sigma_c$ | 1/2/3/4/5 | 0.75 | $CO_2$ |
| 16 | 峰后 | $0.80\sigma_c$ | 1 | 0.75 | $CO_2$ |
| 17 | | $0.70\sigma_c$ | 1 | 0.75 | $CO_2$ |
| 18 | | $0.60\sigma_c$ | 1 | 0.75 | $CO_2$ |

### 7.2.2　试验步骤

试验仪器如图 7.2 所示，试验的具体操作步骤如下。

(1) 将型煤置于仪器的气固耦合加载室，采用真空泵对其抽真空 12h，排除原有气体干扰。

(2) 依据试验方案，采用高压气瓶对煤样充填 0.75MPa 的试验气体，并稳定 24h，此时认为煤体吸附平衡。

(3) 利用压力机将煤体加载至预定应力状态并卸载，加载过程采用位移控制加载，加载速率 0.5mm/min。

(4) 缓慢卸除气压并取出煤样，采用超声波探伤仪测定煤样的损伤状态。

(5) 将煤样重新置于气固耦合加载室，重复步骤(1)。

(6) 煤样吸附平衡后，给煤样施加 0.2MPa 的轴向预紧力，将摄像机、气压采集软件切换进入高速采集模式。

(7) 打开电磁阀，实现气体快速卸压。

(8) 取出煤样，采用超声波探伤仪测定煤样在气体卸压后的损伤状态。

(9) 更换煤样，重复步骤(1)～(7)，获取其他试验条件下煤样的损伤演化规律。

图 7.2　试验过程

### 7.2.3　试验结果

　　为保持煤样波速的稳定与准确，每个煤样的波速均测 10 次，剔除其中的异常点，然后取其平均值。煤样的损伤变量 $D$ 通过损伤煤样的波速，基于式(6-10)得到。试验得到的煤样在气体卸压前后的损伤状态见表 7.4～表 7.6，试验获取的吸附煤样在气体卸压前后的裂隙扩展状态如图 7.3 所示。需要说明的是，本节仅展示了部分具有代表性的煤样裂隙扩展照片，部分煤样由于在气体卸压前后没有任何裂隙发育，或者缺乏对比性，其照片未予以展示。

表 7.4　不同损伤煤样在气体卸压前后的损伤状态

| 试验组别 | 应力阶段 | 轴压 | 卸压前 | | 卸压后 | | 损伤增量$\Delta D$ |
|---|---|---|---|---|---|---|---|
| | | | 波速/(km/s) | 损伤变量 $D$ | 波速/(km/s) | 损伤变量 $D$ | |
| 参照组 | | 0 | 0.992 | 0.0000 | 0.992 | 0.0000 | 0.0000 |
| 1 | 峰前 | $0.16\sigma_c$ | 0.971 | 0.0419 | 0.971 | 0.0419 | 0.0000 |
| 2 | | $0.33\sigma_c$ | 0.947 | 0.0887 | 0.947 | 0.0887 | 0.0000 |

| 试验组别 | 应力阶段 | 轴压 | 卸压前 | | 卸压后 | | 损伤增量ΔD |
|---|---|---|---|---|---|---|---|
| | | | 波速/(km/s) | 损伤变量 D | 波速/(km/s) | 损伤变量 D | |
| 3 | | $0.50\sigma_c$ | 0.913 | 0.1529 | 0.913 | 0.1529 | 0.0000 |
| 4 | 峰前 | $0.66\sigma_c$ | 0.865 | 0.2397 | 0.865 | 0.2397 | 0.0000 |
| 5 | | $0.83\sigma_c$ | 0.740 | 0.4435 | 0.686 | 0.5218 | 0.0783 |
| 6 | | $0.92\sigma_c$ | 0.660 | 0.5573 | 0.599 | 0.6354 | 0.0780 |
| 10 | 峰值 | $\sigma_c$ | 0.581 | 0.6574 | 0.512 | 0.7340 | 0.0766 |
| 11 | | $0.90\sigma_c$ | 0.541 | 0.7026 | 0.438 | 0.8050 | 0.1025 |
| 16 | 峰后 | $0.80\sigma_c$ | 0.520 | 0.7252 | 0.391 | 0.8449 | 0.1197 |
| 17 | | $0.70\sigma_c$ | 0.485 | 0.7610 | 0.317 | 0.8978 | 0.1369 |
| 18 | | $0.60\sigma_c$ | 0.431 | 0.8112 | 0.189 | 0.9637 | 0.1525 |

表 7.5　不同吸附气体煤样在气体卸压前后的损伤状态

| 试验组别 | 气体种类 | 卸压瞬间参与气体 | | | 卸压前 | | 卸压后 | | 损伤增量 ΔD |
|---|---|---|---|---|---|---|---|---|---|
| | | 游离气体量/cm³ | 解吸气体量/cm³ | 总气体量/cm³ | 波速/(km/s) | 损伤变量 D | 波速/(km/s) | 损伤变量 D | |
| 7 | He | 19.59 | 0.00 | 19.59 | 0.579 | 0.6592 | 0.523 | 0.7219 | 0.0627 |
| 8 | $N_2$ | 19.59 | 0.96 | 20.54 | 0.581 | 0.6567 | 0.524 | 0.7207 | 0.0640 |
| 9 | $CH_4$ | 19.59 | 2.18 | 21.77 | 0.579 | 0.6594 | 0.516 | 0.7294 | 0.0699 |
| 10 | $CO_2$ | 19.59 | 5.01 | 24.60 | 0.581 | 0.6574 | 0.512 | 0.7340 | 0.0766 |

表 7.6　不同卸压速率煤样在气体卸压前后的损伤状态

| 试验组别 | 卸压速率/(MPa/s) | 卸压时间/s | 卸压前 | | 卸压后 | | 损伤增量 ΔD |
|---|---|---|---|---|---|---|---|
| | | | 波速/(km/s) | 损伤变量 D | 波速/(km/s) | 损伤变量 D | |
| 11 | 3.13(速率1) | 0.24 | 0.541 | 0.7026 | 0.438 | 0.8050 | 0.1025 |
| 12 | 1.92(速率2) | 0.39 | 0.553 | 0.6889 | 0.504 | 0.7422 | 0.0533 |
| 13 | 1.56(速率3) | 0.48 | 0.535 | 0.7096 | 0.503 | 0.7432 | 0.0336 |
| 14 | 1.32(速率4) | 0.57 | 0.546 | 0.6969 | 0.521 | 0.7241 | 0.0271 |
| 15 | 0.68(速率5) | 1.1 | 0.539 | 0.7051 | 0.537 | 0.7067 | 0.0016 |

　　为便于分析，气体卸压过程中煤样放散的游离气体量、解吸气体量和总气体量也一并列入表 7.5 中。其中，试验所用煤样的孔隙丰富(孔隙率达 9.953%)、渗流路径短，游离气体可认为瞬间全部放散。因此，气体卸压过程中煤样放散的游

离气体量可基于煤样的孔隙率获得，煤样的解吸气体量是基于 2.3 节的煤粒瓦斯放散测定仪及试验方法得到的。

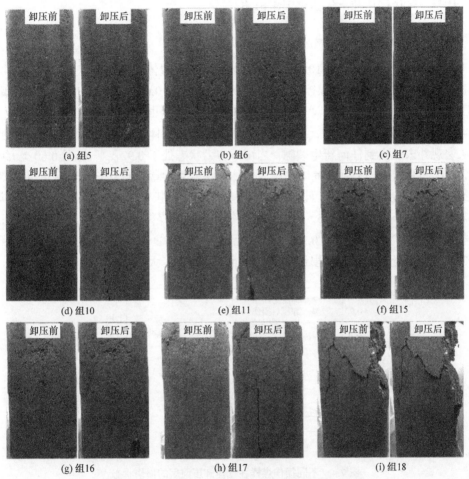

图 7.3 吸附煤样在气体卸压前后的裂隙扩展状态

## 7.3 气体卸压诱发煤体损伤演化规律及机理分析

基于试验结果可知，气体卸压后，煤体裂隙发育趋于丰富，主干裂隙继续扩大，并伴生次生裂隙，煤体损伤变量骤增，两种表征手段共同表明：气体卸压过程促进了煤体中裂隙发育，对煤体造成明显的不可逆损伤。以组 17 为例，气体卸压使煤样的损伤程度由 0.7610 突增为 0.8978，并在煤样中形成了宽约 2mm、长66mm 的宏观裂隙。所有试验条件下，气体卸压后煤样产生的主干裂隙均与水平面成 90°方向，是典型的张拉破坏。

　　试验结果显示，气体卸压过程煤体不可逆损伤的产生受煤体损伤程度、解吸气体量、气体卸压速率等诸多因素影响。

### 7.3.1　煤体损伤程度

　　本试验中，组 1～6、10、11、16～18 中对应于煤体损伤状态差异，如表 7.4、图 7.4、图 7.5 所示。当煤体应力状态处于 $0.16\sigma_c \sim 0.66\sigma_c$ (组 1～4)时，气体卸压前后煤体的损伤变量并没有任何变化，从宏观角度也未观察到任何新生裂隙。当煤体应力状态处于 $0.83\sigma_c$(组 5)时，气体卸压后煤体损伤变量骤增 0.0783，但从宏观并未观察到任何新生裂隙。当煤体应力状态处于 $0.92\sigma_c \sim$ 峰后 $0.60\sigma_c$(组 6、10、11、16～18)时，气体卸压后煤体损伤变量骤增，且从宏观角度可以观察到明显的新生裂隙，甚至可以观察到煤样完全破坏(组 18)。其中，当煤体应力状态处于 $0.83\sigma_c \sim$ 峰值(组 5、6、10)时，气体卸压后煤体损伤增量几乎是相同的；当煤体应力状态处于峰后 $0.90\sigma_c \sim$ 峰后 $0.60\sigma_c$(组 11、16～18)时，气体卸压后煤体损伤增量则随着煤体损伤状态增大而增大，两者大致呈线性关系。

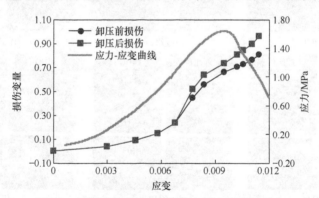

图 7.4　不同损伤煤样在气体卸压前后的损伤状态

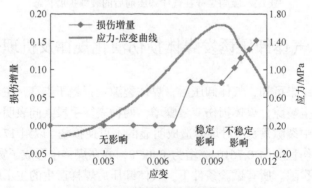

图 7.5　不同损伤煤样的损伤增量

　　以上试验结果表明，气体卸压过程中，煤体损伤程度对煤体不可逆损伤产生的影响巨大：当煤体损伤状态达到某一临界值 $D_1$ 时，新的损伤才会产生；当煤体损伤状态大于临界值 $D_1$ 并小于某一临界值 $D_2$(大致对应于煤体峰值时的损伤变量)时，煤体损伤增量是相同的；当煤体损伤状态大于临界值 $D_2$ 时，煤体损伤增量随着煤体损伤状态增大而增大。此外，上述分析还说明，在气体卸压过程中，损伤变量这一物理指标要比外观裂隙更为敏感可靠。

　　事实上，煤体不可逆损伤的本质是气体卸压的剧烈作用诱发产生了新的裂隙、裂隙，而煤体的残余强度则可以抵抗裂隙的产生与发育。因此，煤样的外观裂隙发育滞后于煤体损伤变量这一物理指标。

　　基于气体卸压过程中煤体不可逆损伤产生与否及其增量大小，可将煤体损伤状态分为三个阶段：无影响阶段、稳定影响阶段、不稳定影响阶段。无影响阶段一般对应于煤体的压密阶段与弹性阶段，在该阶段煤体损伤程度较低，仍具有较高的强度和较低的裂隙发育程度，因此气体卸压过程不会使其产生新的损伤；稳定影响阶段一般对应于煤体的屈服阶段，在该阶段，煤体已具有一定的裂隙发育，但仍保持较高的强度，且煤体残余强度较为一致，均可达到峰值，因此气体卸压过程对煤体产生的损伤是相同的；不稳定影响阶段一般对应于煤体的破坏阶段，在该阶段煤体损伤程度较高，裂隙发育丰富，其残余强度不均匀，因此气体卸压过程对煤体产生的损伤随着煤体损伤程度增大而增大。

### 7.3.2　解吸气体量

　　试验结果如图 7.6 所示，卸压过程中气体解吸量越大，煤体损伤增量越大。如果将参与卸压过程的游离气体、吸附气体综合起来考虑，可以发现煤体损伤增量与卸压瞬间参与气体总量呈线性增大关系，如图 7.7 所示。这就说明，卸压瞬间解吸气体与游离气体的作用效果是相同的，两者在宏观作用机理上并没有任何区别。

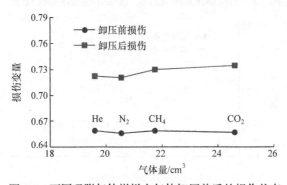

图 7.6　不同吸附气体煤样在气体卸压前后的损伤状态

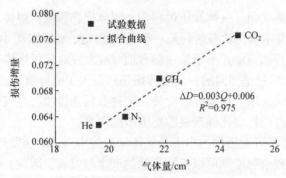

图 7.7　损伤增量与参与气体量关系

### 7.3.3　气体卸压速率

如图 7.8、图 7.9、表 7.6 所示，当卸压速率为 0.68MPa/s(组 15)时，气体卸压前后煤体的损伤变量并没有任何变化，从宏观角度也未观察到任何新生裂隙。当卸压速率为 1.32～1.92MPa/s(组 12～14)时，气体卸压后煤体损伤变量骤增，但从宏观并未观察到任何新生裂隙。当卸压速率为 3.13MPa/s(组 11)时，气体卸压后煤体损伤变量骤增 0.1025，且从宏观角度可以观察到明显的新生裂隙。

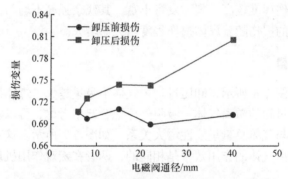

图 7.8　不同卸压速率煤样在气体卸压前后的损伤状态

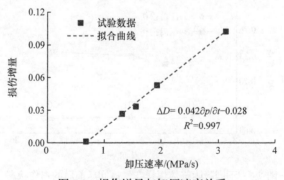

图 7.9　损伤增量与卸压速率关系

　　试验结果表明，气体卸压速率存在一个临界值，当低于该临界值时，气体卸压的动力作用不会对煤体造成实际可测的不可逆损伤。当超过该临界值时，气体卸压速率越大，煤体损伤增量越大，两者大致呈线性关系，如图 7.9 所示。此外，以上试验结果再次验证了"煤样的外观裂隙发育滞后于煤体损伤变量这一物理指标"的结论。

　　由于电磁阀通径不同，各组试验的卸压时间也是不同的。也就是说，各组试验的煤样损伤增量并不是在相同的时间内形成的，这与以上各组试验是不同的。为此，本节将该因素考虑在内，计算了各组试验中煤体的损伤变量变化率(即单位时间内的损伤增量)，如图 7.10 所示。结果显示，损伤变量变化率与气体卸压速率之间大致呈二次函数关系。

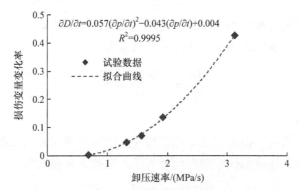

图 7.10　损伤变量变化率与气体卸压速率关系

## 7.4　考虑气体卸压过程的煤体损伤演化数学模型

　　为准确描述裂隙导致的非线性应力-应变关系，连续损伤力学方法采用连续变化的损伤变量描述材料损伤过程[14]，5.2.1 节构建了煤体损伤劣化本构关系。由于在荷载作用过程中，材料强度服从概率统计中的韦布尔分布，基于 5.2.2 节为验证其适用性，将不同应力阶段煤样在气体卸压前的损伤变量(表 7.4)代入式(5-18)，其拟合曲线如图 7.11 所示。可见，双参数的韦布尔分布函数可以精确地表征与应力状态相关的损伤变量 $D_F$ 的演化规律。

　　对于气体卸压动力作用诱发的损伤演化数学模型，其关键是准确描述损伤变量变化率(损伤变量随时间变化速率)与各影响因素之间的数学关系。

　　根据 7.3 节结论，煤体损伤变量随着卸压瞬间参与气体量的增大而增大，两者呈线性关系。上述各试验中气体卸压持续时间相同，因此煤体损伤变量变化率与卸压瞬间参与气体量呈线性增大关系。推广至卸压时间较长的情况，煤体损伤

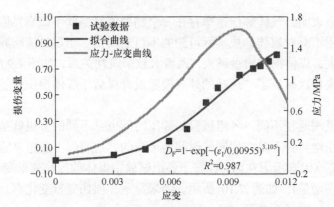

图 7.11　不同应力阶段煤样的损伤变量演化曲线

变量变化率与卸压过程中参与的实时气体量呈线性增大关系，且当没有气体参与时，煤体损伤变量变化率为零。该关系可描述为

$$\frac{\partial D_p}{\partial t} = B_1 \frac{\partial (Q_t - p\varphi')}{\partial t} \tag{7-2}$$

式中，$B_1$ 为常数。

　　根据 7.3 节结论，损伤变量变化率与气体卸压速率大致呈二次函数关系，且当不存在压差时，煤体损伤变量变化率为零。该关系可表示为

$$\frac{\partial D_p}{\partial t} = B_2 \left(\frac{\partial p}{\partial t}\right)^2 + B_3 \frac{\partial p}{\partial t} \tag{7-3}$$

式中，$B_2$、$B_3$ 为常数。

　　根据 7.3 节结论，当煤体应力状态处于峰值以前时，气体卸压诱发的煤体损伤可分为无影响阶段、稳定影响阶段两个阶段。在无影响阶段，气体卸压诱发的煤体损伤为零；在稳定影响阶段，气体卸压诱发的煤体损伤大于零，且不受煤体损伤状态影响。当煤体应力状态处于峰值以后，气体卸压诱发的煤体损伤随着煤体初始损伤状态增大而增大，两者大致呈线性关系，如图 7.12 所示，两者关系可描述为

$$D_p = B_4 D_0 + B_5 \tag{7-4}$$

式中，$B_4$、$B_5$ 为常数。

　　综合以上分析，当不考虑各因素的交互影响时，可将与气体卸压动力作用相关的损伤变量 $D_p$ 描述为

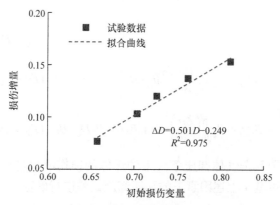

图 7.12　损伤增量与煤体初始损伤变量关系

$$D_p = \begin{cases} 0 & (D_0 < D_1) \\ \int_0^t B_1\dfrac{\partial(Q_t - p\varphi)}{\partial t} + B_2\left(\dfrac{\partial p}{\partial t}\right)^2 + B_3\dfrac{\partial p}{\partial t}\mathrm{d}t & (D_1 \leqslant D_0 \leqslant D_2) \\ B_4 D_0 + B_5 + \int_0^t B_1\dfrac{\partial(Q_t - p\varphi)}{\partial t} + B_2\left(\dfrac{\partial p}{\partial t}\right)^2 + B_3\dfrac{\partial p}{\partial t}\mathrm{d}t & (D_0 > D_2) \end{cases} \quad (7\text{-}5)$$

因此，气体卸压过程中，煤体损伤状态可表述为(7-6)。

$$D = D_F + D_p$$

$$= 1 - \mathrm{e}^{-\left(\frac{\varepsilon}{n}\right)^k} + \int_0^t \frac{\partial D_p}{\partial t}\mathrm{d}t$$

$$= \begin{cases} 1 - \mathrm{e}^{-\left(\frac{\varepsilon}{n}\right)^k} & (D_0 < D_1) \\ 1 - \mathrm{e}^{-\left(\frac{\varepsilon}{n}\right)^k} + \int_0^t B_1\dfrac{\partial(Q_t - p\varphi)}{\partial t} + B_2\left(\dfrac{\partial p}{\partial t}\right)^2 + B_3\dfrac{\partial p}{\partial t}\mathrm{d}t & (D_1 \leqslant D_0 \leqslant D_2) \\ 1 - \mathrm{e}^{-\left(\frac{\varepsilon}{n}\right)^k} + B_4 D_0 + B_5 + \int_0^t B_1\dfrac{\partial(Q_t - p\varphi)}{\partial t} + B_2\left(\dfrac{\partial p}{\partial t}\right)^2 + B_3\dfrac{\partial p}{\partial t}\mathrm{d}t & (D_0 > D_2) \end{cases}$$

$$(7\text{-}6)$$

对式(7-6)进行化简，可以得到兼顾煤体应力状态以及气体卸压过程参与气体量、煤体损伤状态、气体卸压速率、卸压时间等关键参数的煤体损伤演化方程，如式(7-7)所示。

$$D = \begin{cases} 1 - \mathrm{e}^{-\left(\frac{\varepsilon}{n}\right)^k} & (D_0 < D_1) \\[2mm] 1 - \mathrm{e}^{-\left(\frac{\varepsilon}{n}\right)^k} + B_1 Q_t + B_2 \int_0^t \left(\frac{\partial p}{\partial t}\right)^2 \mathrm{d}t + B_3 p & (D_1 \leqslant D_0 \leqslant D_2) \\[2mm] 1 - \mathrm{e}^{-\left(\frac{\varepsilon}{n}\right)^k} + B_1 Q_t + B_2 \int_0^t \left(\frac{\partial p}{\partial t}\right)^2 \mathrm{d}t + B_3 p + B_4 D_0 + B_5 & (D_0 > D_2) \end{cases} \tag{7-7}$$

式(7-7)量化了复杂气体卸压条件下的煤体的损伤演化过程。式中经验参数 $B_1 \sim B_5$、$D_1$、$D_2$ 可基于上述因素下的瓦斯卸压试验进行确定。

## 7.5　小　　结

本章聚焦于瓦斯卸压动力作用对煤体的损伤劣化效应,采用升级改造的含瓦斯煤动静组合加载试验系统,获取了瓦斯卸压前后煤体损伤状态变化规律,并重点考虑了煤体损伤状态、气体卸压速率、解吸气体量等关键因素的影响,所得的主要结论如下。

(1) 在可视化恒容气固耦合试验仪基础上,增加了扰动加载单元,研发形成了含瓦斯煤动静组合加载试验系统。该仪器通过巧妙的机械设计克服了动力扰动下腔体气压稳定、轴向静力稳定、高压腔体密封等技术难题,通过设计的可视化窗口和高速摄像技术实现了吸附煤体瞬态变形、裂隙发育与破坏模式等动态特征信息捕捉,可以对吸附瓦斯煤进行"静态应力+冲击扰动"和"静态应力+瞬时气压扰动"组合加载,为动静组合荷载下吸附瓦斯煤变形破坏机制研究提供了科学试验仪器。

(2) 采用可视化恒容气固耦合试验仪开展的吸附煤体气体卸压试验表明,气体卸压动力作用可对煤体造成明显的不可逆损伤,导致煤体损伤变量骤增,裂隙发育趋于丰富,主干裂隙继续扩大,并伴生次生裂隙,其中产生的主干裂隙均与水平面成90°方向,是典型的张拉破坏。

(3) 气体卸压过程中,煤体损伤状态、气体卸压速率、解吸气体量等因素对煤体不可逆损伤的产生影响明显:①依据损伤产生与否及其增量大小,可将煤体损伤状态分为三个阶段,当损伤变量小于临界值 $D_1$ 时气体卸压不会使其产生新的损伤,当损伤变量介于临界值 $D_1$ 和 $D_2$ 之间时气体卸压诱发的损伤增量是相同的,当损伤变量大于临界值 $D_2$ 时气体卸压诱发的损伤增量随着煤体损伤程度增大而增大;②卸压瞬间解吸气体与游离气体的作用效果是相同的,解吸气体量越大,气体卸压诱发损伤增量越大;③当气体卸压速率高于某临界值时,气体卸压的动力作用才会对煤体造成实际可测的不可逆损伤，且气体卸压速率越大，煤体损伤增量越大，两者大致呈线性关系。

（4）通过物理试验模拟了处于一定气压环境下的应力-应变曲线不同阶段的型煤受到气体瞬间释放动力作用时的破坏现象，以及处于峰后 80% 的不同强度型煤受到气体瞬间释放动力作用时的裂隙扩容现象以及力学状态变化。力学状态良好（峰值应力前、未出现大裂隙和大变形）的煤体在揭露瞬间并不会因高瓦斯压力梯度的动力作用而发生突出现象。煤体进入破碎态是发生突出的前提。煤层揭露瞬间造成的内外气体压差是诱发破碎态煤体更大动力破坏并抛出的必要条件。在力学状态相同、瓦斯压力相同的情况下，随着煤体强度的减小，峰后煤体发生突出的可能性增大，并存在一个强度阈值，小于该阈值发生突出，同时体应变增量随型煤强度呈负幂函数关系。

（5）基于损伤变量变化率与各影响因素之间的数学关系，构建形成了考虑气体卸压动力作用的煤体损伤演化数学模型，模型中引入了参与气体量、煤体损伤状态、气体卸压速率等关键参数，可用于气体卸压动态过程的煤体损伤描述。

## 参 考 文 献

[1] 蒋承林. 煤与瓦斯突出阵面的推进过程及力学条件分析[J]. 中国矿业大学学报, 1994, (4): 1-9

[2] 蒋承林, 俞启香. 煤与瓦斯突出过程中能量耗散规律的研究[J]. 煤炭学报, 1996, (2): 173-178

[3] Pirzada M A, Zoorabadi M, Lamei Ramandi H, et al. $CO_2$ sorption induced damage in coals in unconfined and confined stress states: A micrometer to core scale investigation[J]. International Journal of Coal Geology, 2018, 198: 167-176

[4] 张庆贺, 李术才, 王汉鹏, 等. 不同强度含瓦斯型煤瞬间揭露致突特征及其影响机制[J]. 采矿与安全工程学报, 2017, 34(4): 817-824

[5] 王汉鹏, 张冰, 袁亮, 等. 吸附瓦斯含量对煤与瓦斯突出的影响与能量分析[J]. 岩石力学与工程学报, 2017, 36(10): 2449-2456

[6] Hu Q T, Zhang S T, Wen G G, et al. Coal-like material for coal and gas outburst simulation tests[J]. International Journal of Rock Mechanics and Mining Sciences, 2015, 74: 151-156

[7] Yin G Z, Jiang C B, Wang J G, et al. A new experimental apparatus for coal and gas outburst simulation[J]. Rock Mechanics and Rock Engineering, 2016, 49(5): 2005-2013

[8] Tu Q Y, Cheng Y P, Guo P K, et al. Experimental study of coal and gas outbursts related to gas-enriched areas[J]. Rock Mechanics and Rock Engineering, 2016, 49(9): 3769-3781

[9] 王汉鹏, 张庆贺, 袁亮, 等. 含瓦斯煤相似材料研制及其突出试验应用[J]. 岩土力学, 2015, 36(6): 1676-1682

[10] Ranjith P G, Jasinge D, Choi S K, et al. The effect of $CO_2$ saturation on mechanical properties of australian black coal using acoustic emission[J]. Fuel, 2010, 89(8): 2110-2117

[11] Viete D R, Ranjith P G. The effect of $CO_2$ on the geomechanical and permeability behaviour of

brown coal: Implications for coal seam CO₂ sequestration[J]. International Journal of Coal Geology, 2006, 66(3): 204-216

[12] 崔峰, 来兴平, 曹建涛, 等. 煤岩体耦合致裂作用下的强度劣化研究[J]. 岩石力学与工程学报, 2015, 34(S2): 3633-3641

[13] 李清川. 气体吸附诱发煤体损伤劣化的试验分析与机理研究[D]. 济南: 山东大学, 2019

[14] Tang C Y, Shen W, Peng L H, et al. Characterization of isotropic damage using double scalar variables[J]. International Journal of Damage Mechanics, 2002, 11(1): 3-25

# 第8章 瓦斯卸压过程煤体有效应力突变规律与影响机制

## 8.1 引 言

煤与瓦斯突出是煤体固体应力与孔隙瓦斯压力共同作用的结果[1]。当内部瓦斯场变化时，由于瓦斯对煤体骨架变形的影响，煤体承受的有效应力处于变化中。对于处于瓦斯卸压瞬间的煤体，更是如此。因此，瓦斯卸压过程煤体有效应力变化规律与影响机制是研究煤体瓦斯卸压损伤致突机理的关键问题之一。

瓦斯卸压过程中，煤体损伤状态、气体压力、气体吸附量均发生突变，对煤体有效应力产生影响，继而影响煤体的变形与破坏。本章拟通过室内试验研究上述因素对瓦斯卸压过程中煤体有效应力突变的影响程度和影响规律。由于影响机制不同，试验中对游离气体、吸附气体进行了区分。

## 8.2 瓦斯卸压过程煤体有效应力变化规律试验研究

### 8.2.1 试验原理

在土力学领域，太沙基提出的饱和土有效应力原理，即 $\sigma' = \sigma - p$，阐明了外荷载、孔隙水压力与土体变形三者之间的关系，精确描述了土体在孔隙水压作用下的变形性态，奠定了土力学基础[2, 3]。然而，大量研究认为太沙基原理并不适用于胶结程度较高的材料，因此提出了适用性更广的有效应力修正公式，如式(8-1)所示。

$$\sigma'_{ij} = \sigma_{ij} - \alpha p \delta_{ij} \quad (0 < \alpha < 1) \tag{8-1}$$

式中，$\sigma'_{ij}$ 为有效应力张量；$\sigma_{ij}$ 为总应力张量；$\delta_{ij}$ 为 Kornekcer 函数；$\alpha$ 为 Biot 系数，即有效应力系数。其中，$\alpha p$ 体现了流体对多孔隙材料有效应力的影响程度。对于普通的流体与多孔隙材料，该影响程度与流体压力 $p$ 直接相关，式(8-1)是合理的。但煤体对瓦斯的吸附性导致瓦斯对煤体有效应力的影响机制有所不同[4,5]。从机理角度分析，$\alpha p$ 的表示方法并不合理。为便于理解，本章将含瓦斯煤有效应力方程表示为式(8-2)。

$$\sigma'_{ij} = \sigma_{ij} - \sigma^g \delta_{ij} = \sigma_{ij} - (\sigma^f + \sigma^a)\delta_{ij} \tag{8-2}$$

式中，$\sigma^g$ 为瓦斯对煤体有效应力的影响；$\sigma^f$ 为煤体内游离瓦斯对有效应力的影响；$\sigma^a$ 为煤体内吸附瓦斯对有效应力的影响。

本章试验的主要难点为如何通过实际可测的物理量，准确地表征有效应力，以实现气体卸压过程中有效应力突变量的间接可测。

在现有试验研究中，有效应力测定主要利用试件的变形增量和弹性模量推算得到[1, 6-9]。该方法假设：①煤样均质各向同性；②煤样在固体骨架应力与孔隙压力作用下的变形处于弹性阶段；③变形是可逆的。

基于以上三条假设，在常规三轴力学状态中，可以将气固耦合状态下煤体变形表示为[9-12]

$$\varepsilon_{11} = \frac{\sigma'_{11}}{E} - 2\nu\frac{\sigma'_{33}}{E} = \frac{(\sigma_{11} - \sigma^g)}{E} - 2\nu\frac{(\sigma_{33} - \sigma^g)}{E} \tag{8-3}$$

式中，$\varepsilon_{11}$ 为轴向应变；$\sigma_{11}$ 为轴向应力；$\sigma_{33}$ 为径向应力；$E$ 为气固耦合状态下煤体的弹性模量；$\nu$ 为气固耦合状态下煤体的泊松比。

当外部应力不变，仅改变瓦斯压力时，轴向和径向的有效应力改变量一致，引起的煤体变形可表示为

$$\Delta\varepsilon_{11} = -\frac{(1-2\nu)\Delta\sigma'}{E} = -\frac{(1-2\nu)\Delta\sigma^g}{E} \tag{8-4}$$

通过瓦斯压力改变引起的轴向应变增量 $\Delta\varepsilon_{11}$，即可计算出煤体轴向有效应力的改变量 $\Delta\sigma'$，如式(8-5)所示。

$$\Delta\sigma' = \Delta\sigma^g = \Delta\sigma^f + \Delta\sigma^a = \frac{E\Delta\varepsilon_{11}}{1-2\nu} \tag{8-5}$$

对于不吸附气体，$\Delta\sigma^a = 0$，式(8-5)可演化为

$$\Delta\sigma' = \Delta\sigma^f = \frac{E\Delta\varepsilon_{11}}{1-2\nu} \tag{8-6}$$

因此，可以通过采用不吸附气体、吸附气体，分别获取游离气体、吸附气体对煤体有效应力的影响规律。

### 8.2.2 试验方案

试验中，气体吸附量的差异通过 He、$N_2$、$CH_4$、$CO_2$ 四种不同气体实现。试验煤样对氦气的吸附量为 0，对另外三种气体的等温吸附曲线如图 8.1 所示。

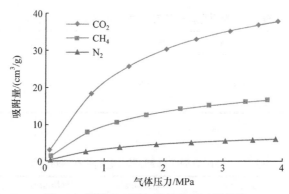

图 8.1 煤样对不同气体的等温吸附曲线

煤体损伤程度的差异通过不同的轴向应力实现。为保证数据的充分,轴压设置为 $0.33\sigma_c$、$0.50\sigma_c$、$0.67\sigma_c$、$0.83\sigma_c$、$0.92\sigma_c$、$\sigma_c$ 六个水平(弹性阶段四个、塑性三个)。依据实际矿井中煤体压力存储条件,围压设置为 1.5MPa,气体压力设置为 0.5MPa、0.8MPa、1.1MPa 三个水平。各应力状态下煤样的损伤变量 $D$ 通过 6.4.1 节的公式及仪器得到。

为分别获取游离气体、吸附气体对煤体有效应力的影响规律,分析两类气体的影响机制差异,不同损伤程度、不同气体压力下的试验均采用 He、$CO_2$ 两种气体进行。其中,采用氦气可测得游离气体对有效应力的影响,采用 $CO_2$ 可测得游离气体和吸附气体对有效应力的共同影响。利用两组试验的差值可确定吸附气体对有效应力的影响。

需要说明的是,为了克服气体卸压的动力作用对煤样的影响,根据第 7 章结论,试验采用较小的卸压速率。

具体的试验方案见表 8.1～表 8.3。

表 8.1 吸附煤样气体卸压试验方案 1(不同损伤程度)

| 试验组别 | 轴压/MPa | 围压/MPa | 气压/MPa | 气体 |
|---|---|---|---|---|
| 1 | $0.33\sigma_c$ | | | |
| 2 | $0.50\sigma_c$ | | | |
| 3 | $0.66\sigma_c$ | 1.5 | 1.1 | He/$CO_2$ |
| 4 | $0.83\sigma_c$ | | | |
| 5 | $0.92\sigma_c$ | | | |

表 8.2　吸附煤样气体卸压试验方案 2(不同吸附量)

| 试验组别 | 轴压/MPa | 围压/MPa | 气压/MPa | 气体 |
|---|---|---|---|---|
| 6 | | | | $He/N_2$ |
| 7 | $0.33\,\sigma_c$ | 1.5 | 1.1 | $He/CH_4$ |
| 8 | | | | $He/CO_2$ |

表 8.3　吸附煤样气体卸压试验方案 3(不同气压)

| 试验组别 | 轴压/MPa | 围压/MPa | 气压/MPa | 气体 |
|---|---|---|---|---|
| 9 | | | 0.5 | |
| 10 | $0.33\,\sigma_c$ | 1.5 | 0.8 | $He/CO_2$ |
| 11 | | | 1.1 | |

### 8.2.3　试验步骤

试验关键仪器如图 8.2 所示，具体的试验步骤如下。

(1) 利用非金属超声检测仪(智博联 ZBL-U5 系列)筛选完整无损的标准煤样。

(2) 将标准煤样置于仪器的预定位置，套入乳胶套，两端安装卡箍，完成试件的安装。

(3) 对煤样施加围压至预定值，并维持稳定。

(4) 采用真空泵对煤样及气体管路抽真空 12h，排除原有气体干扰。

(5) 对煤样充入试验气体，施加孔隙压力至预定值，并稳定 24h，此时认为煤体吸附平衡。

(6) 将煤样按轴向位移加载方式施加轴向应力至预定值，然后卸载，获取不同损伤程度的煤样。

岩石三轴力学渗透测试仪

图 8.2　关键试验仪器

(7) 将煤样取出，采用非金属超声检测仪测定该煤样损伤变量。

(8) 重复步骤(2)～(5)，将煤样加载并稳定在 $0.16\sigma_c$，待轴向变形稳定后，迅速打开进气口、出气口阀门，实现气体快速卸压，并记录气压下降曲线及轴向位移突变曲线。

(9) 待煤样内气体完全解吸后，更换试验条件，重复步骤(2)～(8)，直至所有试验完成。

### 8.2.4　试验结果

试验获取了气体卸压过程中吸附煤样的有效应力变化曲线，如图 8.3～图 8.5 所示。由于影响机制差异，本节分别展示了各组试验中游离气体、吸附气体对吸附煤样有效应力的影响。煤与瓦斯突出的孕育阶段时间较长，可达几小时甚至几天，突出激发及发展仅为几秒至十几秒。为了和煤与瓦斯突出的这两个关键阶段相匹配，本节展示了整个气体卸压过程的应力突增曲线，并重点展示了前 20s 有效应力变化曲线。

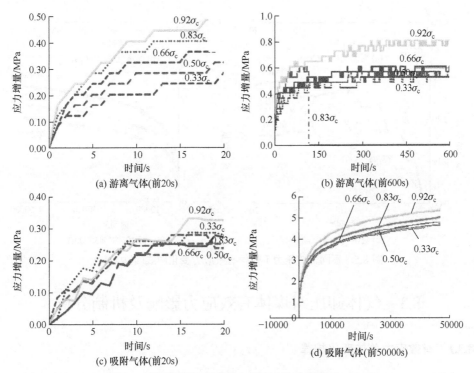

图 8.3　不同损伤程度煤样有效应力变化曲线(组 1～5)

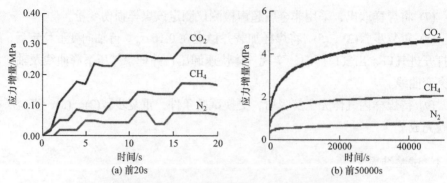

图 8.4　不同吸附气体含量煤样有效应力变化曲线(组 6～8)

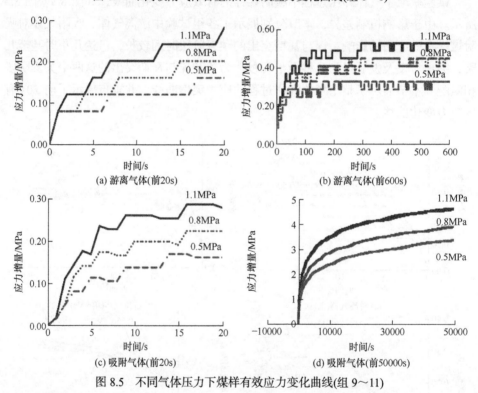

图 8.5　不同气体压力下煤样有效应力变化曲线(组 9～11)

# 8.3　气体卸压对煤体有效应力影响及机制分析

## 8.3.1　有效应力总体变化规律

基于试验结果可知,随着游离气体、吸附气体的放散,煤体的有效应力增大。这种现象与气体影响煤体有效应力的机制有关。气固耦合状态下,游离气体直接分担了煤体承受的部分外荷载，减少了煤体骨架所承担的外荷载；同时，煤体颗粒吸附气体产生的吸附膨胀应力抵消了煤体骨架所承担的外荷载。这两种效应均导致煤体有效应力的降低。当气体放散时，气体对煤体骨架承担外荷载的抵消作用降低，煤体有效应力出现增大现象。

　　基于试验结果可以获取游离气体、吸附气体对煤体有效应力的影响幅值：游离气体诱发的有效应力突增最大增幅为 0.811MPa，吸附气体诱发的有效应力突增最大增幅为 5.418MPa。两者共同作用时，有效应力的增幅最大可达 6.229MPa，该应力增幅已远远超过其孔隙气压(1.1MPa)。

### 8.3.2　煤体损伤对有效应力突增量的影响

　　由图 8.3 可知，煤体损伤程度(即采用损伤变量 $D$ 量化表征)对其有效应力增量($\Delta\sigma$)有明显的影响。为得到煤体损伤程度对有效应力增量的影响趋势，本节分别列出了游离气体、吸附气体的前 20s 应力增量平均值-损伤变量、应力增长总量-损伤变量关系曲线，如图 8.6、图 8.7 所示。其中，前 20s 应力增量平均值的使用是为了克服气体放散前期应力突变波动性大对试验准确性的影响。

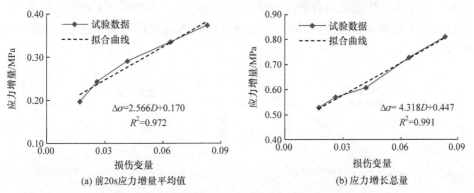

图 8.6　游离气体放散诱发有效应力增量与损伤变量关系(组 1～5)

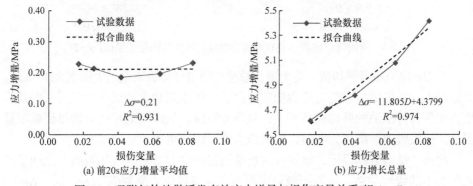

图 8.7　吸附气体放散诱发有效应力增量与损伤变量关系(组 1～5)

随着游离气体放散，前20s应力增量平均值、应力增长总量均随着损伤变量增大而增大，两者之间的线性关系较好(图8.6)。其原因为，煤体损伤的增大导致煤样孔隙率增大，在气体卸压前的应力稳定状态，损伤较大的煤样中游离气体分担了更多的外部荷载。

随着吸附气体放散，有效应力增长总量随着损伤变量增大而增大，两者之间的线性关系较好(图8.7)。其原因为，高损伤程度煤体的裂隙结构演化程度高、孔隙裂隙率高，在相同时间内可解吸出更多的气体，从而导致更大的煤样解吸收缩效应。

与其不同的是，前20s内吸附气体放散诱发的有效应力增量并不随损伤变量变化而呈现明显差异(图8.7(a))。其原因为，在吸附气体放散前期，由于时间较短，各损伤程度煤体的解吸气体量并不会出现较大的差异。随着时间增长，不同损伤程度煤体的气体解吸量差异才会逐渐放大，呈现出不同程度的煤体解吸收缩效应。

### 8.3.3　气体吸附量对有效应力突增量的影响

由图8.4可知，气体吸附量($Q$)对煤体有效应力增量($\Delta\sigma$)有明显的影响。为清晰展示煤体损伤程度对有效应力增量的影响趋势，本节列出了吸附气体前20s应力增量平均值-吸附气体含量、应力增长总量-气体吸附量关系曲线，如图8.8所示。

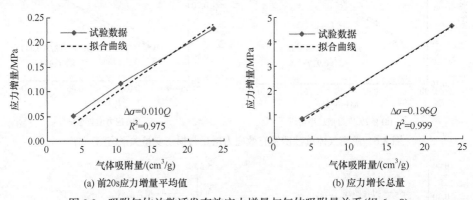

(a) 前20s应力增量平均值　　　　　　(b) 应力增长总量

图8.8　吸附气体放散诱发有效应力增量与气体吸附量关系(组6~8)

前20s应力增量平均值、应力增长总量均随着气体吸附量增大而增大(图8.8)。其原因为，在气体放散前的应力稳定阶段，气体吸附量大的煤体的吸附膨胀效应更为明显，可抵消的外部荷载更大；气体放散时，气体吸附量较大的煤样解吸量更大，解吸收缩效应更为明显，有效应力增量因而更大。

此外，试验数据显示，吸附气体放散诱发的应力增量与气体吸附量之间呈现截距为零的线性关系。这与不吸附煤样不存在有效应力突变(即 $Q=0$ 时，$\Delta\sigma=0$)

的科学事实是相符的,也为准确描述气体卸压诱发有效应力突变规律提供了支撑。
同时也说明,煤体吸附膨胀与解吸收缩均为线性的。

### 8.3.4　气体压力对有效应力突增量的影响

由图 8.5 可知,气体压力对煤体有效应力增量有明显的影响。为得到煤体损
伤程度对有效应力增量的影响趋势,本节分别列出游离气体、吸附气体前 20s 应
力增量平均值-气体压力、应力增长总量-气体压力关系曲线,如图 8.9、图 8.10
所示。

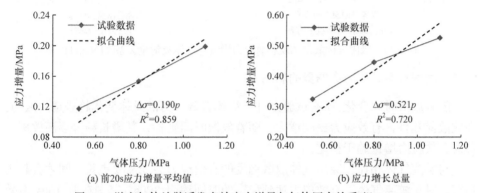

图 8.9　游离气体放散诱发有效应力增量与气体压力关系(组 9~11)

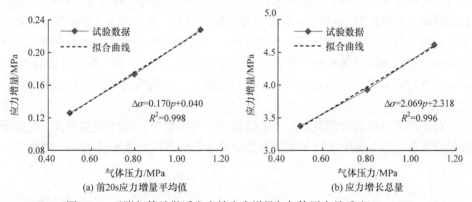

图 8.10　吸附气体放散诱发有效应力增量与气体压力关系(组 9~11)

对于游离气体和吸附气体,随着气体放散,前 20s 应力增量平均值、应力增
长总量均随着气体压力增大而增大。对于游离气体,应力增量与气体压力呈现截
距为零的线性关系;对于吸附气体,应力增量与气压压力间呈现较好的线性关系,
但其截距并不为零,与气体吸附量之间呈现截距为零的线性关系(图 8.11),与 8.3.3
节规律一致。这说明,对于游离气体,气体压力是影响有效应力增长的直接原因
之一;对于吸附气体,气体压力对有效应力突变的影响是基于气体吸附量实现的。

这一结论再一次证实了 8.3.3 节的结论。

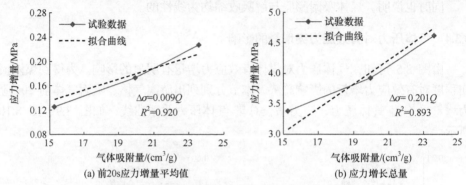

(a) 前20s应力增量平均值　　　　　　　　　(b) 应力增长总量

图 8.11　吸附气体放散诱发有效应力增量与气体吸附量关系(组 9～11)

### 8.3.5　时间对有效应力突增量的影响

随着放散时间变化,所有试验条件下煤体有效应力的总体变化趋势是一致的:在放散前几秒,有效应力急剧增大;随着放散时间延长,其增长趋势逐渐放缓,最终有效应力增量趋于稳定。

与游离气体相比,吸附气体放散诱发的有效应力突变需要更长时间才会趋于稳定。对于游离气体,有效应力达到稳定的时间约为 300s,其中在前 100s 有效应力变化较为剧烈;对于吸附气体,有效应力达到稳定的时间约为 40000s 甚至更长的时间,其中在前 50000s 有效应力变化较为剧烈。其原因为,游离气体放散的主要过程为气体渗流,大致符合达西定律,该过程简单,游离气体可在很短时间内完全放散;吸附气体放散过程包含了气体脱附(解吸)、扩散、渗流过程的串联、并联,该过程复杂,且包含的气体扩散过程缓慢,吸附气体需要很长时间才可完全放散。

对于游离气体和吸附气体,煤体的有效应力增量($\Delta\sigma$)均与放散时间($t$)之间呈较好的指数关系,如图 8.12 所示。该数学关系与游离气体放散量-时间、吸附气体

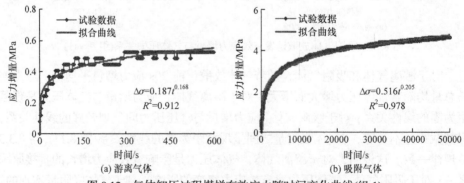

(a) 游离气体　　　　　　　　　　　(b) 吸附气体

图 8.12　气体卸压过程煤样有效应力随时间变化曲线(组 1)

解吸量-时间关系是一致的。这说明，气体含量是煤体有效应力的决定性因素，也说明了两者的因果关系。该结论较好地解释了煤体的有效应力增量随气体压力、吸附气体含量的变化规律：随着气压变小，游离气体含量降低，煤体突增量变小；随着吸附量变小，吸附气体含量降低，煤体突增量变小。

## 8.4　瓦斯卸压过程煤体有效应力数学模型

### 8.4.1　含瓦斯煤有效应力模型研究

针对含瓦斯煤的特殊状况，国内外学者从不同角度考虑，推导获取了适用性不同的有效应力数学模型。

Éttinger[13]考虑吸附瓦斯的影响，对含瓦斯煤的应力关系进行了研究，并给出了式(8-7)。

$$\sigma_{p} = \frac{K(V_0 - V)}{V_0} \tag{8-7}$$

式中，$\sigma_{p}$ 为吸附膨胀应力，即吸附瓦斯导致的膨胀应力；$K$ 为体积模量；$V_0$ 为煤吸附变形前的体积；$V$ 为煤吸附变形后的体积。

由式(8-7)计算的吸附膨胀应力是瓦斯压力的几倍到几十倍，甚至超过上覆岩层产生的应力。

Borisenko[14]研究了煤层中自由气体的力学作用，并给出了有效应力计算公式(8-8)，该公式对上覆岩层的支撑应力进行了考虑。Borisenko 认为，与土的孔隙率相比，煤的孔隙率更低，因此很多情况可以不考虑瓦斯气体压力对煤有效应力的影响。

$$\sigma' = \sigma(1 - 0.84\varphi) = \gamma H - 0.84\varphi p \tag{8-8}$$

式中，$\sigma$ 为上覆岩层支撑总应力；$H$ 为煤层深度；$\varphi$ 为煤层孔隙率。

吴世跃等[15]对瓦斯吸附引起的膨胀应力进行了充分考虑，并从理论层面根据表面物理化学原理推导了有效应力计算公式，得到等效孔隙压力系数 $\alpha$ 理论公式(8-9)。但该公式仅考虑了吸附膨胀应力对煤体的影响，忽略了裂隙中自由气体对煤体应力状态的影响。

$$\alpha = \frac{2aRT\rho(1 - 2\nu)\ln(1 + bp)}{3V_{m}p} \tag{8-9}$$

式中，$\rho$ 为煤的视密度，t/m³；$V_{m}$ 为摩尔容积；$T$ 为热力学温度，K。

李祥春等[16, 17]基于文献[15]的结论，对游离瓦斯作用也进行了考虑，其关系式如式(8-10)所示。

$$\sigma'_{ij} = \sigma_{ij} - p - \frac{2aRT\rho(1-2\nu)\ln(1+bp)}{3V_m} \tag{8-10}$$

式(8-10)综合考虑了吸附膨胀应力、游离瓦斯压力对煤体应力状态的影响，但是考虑游离瓦斯压力影响时未进行折减。

尹光志等[9]综合考虑游离瓦斯及吸附瓦斯作用，将含瓦斯煤有效应力表示为式(8-11)。

$$\sigma'_{ij} = \sigma_{ij} - \delta_{ij}\left[\varphi'p + \frac{2aRT\rho(1-2\nu)\ln(1+bp)}{3V_m}\right] \tag{8-11}$$

式中，$\varphi'$ 为含瓦斯煤的等效孔隙度，并具有式(8-12)所示规律。

$$\varphi' = \begin{cases} \varphi' \to \varphi_p & \text{(弹性变形阶段)} \\ \varphi_p \ll \varphi' \ll \varphi_s & \text{(应变强化阶段)} \\ \varphi' \to \varphi_{\max} & \text{(极限破坏阶段)} \end{cases} \tag{8-12}$$

式(8-12)综合考虑了吸附膨胀应力、游离瓦斯压力对煤体应力状态的影响，并对各部分的影响程度进行了分析，但并未给出等效孔隙度的计算方法。

尹光志等[18]在 Gesstama 和 Skempton 公式的基础上，考虑瓦斯吸附及瓦斯力学双重作用，引入了文献[9]对煤样的体积模量 $K$ 和煤样骨架的体积模量 $K_s$ 的数学表达，对其进行了修正，修正结果如式(8-13)~式(8-17)所示。

$$\alpha = 1 - \frac{K}{K_s} \tag{8-13}$$

$$K_s = \frac{E_s}{3(1-2\nu_s)}\frac{1}{1 - \dfrac{aRT\rho\ln(1+bp)}{p(1-\varphi)}} \tag{8-14}$$

$$K = \frac{E}{3(1-2\nu)} \tag{8-15}$$

$$\varphi = \frac{\varphi_0 + \varepsilon_v}{1 + \varepsilon_v} \tag{8-16}$$

$$\alpha = 1 - \frac{E(1-2\nu_s)}{E_s(1-2\nu)}\left[1 - \frac{aRT\rho\ln(1+bp)}{p\left(1 - \dfrac{\varphi_0 + \varepsilon_v}{1 + \varepsilon_v}\right)}\right] \tag{8-17}$$

式中，$E_s$ 为煤样骨架的弹性模量；$\nu_s$ 为煤样骨架的泊松比；$\varphi_0$ 为煤样的初始孔隙率；$\varepsilon_v$ 为煤样的体积应变。

陶云奇等[4, 5]充分考虑了煤体的吸附膨胀效应、热胀冷缩效应、压缩变形效应，建立了压缩条件下的含瓦斯煤的有效应力方程，见式(8-18)～式(8-20)。

$$\sigma_{ij}' = \sigma_{ij} - \alpha p \delta_{ij} = \sigma_{ij} - \left[ \frac{\sigma_{\mathrm{p}}(1-\varphi)}{p} + \varphi \right] p \delta_{ij} \tag{8-18}$$

$$\varphi = \frac{\varphi_0 + \varepsilon_{\mathrm{v}} - \dfrac{2aRT\rho K_{\mathrm{Y}}\ln(1+bp)}{3V_{\mathrm{m}}} + K_{\mathrm{Y}}\Delta p(1-\varphi_0) - \beta\Delta T(1-\varphi_0)}{1+\varepsilon_{\mathrm{v}}} \tag{8-19}$$

$$\sigma_{\mathrm{p}} = \frac{2aRT\rho(1-2\nu)\ln(1+bp)}{3V_{\mathrm{m}}} + \frac{E\beta\Delta T}{3} - (1-2\nu)\Delta p \tag{8-20}$$

式中，$K_{\mathrm{Y}}$ 为体积压缩系数，$\mathrm{MPa}^{-1}$；$\Delta T$ 为热力学温度改变量，K；$\Delta p$ 为瓦斯压力改变量，MPa；$\beta$ 为煤的体积热膨胀系数，$\mathrm{m}^3/(\mathrm{m}^3 \cdot \mathrm{K})$；$\sigma_{\mathrm{p}}$ 为吸附膨胀应力，MPa。

综上所述，现有的含瓦斯煤有效应力方程还存在以下不足。

(1) 未准确描述游离气体、吸附气体对有效应力的影响，部分方程片面考虑了某一部分气体的影响。

(2) 现有的有效应力方程仅可描述吸附平衡状态下的含瓦斯煤有效应力，无法描述含瓦斯煤处于解吸动态过程的有效应力。

(3) 现有有效应力方程均无法反映出煤体损伤程度、解吸环境压力、放散时间等对有效应力的影响。

### 8.4.2　考虑瓦斯卸压过程的含瓦斯煤有效应力数学模型

基于煤体的孔裂隙结构和瓦斯运移形式，可将其划分为如下三类[19]：

(1) 单孔-单渗透系统。

(2) 双孔-单渗透系统。

(3) 双孔-双渗透系统。

为突出研究重点，简化模型的复杂程度，本章将其简化为双孔-单渗透模型，并忽略各影响因素对煤体孔隙的影响，仅考虑各影响因素对裂隙的影响，则模型可简化如图 8.13 所示[19]。

在自由状态下，瓦斯对有效应力的影响机制为：一是游离瓦斯直接分担了部分外荷载，减少了煤体骨架所承担的外荷载；二是煤颗粒吸附瓦斯产生的吸附膨胀应力抵消了煤体骨架所承担的外荷载。

因此，在外应力 $\sigma$ 作用下，煤基质间会产生支撑应力 $F$ 和平衡外力作用的吸附膨胀应力 $\sigma_{\mathrm{p}}$，此外裂隙间的瓦斯还会将气体压力 $p$ 作用于周围的煤基质。

在图 8.13 中选取任意界面 $B$—$B$ 为研究对象，根据受力平衡原理，有

$$\sigma S = (F + \sigma_{\mathrm{p}})(1-\varphi')S + p\varphi'S \tag{8-21}$$

式中，$S$ 为界面面积；$\varphi'$ 为等效孔隙度。

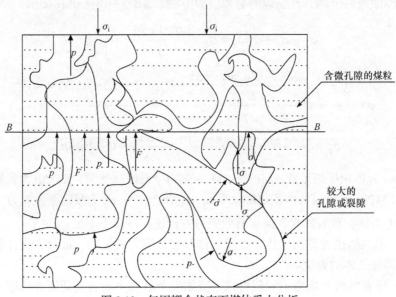

图 8.13　气固耦合状态下煤体受力分析

支撑应力 $F$ 是引起煤体骨架变形和破坏的有效作用力[15]，因此把 $F$ 折算到整个截止横截面 $S$ 之上，即得到含瓦斯煤的有效应力表达式：

$$\sigma' = \frac{F(1-\varphi')S}{S} = F(1-\varphi') \tag{8-22}$$

将式(8-21)代入式(8-22)即可得到有效应力方程式：

$$\sigma' = \sigma - \sigma_p(1-\varphi') - p\varphi' \tag{8-23}$$

式中，$p\varphi'$ 为煤体内游离瓦斯对有效应力的影响；$\sigma_p(1-\varphi')$ 为煤体内吸附瓦斯对有效应力的影响。

结合式(8-2)，则有

$$\sigma'_{ij} = \sigma_{ij} - (\sigma^f + \sigma^a)\delta_{ij} \tag{8-24}$$

$$\sigma^f = p\varphi' \tag{8-25}$$

$$\sigma^a = \sigma_p(1-\varphi') \tag{8-26}$$

由试验结果可知，气体含量大小决定了当前煤体有效应力大小。对于游离气体，$\sigma^f$ 自动满足该规律；对于吸附气体，$\sigma_p$ 需满足

$$\sigma_p = f(Q - Q_t) \tag{8-27}$$

需要说明的是，气体解吸过程中，煤体的实时吸附量 $Q$ 并非 $abp/(1+bp)$，当气压稳定在 $p$ 较长时间时，煤体吸附量 $Q$ 才符合该公式。煤体实时吸附量应为解吸前煤体吸附量 $Q$ 与解吸量 $Q_t$ 的差值。因此，根据第 6 章得到的兼顾环境气压、煤体损伤变量的煤体瓦斯解吸模型，即

$$Q_t = (A_3D+1)Q_t^0 = A_1(A_3D+1)\left(\frac{abp_b}{1+bp_b} - \frac{abp_a}{1+bp_a}\right)t^{A_2} \tag{8-28}$$

可得，气体解吸过程中煤体的实时气体含量为

$$Q - Q_t = \frac{abp_b}{1+bp_b} - A_1(A_3D+1)\left(\frac{abp_b}{1+bp_b} - \frac{abp_a}{1+bp_a}\right)t^{A_2} \tag{8-29}$$

文献[15]基于表面物理化学和弹性力学原理推导出，当吸附气体含量为 $Q=abp/(1+bp)$ 时，吸附膨胀应力大小见式(8-30)。

$$\begin{aligned}
\sigma_p = f(Q) &= \frac{2\rho RT(1-2v)}{3V_m}\int_0^p Q\frac{1}{p}\mathrm{d}p \\
&= \frac{2\rho RT(1-2v)}{3V_m}\int_0^p \frac{abp}{1+bp}\frac{1}{p}\mathrm{d}p \\
&= \frac{2a\rho RT(1-2v)\ln(1+bp)}{3V_m}
\end{aligned} \tag{8-30}$$

因此，当吸附平衡压力为 $p_b$，解吸环境压力为 $p_a$ 时，气体解吸过程中的煤体吸附膨胀应力为

$$\begin{aligned}
\sigma_p &= \frac{2\rho RT(1-2v)}{3V_m}\left\{\int_0^{p_b}\left[1 - A_1(A_3D+1)t^{A_2}\right]\frac{abp}{1+bp}\frac{1}{p}\mathrm{d}p - \int_0^{p_a}A_1(A_3D+1)t^{A_2}\frac{abp}{1+bp}\frac{1}{p}\mathrm{d}p\right\} \\
&= \frac{2\rho RT(1-2v)}{3V_m}\left\{a\ln(1+bp_b)\left[1 - A_1(A_3D+1)t^{A_2}\right] + a\ln(1+bp_a)A_1(A_3D+1)t^{A_2}\right\}
\end{aligned}$$
$$\tag{8-31}$$

当裂隙气压变化时，可认为环境气压变化，煤体吸附膨胀应力可表示为

$$\sigma_p = \frac{2\rho RT(1-2v)}{3V_m}\left\{a\ln(1+bp_b)\left[1 - A_1(A_3D+1)t^{A_2}\right] + a\ln(1+bp)A_1(A_3D+1)t^{A_2}\right\}$$
$$\tag{8-32}$$

因此，得到了基于气体放散过程中游离气体含量、吸附气体含量的有效应力状态方程，见式(8-33)。

$$
\begin{aligned}
\sigma'_{ij} &= \sigma_{ij} - \sigma^{\mathrm{f}}\delta_{ij} - \sigma^{\mathrm{a}}\delta_{ij} \\
&= \sigma_{ij} - p\varphi'\delta_{ij} - \sigma_{\mathrm{p}}(1-\varphi')\delta_{ij} \\
&= \sigma_{ij} - p\varphi'\delta_{ij} \\
&\quad -\left\{ a\ln(1+bp_{\mathrm{b}})\left[1 - A_1(A_3D+1)t^{A_2}\right] + a\ln(1+bp)A_1(A_3D+1)t^{A_2} \right\} \\
&\quad \times \frac{2\rho RT(1-2\nu)(1-\varphi')}{3V_{\mathrm{m}}}\delta_{ij}
\end{aligned}
\tag{8-33}
$$

基于式(8-33)，可以得出，当放散气压环境为大气压时，煤体有效应力状态方程可简化为式(8-34)。

$$
\begin{aligned}
\sigma'_{ij} &= \sigma_{ij} - \sigma^{\mathrm{f}}\delta_{ij} - \sigma^{\mathrm{a}}\delta_{ij} \\
&= \sigma_{ij} - p\varphi'\delta_{ij} - \sigma_{\mathrm{p}}(1-\varphi')\delta_{ij} \\
&= \sigma_{ij} - p\varphi'\delta_{ij} - \frac{2\rho RT(1-2\nu)}{3V_{\mathrm{m}}}(1-\varphi')\int_0^{p_{\mathrm{b}}}\left[1 - A_1(A_3D+1)t^{A_2}\right]\frac{abp}{1+bp}\frac{1}{p}\mathrm{d}p\,\delta_{ij} \\
&= \sigma_{ij} - p\varphi'\delta_{ij} - \frac{2\rho RT(1-2\nu)a\ln(1+bp_{\mathrm{b}})\left[1 - A_1(A_3D+1)t^{A_2}\right]}{3V_{\mathrm{m}}}(1-\varphi')\delta_{ij}
\end{aligned}
$$

$$
\tag{8-34}
$$

根据式(8-33)，当气体吸附量增大时，吸附气体放散引发的煤体有效应力增量与气体吸附量之间大致呈线性增大趋势。当气体气压增大时，游离气体放散引发的煤体有效应力增量与气压之间呈斜率为 $\zeta\varphi'$ ($0<\zeta<1$) 的线性增大趋势，游离气体放散引发的煤体有效应力总增量与气压之间呈斜率为 $\varphi'$ 的线性增大趋势。

这与试验结果完全吻合，验证了该数学模型的正确性与科学性。

# 8.5　小　　结

本章采用岩石三轴力学渗透测试系统，研究了瓦斯卸压过程煤体有效应力变化规律及诱发机制，并考虑了煤体损伤状态、气体压力、气体吸附量等关键因素的影响，所得的主要结论如下。

(1) 随着游离气体、吸附气体的放散，气体对煤体骨架承担外荷载的抵消作用降低，煤体有效应力骤增，然后增长趋势逐渐放缓，最终趋于稳定。处于 1.1MPa $CO_2$ 气固耦合环境的煤样，游离气体诱发的有效应力增幅最大为 0.811MPa，吸附气体诱发的有效应力增幅最大为 5.418MPa，两者共同作用时，有效应力的增幅最大可达 6.229MPa。

(2) 随着煤样损伤变量增大，游离气体放散诱发的有效应力瞬时增量、总增量及吸附气体放散诱发的有效应力总增量均增大，并呈较好的线性关系；然而，由于不同损伤煤样的瞬时气体解吸量差异较小，吸附气体放散诱发的有效应力瞬时增量未随之呈现明显差异。

(3) 随着气体吸附量增大，气体卸压过程中煤样解吸收缩效应增强，吸附气体放散诱发的有效应力瞬时增量、总增量与之呈截距为零的线性增长关系；随着气体压力增大，游离气体放散诱发的有效应力瞬时增量、总增量与之呈截距为零的线性增长关系。这些线性关系说明了瓦斯对煤体有效应力的影响机制，即游离部分直接分担了部分外荷载，减少了煤体骨架所承担的外荷载，吸附部分产生的吸附膨胀应力抵消了煤体骨架所承担的外荷载。

(4) 将煤体简化为双孔-单渗透理论模型，基于试验数据及游离气体、吸附气体对煤体有效应力的不同影响机制，推导了煤体有效应力与裂隙气压、气体吸附量之间的关系，获取了适用于瓦斯卸压动态过程的含瓦斯煤有效应力数学模型。

# 参 考 文 献

[1] 赵阳升, 胡耀青. 孔隙瓦斯作用下煤体有效应力规律的实验研究[J]. 岩土工程学报, 1995, (3): 26-31

[2] Terzaghi K. Die berechnung der durchladdikesitsziffer des tones aus dem verlauf der haydrodynamischen spannungserscheinungen[J]. Sitznugshr Akad Wiss Wien Math Naturwiss KI, 1923, 132(2): 125-138

[3] Terzaghi K. The shearing resistance of saturated soils and the angle between the planes of shear[C]//Proceedings of the 1st International Conference on Soil Mechanics and Foundation Engineering, New York, 1936

[4] 陶云奇, 许江, 彭守建, 等. 含瓦斯煤孔隙率和有效应力影响因素试验研究[J]. 岩土力学, 2010, 31(11): 3417-3422

[5] 陶云奇. 含瓦斯煤 THM 耦合模型及煤与瓦斯突出模拟研究[D]. 重庆: 重庆大学, 2009

[6] 孙培德, 鲜学福, 钱耀敏. 煤体有效应力规律的实验研究[J]. 矿业安全与环保, 1999, (2): 3-5

[7] 卢平, 沈兆武, 朱贵旺, 等. 含瓦斯煤的有效应力与力学变形破坏特性[J]. 中国科学技术大学学报, 2001, 31(6): 686-693

[8] 卢平. 煤瓦斯共采与突出防治机理及应用研究[D]. 合肥: 中国科学技术大学, 2002

[9] 尹光志, 鲜学福, 王登科. 含瓦斯煤岩固气耦合失稳理论与实验研究[M]. 北京: 科学出版社, 2011

[10] 胡大伟, 周辉, 谢守益, 等. 大理岩破坏阶段 Biot 系数研究[J]. 岩土力学, 2009, 30(12): 3727-3732

[11] 张凯, 周辉, 胡大伟, 等. 弹塑性条件下岩土孔隙介质有效应力系数理论模型[J]. 岩土力学, 2010, 31(4): 1035-1041

[12] Zhang K, Zhou H, Hu D W, et al. Theoretical model of effective stress coefficient for rock/soil-like porous materials[J]. Acta Mechanica Solida Sinica, 2009, 22(3): 251-260

[13] Éttinger I L. Swelling stress in the gas-coal system as an energy source in the development of

gas bursts[J]. Soviet Mining Science, 1979, 15(5): 494-501

[14] Borisenko A A. Effect of gas pressure on stresses in coal strata[J]. Soviet Mining Science, 1985, 21(1): 88-92

[15] 吴世跃, 赵文. 含吸附煤层气煤的有效应力分析[J]. 岩石力学与工程学报, 2005, (10): 1674-1678

[16] 李祥春, 郭勇义, 吴世跃, 等. 煤体有效应力与膨胀应力之间关系的分析[J]. 辽宁工程技术大学学报, 2007, (4): 535-537

[17] 李祥春, 郭勇义, 吴世跃, 等. 考虑吸附膨胀应力影响的煤层瓦斯流-固耦合渗流数学模型及数值模拟[J]. 岩石力学与工程学报, 2007, (S1): 2743-2748

[18] 尹光志, 李文璞, 李铭辉, 等. 加卸载条件下原煤渗透率与有效应力的规律[J]. 煤炭学报, 2014, 39(8): 1497-1503

[19] 刘清泉. 多重应力路径下双重孔隙煤体损伤扩容及渗透性演化机制与应用[D]. 徐州: 中国矿业大学, 2015

# 第9章 含瓦斯煤气固耦合动力学模型及瓦斯卸压致突数值模拟

## 9.1 引　　言

基于第 6 章的研究结果可以发现,瓦斯卸压过程中煤体吸附瓦斯会持续解吸,为该过程提供源源不断的瓦斯气体。基于第 7 章、第 8 章的研究结果可以发现,瓦斯卸压过程会引起煤体有效应力突增,进而破坏煤体;同时,瓦斯卸压自身的动力作用也会对煤体产生不可逆损伤。三者之间互相影响,加剧了煤体的破坏:煤体持续解吸瓦斯,延长了气体卸压过程,加剧了其破坏作用;瓦斯卸压动力作用加剧了煤体损伤,增大了煤体有效应力突增量,进而增大了其破坏作用;因有效应力突增诱发的煤体损伤同样会加剧气体卸压动力作用产生的破坏;此外,这两种作用对煤体的损伤作用,增大了煤体裂隙分布,促进了煤体内瓦斯解吸强度与效率。以上过程可采用图 9.1 进行描述。

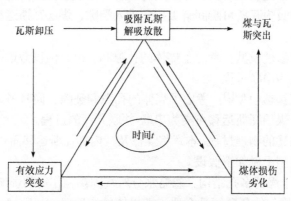

图 9.1　煤体瓦斯卸压损伤致突机理

为了准确描述上述过程,本章基于第 6 章~第 8 章的试验结果,将瓦斯瞬间解吸、瓦斯卸压动力作用和卸压瞬间煤体有效应力突增等重要部分及各部分之间的相互影响进行了充分考虑,构建了可以更为准确地描述煤体瓦斯卸压过程的气固耦合动力学模型,并开展了瓦斯瞬间卸压致突数值模拟,以验证以上推论的科学性和该模型的准确性。

## 9.2　含瓦斯煤气固耦合动力学模型

### 9.2.1　基本假设

　　煤体是一种典型的多孔介质，结构复杂，煤和瓦斯的相互耦合作用也是一个较为复杂的物理过程，如图 9.2 所示[1]。因此构建科学合理的气固耦合数学模型需要抓住关键问题，进行一系列简化与假设。

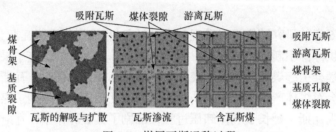

图 9.2　煤层瓦斯运移过程

　　综合考虑煤的孔裂隙结构、瓦斯运移形式，可将含瓦斯煤简化为以下几种物理模型[1]。

　　(1) 单孔-单渗透模型(均匀裂隙介质模型)：仅考虑裂隙渗透率，吸附平衡打破后，基质中的吸附瓦斯可瞬间解吸扩散进入裂隙，煤层瓦斯运移为单一的达西渗流。

　　(2) 双孔-单渗透模型：考虑了煤体的孔隙和裂隙，但仅考虑裂隙渗透率，煤层瓦斯运移可视为串联过程。

　　(3) 双孔-双渗透模型[2]：考虑了煤体的孔隙和裂隙，同时考虑煤基质渗透率与裂隙渗透率，煤层瓦斯运移可视为串联-并联共存的过程。

　　针对所要描述的物理过程，本章将煤体及其内部瓦斯运移简化为双孔-单渗透模型，并在该模型上做如下假设。

　　(1) 煤体是干燥的多孔结构，忽略水分对气固耦合作用的影响。

　　(2) 煤体为均匀的各向同性介质，即煤体的渗透率、孔隙率、弹性模量等物理量在各个方向上是一致的。

　　(3) 煤体内瓦斯运移过程为等温过程，忽略温度对气固耦合作用的影响。

　　(4) 瓦斯为单相的理想气体，可采用理想气体状态方程描述[3]，见式(9-1)。

$$\rho_g = \frac{M_g p}{RT} \tag{9-1}$$

式中，$\rho_g$ 为气体密度，kg/m³；$M_g$ 为气体分子量，kg/mol；$T$ 为热力学温度，K；

$p$ 为自由空间游离瓦斯气体压力，Pa。

(5) 煤体裂隙瓦斯以游离态存在，孔隙瓦斯以吸附态存在，游离态瓦斯含量可表示为

$$Q_f = \rho_g \varphi' \tag{9-2}$$

式中，$Q_f$ 为游离瓦斯含量，kg/m³；$\varphi'$ 为煤体等效孔隙率。

(6) 忽略气压造成的煤粒压缩效应和吸附/解吸造成的煤粒膨胀/收缩效应对煤体孔隙率、渗透率的影响。当煤体损伤后，其等效孔隙率[4-7]、渗透率[8]的演化规律可表示为

$$\varphi' = \frac{\varphi_0 + \varepsilon_v}{1 + \varepsilon_v} \tag{9-3}$$

$$k = \frac{k_0}{1 + \varepsilon_v}\left(\frac{\varphi_0 + \varepsilon_v}{\varphi_0}\right)^3 \tag{9-4}$$

式中，$\varphi_0$ 为煤体初始孔隙率；$k_0$ 为煤体初始渗透率；$k$ 为煤体渗透率；$\varepsilon_v$ 为体积应变。

煤体孔隙率、渗透率是研究煤体瓦斯运移规律的基本参数，会随着煤体应力状态、瓦斯压力状态等因素而改变。由于本章研究的瓦斯卸压过程短暂而剧烈，忽略了对煤体孔隙率、渗透率影响较小的次要因素，煤体应力场、瓦斯场等主要因素对其影响均可通过煤体体积应变的改变予以体现。

(7) 孔隙系统内吸附气体运移遵循菲克扩散定律，煤体裂隙内游离瓦斯流动遵循达西渗流定律，具体描述为

$$v_g = -\frac{k}{\mu_g}\left(\frac{\partial p}{\partial x}i + \frac{\partial p}{\partial y}j + \frac{\partial p}{\partial z}k\right) \tag{9-5}$$

$$v_g = -\frac{k}{\mu_g}\nabla p \tag{9-6}$$

式中，$v_g$ 为气体渗流速度，m/s；$\mu_g$ 为气体动黏性系数，Pa·s；$\nabla$ 为哈密顿算子。

(8) 煤体应力-应变关系符合弹性损伤本构模型，即煤体内每点都满足广义胡克定律，如果煤体内部发生损伤，本构关系不发生改变，依旧是弹性体，只是相应的参数(如弹性模量、强度等)加以弱化[9, 10]。具体可描述为

$$\sigma'_{ij} = \lambda \delta_{ij}\varepsilon_v + 2G\varepsilon_{ij} \quad (i, j = 1, 2, 3) \tag{9-7}$$

式中，$\sigma'_{ij}$ 为有效应力张量；$\varepsilon_{ij}$ 为应变张量；$\delta_{ij}$ 为 Kronecker 符号；$\lambda$ 为煤体的拉梅常数；$G$ 为煤体的剪切模量。

$\lambda$ 和 $G$ 两参数又可表示为

$$\begin{cases} \lambda = \dfrac{\widetilde{E}\mu}{(1+\mu)(1-2\mu)} = \dfrac{E(1-D)\mu}{(1+\mu)(1-2\mu)} = \dfrac{2G}{(1-2\mu)} \\[4mm] G = \dfrac{\widetilde{E}}{2(1+\mu)} = \dfrac{E(1-D)}{2(1+\mu)} \end{cases} \tag{9-8}$$

(9) 采用煤体损伤变量表征煤体完整性与裂隙、破坏演化程度，所有外部工况条件对煤体瓦斯卸压过程的影响，均通过煤体损伤变量进行单一表征。

以上假设大大简化了煤体结构和气固耦合物理过程的复杂程度，为解决瓦斯卸压瞬间煤体稳定性问题提供了可能。

### 9.2.2　裂隙系统瓦斯流动控制方程

在煤体的裂隙系统中，瓦斯的状态方程可采用式(9-1)描述，瓦斯含量方程可采用式(9-2)进行描述，运动方程可采用式(9-6)进行描述。

此外，裂隙系统的瓦斯还需要满足质量守恒定律，即单位时间内流入流出控制体单元的流体质量差值加上汇源项的基质交换量，应等于单位时间内控制体单元流体的质量变化量[8]。采用数学方程描述为

$$\frac{\partial Q_f}{\partial t} + \nabla(\rho_g v_g) = q_m \tag{9-9}$$

式中，$q_m$ 为汇源项，是孔隙系统与裂隙系统的质量交换量，$kg/(m^3 \cdot s)$。

煤体卸压过程较为短暂，裂隙系统的瓦斯渗流速度快于孔隙系统的瓦斯扩散速度，因此可以认为孔隙系统的瓦斯是单向输入裂隙系统的。此时，可以把孔隙系统解吸瓦斯作为裂隙系统的汇源项，即

$$q_m = \rho_m \rho \frac{\partial Q_t}{\partial t} \tag{9-10}$$

式中，$\rho_m$ 为 0℃常压下二氧化碳气体密度。

将第 6 章获取的解吸扩散公式代入式(9-10)，可得

$$q_m = \rho_m \rho A_1 A_2 (A_3 D + 1)\left(\frac{abp_b}{1+bp_b} - \frac{abp}{1+bp}\right)t^{A_2-1} \tag{9-11}$$

式(9-9)结合式(9-11)，即为煤体内瓦斯流动的连续性方程。

将式(9-2)代入式(9-9)，得

$$\frac{\partial(\rho_g \varphi')}{\partial t} - \nabla\left(\rho_g \frac{k}{\mu_g}\nabla p\right) = q_m \tag{9-12}$$

将式(9-1)代入式(9-12)，得式(9-13)。

$$\frac{M_\mathrm{g}}{RT}\frac{\partial(p\varphi')}{\partial t}=\frac{M_\mathrm{g}}{RT}\frac{k}{\mu_\mathrm{g}}\nabla(p\nabla p)+q_\mathrm{m} \tag{9-13}$$

将式(9-6)代入式(9-13)，得

$$\frac{M_\mathrm{g}}{RT}\frac{\partial(p\varphi')}{\partial t}=\frac{M_\mathrm{g}}{RT}\frac{k}{\mu_\mathrm{g}}\nabla(p\nabla p)+q_\mathrm{m} \tag{9-14}$$

对式(9-14)进行化简，可以获取煤体裂隙系统瓦斯流动控制方程，如式(9-15)所示。

$$p\frac{\partial\varphi'}{\partial t}+\varphi'\frac{\partial p}{\partial t}=\nabla\left(\frac{k}{2\mu_\mathrm{g}}\nabla p^2\right)+\frac{RT}{M_\mathrm{g}}q_\mathrm{m} \tag{9-15}$$

### 9.2.3　煤体变形控制方程

煤体受力遵循应力平衡方程式(9-16)。

$$\begin{cases}\dfrac{\partial\sigma_x}{\partial x}+\dfrac{\partial\tau_{yx}}{\partial y}+\dfrac{\partial\tau_{zx}}{\partial z}+F_x=0\\[2mm]\dfrac{\partial\sigma_y}{\partial y}+\dfrac{\partial\tau_{xy}}{\partial x}+\dfrac{\partial\tau_{zy}}{\partial z}+F_y=0\\[2mm]\dfrac{\partial\sigma_z}{\partial z}+\dfrac{\partial\tau_{xz}}{\partial x}+\dfrac{\partial\tau_{yz}}{\partial y}+F_z=0\end{cases} \tag{9-16}$$

式中，$F_x$、$F_y$、$F_z$ 为单位体积煤体在 $x$、$y$、$z$ 三个方向上作用的体积力；$\sigma_i$ 为正应力；$\tau_i$ 为剪应力。

式(9-16)可采用张量表示为式(9-17)

$$\sigma_{ij,j}+F_i=0 \quad (i,j=1,2,3) \tag{9-17}$$

根据第 8 章得到的有效应力方程可得式(9-18)。

$$\begin{cases}\sigma_{ij}'=\sigma_{ij}-p\varphi'\delta_{ij}-\sigma_\mathrm{p}(1-\varphi')\delta_{ij}\\[2mm]\sigma_p=\left\{a\ln(1+bp_\mathrm{b})\left[1-A_1(A_3D+1)t^{A_2}\right]+a\ln(1+bp)A_1(A_3D+1)t^{A_2}\right\}\dfrac{2\rho RT(1-2\mu)}{3V_\mathrm{m}}\end{cases}$$

$$\tag{9-18}$$

将式(9-18)代入式(9-17)，得到气体卸压过程中煤体的有效应力平衡方程，见式(9-19)。

$$\begin{cases} \sigma'_{ij,j} + (p\varphi'\delta_{ij})_{,j} + [\sigma_{\mathrm{p}}(1-\varphi')\delta_{ij}]_{,j} + F_i = 0 \\ \sigma_{\mathrm{p}} = \left\{ a\ln(1+bp_{\mathrm{b}})\left[1-A_1(A_3 D+1)t^{A_2}\right] + a\ln(1+bp)A_1(A_3 D+1)t^{A_2} \right\}\dfrac{2\rho RT(1-2\mu)}{3V_{\mathrm{m}}} \end{cases}$$

$$(9\text{-}19)$$

此外，煤体的位移与应变 $U_i$ 应满足柯西方程，用张量符号表示为式(9-20)。

$$\varepsilon_{ij} = \frac{1}{2}(U_{i,j} + U_{j,i}) \quad (i,j=1,2,3) \tag{9-20}$$

根据模型的基本假设，煤体应力-应变关系采用式(9-7)和式(9-8)表示。将式(9-20)代入式(9-7)可得

$$\begin{cases} \sigma'_x = \lambda\varepsilon_{\mathrm{v}} + 2G\dfrac{\partial u}{\partial x}; \quad \tau'_{xy} = G\left(\dfrac{\partial v}{\partial x} + \dfrac{\partial u}{\partial y}\right) \\[2mm] \sigma'_y = \lambda\varepsilon_{\mathrm{v}} + 2G\dfrac{\partial v}{\partial y}; \quad \tau'_{yz} = G\left(\dfrac{\partial w}{\partial y} + \dfrac{\partial v}{\partial z}\right) \\[2mm] \sigma'_z = \lambda\varepsilon_{\mathrm{v}} + 2G\dfrac{\partial w}{\partial z}; \quad \tau'_{zx} = G\left(\dfrac{\partial w}{\partial x} + \dfrac{\partial u}{\partial z}\right) \end{cases} \tag{9-21}$$

式中，$u$、$v$、$w$ 分别为 $x$、$y$、$z$ 方向上的位移分量。

将式(9-21)代入式(9-19)，可得

$$\begin{cases} \dfrac{\partial\left(\lambda\varepsilon_{\mathrm{v}} + 2G\dfrac{\partial u}{\partial x}\right)}{\partial x} + \dfrac{\partial\left(G\left(\dfrac{\partial v}{\partial x} + \dfrac{\partial u}{\partial y}\right)\right)}{\partial y} + \dfrac{\partial\left(G\left(\dfrac{\partial w}{\partial x} + \dfrac{\partial u}{\partial z}\right)\right)}{\partial z} + \dfrac{\partial(p\varphi')}{\partial x} + \dfrac{\partial(\sigma_{\mathrm{p}}(1-\varphi'))}{\partial x} + F_x = 0 \\[4mm] \dfrac{\partial\left(\lambda\varepsilon_{\mathrm{v}} + 2G\dfrac{\partial v}{\partial y}\right)}{\partial y} + \dfrac{\partial\left(G\left(\dfrac{\partial v}{\partial x} + \dfrac{\partial u}{\partial y}\right)\right)}{\partial x} + \dfrac{\partial\left(G\left(\dfrac{\partial w}{\partial y} + \dfrac{\partial v}{\partial z}\right)\right)}{\partial z} + \dfrac{\partial(p\varphi')}{\partial y} + \dfrac{\partial(\sigma_{\mathrm{p}}(1-\varphi'))}{\partial y} + F_y = 0 \\[4mm] \dfrac{\partial\left(\lambda\varepsilon_{\mathrm{v}} + 2G\dfrac{\partial w}{\partial z}\right)}{\partial z} + \dfrac{\partial\left(\left(G\left(\dfrac{\partial w}{\partial x} + \dfrac{\partial u}{\partial z}\right)\right)\right)}{\partial x} + \dfrac{\partial\left(G\left(\dfrac{\partial w}{\partial y} + \dfrac{\partial v}{\partial z}\right)\right)}{\partial y} + \dfrac{\partial(p\varphi')}{\partial z} + \dfrac{\partial(\sigma_{\mathrm{p}}(1-\varphi'))}{\partial z} + F_z = 0 \end{cases}$$

$$(9\text{-}22)$$

将式(9-22)展开可得

$$
\begin{cases}
\lambda \dfrac{\partial \varepsilon_v}{\partial x} + 2G \dfrac{\partial^2 u}{\partial x^2} + G \dfrac{\partial^2 u}{\partial y^2} + G \dfrac{\partial^2 v}{\partial x \partial y} + G \dfrac{\partial^2 u}{\partial z^2} + G \dfrac{\partial^2 w}{\partial x \partial z} + \dfrac{\partial(p\varphi')}{\partial x} + \dfrac{\partial(\sigma_p(1-\varphi'))}{\partial x} + F_x = 0 \\[3mm]
\lambda \dfrac{\partial \varepsilon_v}{\partial y} + 2G \dfrac{\partial^2 v}{\partial y^2} + G \dfrac{\partial^2 v}{\partial z^2} + G \dfrac{\partial^2 w}{\partial y \partial z} + G \dfrac{\partial^2 v}{\partial x^2} + G \dfrac{\partial^2 u}{\partial x \partial y} + \dfrac{\partial(p\varphi')}{\partial y} + \dfrac{\partial(\sigma_p(1-\varphi'))}{\partial y} + F_y = 0 \\[3mm]
\lambda \dfrac{\partial \varepsilon_v}{\partial z} + 2G \dfrac{\partial^2 w}{\partial z^2} + G \dfrac{\partial^2 w}{\partial x^2} + G \dfrac{\partial^2 u}{\partial x \partial z} + G \dfrac{\partial^2 w}{\partial y^2} + G \dfrac{\partial^2 v}{\partial z \partial y} + \dfrac{\partial(p\varphi')}{\partial z} + \dfrac{\partial(\sigma_p(1-\varphi'))}{\partial z} + F_z = 0
\end{cases}
\tag{9-23}
$$

将式(9-23)合并同类项可得

$$
\begin{cases}
\lambda \dfrac{\partial \varepsilon_v}{\partial x} + G\left(\dfrac{\partial^2 u}{\partial x^2}+\dfrac{\partial^2 u}{\partial y^2}+\dfrac{\partial^2 u}{\partial z^2}\right) + G\dfrac{\partial\left(\frac{\partial u}{\partial x}+\frac{\partial v}{\partial y}+\frac{\partial w}{\partial z}\right)}{\partial x} + \dfrac{\partial(p\varphi')}{\partial x} + \dfrac{\partial(\sigma_p(1-\varphi'))}{\partial x} + F_x = 0 \\[4mm]
\lambda \dfrac{\partial \varepsilon_v}{\partial y} + G\left(\dfrac{\partial^2 v}{\partial x^2}+\dfrac{\partial^2 v}{\partial y^2}+\dfrac{\partial^2 v}{\partial z^2}\right) + G\dfrac{\partial\left(\frac{\partial u}{\partial x}+\frac{\partial v}{\partial y}+\frac{\partial w}{\partial z}\right)}{\partial y} + \dfrac{\partial(p\varphi')}{\partial y} + \dfrac{\partial(\sigma_p(1-\varphi'))}{\partial y} + F_y = 0 \\[4mm]
\lambda \dfrac{\partial \varepsilon_v}{\partial z} + G\left(\dfrac{\partial^2 w}{\partial x^2}+\dfrac{\partial^2 w}{\partial y^2}+\dfrac{\partial^2 w}{\partial z^2}\right) + G\dfrac{\partial\left(\frac{\partial u}{\partial x}+\frac{\partial v}{\partial y}+\frac{\partial w}{\partial z}\right)}{\partial z} + \dfrac{\partial(p\varphi')}{\partial z} + \dfrac{\partial(\sigma_p(1-\varphi'))}{\partial z} + F_z = 0
\end{cases}
\tag{9-24}
$$

由于存在式(9-25)和式(9-26)的关系：

$$
\nabla^2 = \frac{\partial}{\partial x^2} + \frac{\partial}{\partial y^2} + \frac{\partial}{\partial z^2}
\tag{9-25}
$$

$$
\varepsilon_v = \frac{\partial u}{\partial x} + \frac{\partial v}{\partial y} + \frac{\partial w}{\partial z}
\tag{9-26}
$$

将式(9-25)、式(9-26)代入式(9-24)，可得

$$
\begin{cases}
(\lambda + G)\dfrac{\partial \varepsilon_v}{\partial x} + G\nabla^2 u + \dfrac{\partial(p\varphi')}{\partial x} + \dfrac{\partial(\sigma_p(1-\varphi'))}{\partial x} + F_x = 0 \\[3mm]
(\lambda + G)\dfrac{\partial \varepsilon_v}{\partial y} + G\nabla^2 v + \dfrac{\partial(p\varphi')}{\partial y} + \dfrac{\partial(\sigma_p(1-\varphi'))}{\partial y} + F_y = 0 \\[3mm]
(\lambda + G)\dfrac{\partial \varepsilon_v}{\partial z} + G\nabla^2 w + \dfrac{\partial(p\varphi')}{\partial z} + \dfrac{\partial(\sigma_p(1-\varphi'))}{\partial z} + F_z = 0
\end{cases}
\tag{9-27}
$$

将式(9-8)代入式(9-27)，可得

$$
\left\{
\begin{aligned}
&\frac{E(1-D)}{2(1+\mu)(1-2\mu)}\frac{\partial\varepsilon_{\mathrm{v}}}{\partial x}+G\nabla^2 u+\frac{\partial(p\varphi')}{\partial x}+\frac{\partial(\sigma_{\mathrm{p}}(1-\varphi'))}{\partial x}+F_x=0 \\
&\frac{E(1-D)}{2(1+\mu)(1-2\mu)}\frac{\partial\varepsilon_{\mathrm{v}}}{\partial y}+G\nabla^2 v+\frac{\partial(p\varphi')}{\partial y}+\frac{\partial(\sigma_{\mathrm{p}}(1-\varphi'))}{\partial y}+F_y=0 \\
&\frac{E(1-D)}{2(1+\mu)(1-2\mu)}\frac{\partial\varepsilon_{\mathrm{v}}}{\partial z}+G\nabla^2 w+\frac{\partial(p\varphi')}{\partial z}+\frac{\partial(\sigma_{\mathrm{p}}(1-\varphi'))}{\partial z}+F_z=0
\end{aligned}
\right.
\tag{9-28}
$$

式(9-28)采用张量可表示为

$$
\frac{E(1-D)}{2(1+\mu)(1-2\mu)}u_{j,ji}+Gu_{i,jj}+(p\varphi')_{,i}+(\sigma_{\mathrm{p}}(1-\varphi'))_{,i}+F_i=0
\tag{9-29}
$$

$$
\sigma_{\mathrm{p}}=\left\{a\ln(1+bp_b)[1-A_1(A_3D+1)t^{A_2}]+a\ln(1+bp)A_1(A_3D+1)t^{A_2}\right\}\frac{2\rho RT(1-2\mu)}{3V_{\mathrm{m}}}
$$

### 9.2.4　含瓦斯煤气固耦合动力学模型的建立

将公式联立，得到含瓦斯煤气固耦合动力学模型，如式(9-30)所示。

$$
\left\{
\begin{aligned}
&p\frac{\partial\varphi'}{\partial t}+\varphi'\frac{\partial p}{\partial t}=\nabla\left(\frac{k}{2\mu_{\mathrm{g}}}\nabla p^2\right)+\frac{RT}{M_{\mathrm{g}}}q_{\mathrm{m}} \\
&\frac{E(1-D)}{2(1+\mu)(1-2\mu)}u_{j,ji}+Gu_{i,jj}+(p\varphi')_{,i}+(\sigma_{\mathrm{p}}(1-\varphi'))_{,i}+F_i=0 \\
&D=\left\{
\begin{aligned}
&1-\mathrm{e}^{-\left(\frac{\varepsilon}{n}\right)^k} && (D_0<D_1) \\
&1-\mathrm{e}^{-\left(\frac{\varepsilon}{n}\right)^k}+B_1 A_1(A_3 D_0+1)\left(\frac{abp_b}{1+bp_b}-\frac{abp}{1+bp}\right)t^{A_2}+B_2\int_0^t\left(\frac{\partial p}{\partial t}\right)^2 \mathrm{d}t+B_3 p && (D_1\leqslant D_0\leqslant D_2) \\
&1-\mathrm{e}^{-\left(\frac{\varepsilon}{n}\right)^k}+B_1 A_1(A_3 D_0+1)\left(\frac{abp_b}{1+bp_b}-\frac{abp}{1+bp}\right)t^{A_2} \\
&\quad+B_2\int_0^t\left(\frac{\partial p}{\partial t}\right)^2 \mathrm{d}t+B_3 p+B_4 D_0+B_5 && (D_0>D_2)
\end{aligned}
\right. \\
&q_{\mathrm{m}}=\rho_{\mathrm{m}}\rho A_1 A_2(A_3 D+1)\left(\frac{abp_b}{1+bp_b}-\frac{abp}{1+bp}\right)t^{A_2-1} \\
&\sigma_{\mathrm{p}}=\left\{a\ln(1+bp_b)[1-A_1(A_3 D+1)t^{A_2}]+a\ln(1+bp)A_1(A_3 D+1)t^{A_2}\right\}\frac{2\rho RT(1-2\mu)}{3V_{\mathrm{m}}} \\
&\varphi'=\frac{\varphi_0+\varepsilon_{\mathrm{v}}}{1+\varepsilon_{\mathrm{v}}} \\
&k=\frac{k_0}{1+\varepsilon_{\mathrm{v}}}\left(\frac{\varphi_0+\varepsilon_{\mathrm{v}}}{\varphi_0}\right)^3
\end{aligned}
\right.
$$

$$
\tag{9-30}
$$

在上述模型中，裂隙系统瓦斯流动控制方程通过将解吸瓦斯作为汇源项的方式，充分考虑了解吸瓦斯作用，并在汇源项方程中充分考虑影响瓦斯解吸的环境压力(即裂隙中游离瓦斯压力)、煤体损伤、时间等变量影响因素；煤体变形控制方程通过重新定义煤体损伤演化方程、煤体有效应力演化方程的方式，充分考虑了瓦斯卸压过程的动态破坏作用。其中，煤体损伤演化方程充分考虑了煤体初始损伤、气体卸压速率、气体参与量等影响因素，有效应力演化方程充分考虑了环境压力、煤体损伤、时间、气体参与量等影响因素。两个方程通过煤体孔隙率方程、渗透率方程耦合在一起。

# 9.3 瓦斯卸压致突数值模拟

### 9.3.1 模拟算例

为了验证上述数学模型的科学性与准确性，本节开展了简单工况条件下瞬间揭露诱发突出模拟试验。试验采用自主研发的煤与瓦斯突出模拟系统开展[11]。在自主研发的型煤的配合下，该仪器可方便地调节试验模型的瓦斯压力、应力、煤体性质等要素。

如图 9.3 所示，该仪器具有长 600mm、内径 200mm 的密封腔体，是装载型煤、气体吸附的主要空间。腔体后端设置面式充填加载盘，既可对型煤试件均匀"面充气"，又可对型煤施加轴向压力，并依靠高压密封腔体内壁提供的反力加载围压，模拟瓦斯赋存条件及不同大小的地应力。腔体前端设置快速揭露机构，中间为直径 60mm 的突出口，模拟气体瞬间揭露，该机构可在 0.1s 内完全打开。快速揭露机构与腔体采用螺纹连接并通过密封圈密封，便于型煤装填。腔体顶部设置了 3 个等间隔排列的气压传感器，其最高采集频率可达 1000Hz，可实现对突

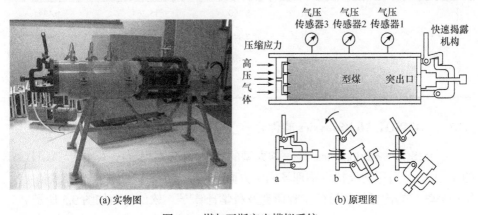

(a) 实物图　　　　　　(b) 原理图

图 9.3　煤与瓦斯突出模拟系统

出瞬态过程气压的实时监测采集(图 9.3(b))。另外,试验可借助高速摄像机的高速摄像功能对非常短暂的突出瞬间进行记录分析。

为保证试验安全,选用 $CO_2$ 作为试验气体。试验煤体选取单轴抗压强度为 1.0MPa、1.5MPa、2.0MPa、2.5MPa 的型煤(试验所用煤样取自安徽省淮南矿区望峰岗煤矿 $C_{13}$ 煤层,其性质见第 6 章),其物理力学性质如表 7.2 所示,对 $CO_2$ 的吸附常数 $a$ 为 52.7072$cm^3$/g,吸附常数 $b$ 为 0.7007$MPa^{-1}$。依据实际工况中突出煤层储存条件,选取地应力加载值为 5.0MPa,选择气压值为 0.75MPa。需要说明的是,吸附气体会弱化煤体力学性质。在 0.75MPa 的 $CO_2$ 下,型煤强度、弹性模量会弱化为初始值的 80%。

瞬间揭露诱导突出试验的主要过程如下:

(1) 将配制好的煤体相似材料在腔体中压制成型并彻底干燥。

(2) 对密闭腔体抽真空 24h,以排出型煤内杂质气体,然后对其稳压充气 48h,使型煤充分吸附,之后对其施加地应力。

(3) 瞬间开启快速揭露机构,诱导突出,并做好信息记录准备工作。

(4) 试验结束后,记录突出与否、型煤破坏孔洞形状及突出煤粉质量等试验结果。

试验记录了突出煤粉质量、瞬时抛出速度、平均粒径和突出时间,以全面反映试验结果。这四个指标是计算突出耗能(包括突出破碎功和抛出功)的重要物理量,反映了突出耗能的大小,可以科学地评价突出强度。试验的具体结果如表 9.1、图 9.4 所示。

表 9.1　突出模拟试验结果

| 试验组别 | 型煤单轴抗压强度/MPa | 突出与否 | 突出煤粉质量/kg | 突出煤粉瞬时速度/(m/s) | 突出煤粉平均粒径/mm |
|---|---|---|---|---|---|
| I | 1.0 | 突出 | 8.290 | 15.263 | 0.424 |
| II | 1.5 | 突出 | 7.940 | 15.219 | 0.904 |
| III | 2.0 | 突出 | 1.565 | 14.983 | 1.840 |
| IV | 2.5 | 未突出 | (—) | (—) | (—) |

### 9.3.2　COMSOL Multiphysics 软件介绍

COMSOL Multiphysics 是一款大型的高级数值仿真软件,起源于 MATLAB 的 Toolbox,适用于模拟多物理场耦合方面的问题,广泛应用于声学、多孔介质、结构力学、热传导等领域的工程研究及科学计算[12],软件界面如图 9.5 所示。

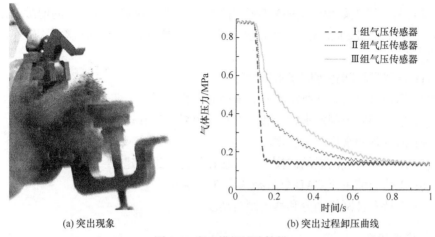

(a) 突出现象　　　　　　　　　　(b) 突出过程卸压曲线

图 9.4　突出模拟试验结果

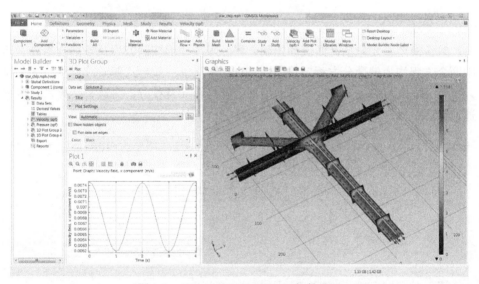

图 9.5　COMSOL Multiphysics 软件界面

该软件以有限元法为基础，通过求解偏微分方程组来实现真实物理现象的仿真，并且有完善的理论基础、整合丰富的算法。软件提供了多种模块：①AC/DC模块；②声学模块；③CAD 导入模块；④化学工程模块；⑤地球科学模块；⑥热传导模块；⑦材料库；⑧微机电系统模块；⑨射频模块；⑩结构力学模块；⑪ COMSOL 脚本解释器；⑫ 反应工程实验室；⑬ 信号与系统实验室；⑭ 最优化实验室。

并设置如下外部整合接口：①SolidWorks 实时交互；②Simpleware ScanFE 模型导入；③MATLAB 和 Simulink 联合编程；④MatWeb 材料库导入。

软件提供了大量预定义的物理应用模式，用户也可以输入自己的偏微分方程 (partial differential equation，PDE)，指定它与其他物理过程之间的关系。软件具有以下特点：

(1) 求解多场问题等同于求解方程组。

(2) 用户可自由定义所需的专业偏微分方程。

(3) 独立函数控制的求解参数，材料、边界、荷载均支持参数控制。

(4) 内置各种常用的物理模型。

(5) 用户可通过内嵌的建模工具直接在软件中进行建模。

(6) 支持当前主流 CAD 软件格式文件的导入。

(7) 支持多种网格剖分和移动网格功能。

### 9.3.3　模型建立

1. 模型导入

数学模型主要包括瓦斯流动控制方程、煤体变形控制方程及各耦合参数，其中两个方程均为偏微分方程，均采用 PDE 模块以一般形式偏微分方程的方式导入，部分导入参数如图 9.6 所示。损伤变量计算涉及积分，无法直接导入，本章通过编程对每一时间步迭代计算近似得到。

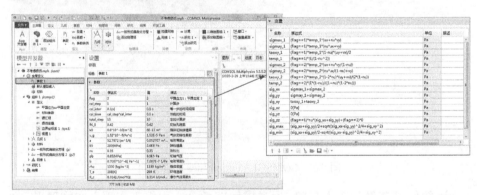

图 9.6　模型参数导入

2. 几何模型建立

在 9.3.1 节的突出案例中，模型为轴对称，考虑到计算效率，本节构建了长度 600mm、宽度 200mm 的二维模型，几何模型及网格划分如图 9.7 所示。

模型计算条件如下。

对于瓦斯流动控制方程：初始条件为 $t=0$，$p=0.85$MPa；边界条件为右侧突出口位置设置为 $p=0.1$MPa，其他位置设置为零流量通量。

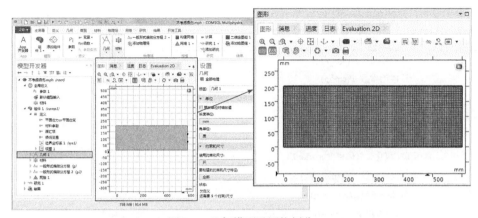

图 9.7　几何模型及网格划分

对于煤体变形控制方程：初始条件为 $t=0$，$u=0$，$v=0$；边界条件为上下侧位置设置为 $v=0$，右侧位置设置为 $u=0$，左侧施加 5MPa 均匀应力。

### 3. 主要物性参数

为了验证含瓦斯煤气固耦合动力学模型(后称动力学模型)的合理性与准确性，数值模拟以第Ⅲ组瞬间揭露诱发突出模拟试验为原型，采用传统的气固耦合数学模型与本章搭建的动力学模型分别对其进行模拟，查看模拟结果与试验结果的相似度。

模型主要物性参数均取自突出算例。对于动力学模型，模型中涉及的煤体解吸的经验参数($A_1$、$A_2$、$A_3$)、煤体损伤的经验参数($B_1$、$B_2$、$B_3$、$B_4$、$B_5$、$K_1$、$K_2$)均基于第 6 章～第 8 章的试验数据拟合获取，汇总见表 9.2。对于传统模型，可以看作上述模型的简化。当不考虑煤体瓦斯解吸、瓦斯卸压诱发有效应力增长、瓦斯卸压自身动力等作用时，即为传统的气固耦合数学模型[13]，如式(9-31)所示。仔细对比可以发现，该模型仅需在动力学模型基础上，将 $A_1$、$A_2$、$A_3$、$B_1$、$B_2$、$B_3$、$B_4$、$B_5$ 等参数取为零即可。

表 9.2　模型主要物性参数

| 物性参数 | 数值 |
| --- | --- |
| 初始气压 $p_b$/MPa | 0.85 |
| 初始渗透率 $k_0$/m² | $0.15×10^{-10}$ |
| 初始孔隙率 $\varphi_0$ | 0.42 |
| 煤的泊松比 $v$ | 0.35 |
| 弹性模量 $E$/MPa | 260 |

| 物性参数 | 数值 |
|---|---|
| 煤体密度 $\rho/(\text{kg/m}^3)$ | 1330 |
| 吸附常数 $a/(\text{cm}^3/\text{g})$ | 52.7072 |
| 吸附常数 $b/\text{MPa}^{-1}$ | 0.7007 |
| 温度环境 $T/\text{K}$ | 298 |
| 二氧化碳气体动黏性系数 $\mu_g/(\text{Pa}\cdot\text{s})$ | $1.52\times10^{-5}$ |
| 常压下二氧化碳气体密度 $\rho_m/(\text{kg/L})$ | $1.997\times10^{-3}$ |
| 摩尔气体常数 $R/(\text{J}/(\text{mol}\cdot\text{K}))$ | 8.314 |
| 气体分子量 $M_g/(\text{kg/mol})$ | 0.044 |
| 摩尔容积 $V_m/(\text{m}^3/\text{mol})$ | $22.4\times10^{-3}$ |
| 气体解吸相关参数 | $A_1=0.013$ |
| | $A_2=0.43$ |
| | $A_3=2.8$ |
| 煤体损伤相关参数 | $B_1=0.780$ |
| | $B_2=0.055$ |
| | $B_3=-0.088$ |
| | $B_4=0.460$ |
| | $B_5=-0.298$ |
| | $K_1=0.002$ |
| | $K_2=3.105$ |

需要说明的是，第 7 章构建的煤体损伤演化数学模型中与应力状态相关的损伤变量 $D_p$ 以压应变为基本参量，适用于单轴压缩应力状态。对于算例中的煤体所处的三轴应力状态，压应变无法带来类似的损伤，因此模型中仅对拉应变损伤进行考虑。

$$\begin{cases} p\dfrac{\partial\varphi'}{\partial t}+\varphi'\dfrac{\partial p}{\partial t}=\nabla\left(\dfrac{k}{2\mu_g}\nabla p^2\right) \\[3mm] \dfrac{E(1-D)}{2(1+\nu)(1-2\nu)}u_{j,ji}+Gu_{i,jj}+(p\varphi')_{,i}+\left[\dfrac{2\rho RT(1-2\nu)a\ln(1+bp_b)(1-\varphi')}{3V_m}\right]_{,i}+F_i=0 \\[3mm] D=1-\text{e}^{-\left(\frac{\varepsilon}{n}\right)^k} \\[3mm] \varphi'=\dfrac{\varphi_0+\varepsilon_v}{1+\varepsilon_v} \\[3mm] k=\dfrac{k_0}{1+\varepsilon_v}\left(\dfrac{\varphi_0+\varepsilon_v}{\varphi_0}\right)^3 \end{cases}$$

$$(9\text{-}31)$$

为方便计算，本章将以上过程组合封装，形成瓦斯卸压致突数值模拟软件平台，平台中设置了各参数的输入窗口与气压场、应力场、损伤场、位移场等多信息展示窗口，如图 9.8 所示。

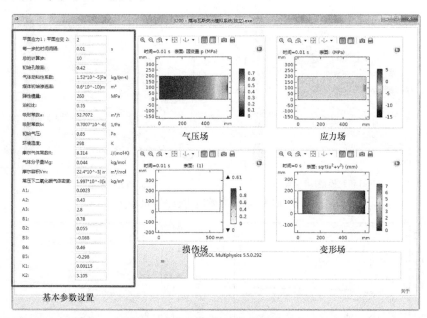

图 9.8　瓦斯卸压致突数值模拟平台

### 9.3.4　数值计算结果及分析

煤与瓦斯突出是持续时间极短的动力现象，在瞬间揭露诱发的突出模拟试验中突出现象仅持续 0.81s，因此数值模拟时间设置为 1s。基于两个数学模型得到的模拟结果如图 9.9～图 9.15 所示。其中，为展示各参量随时间的演化规律，选

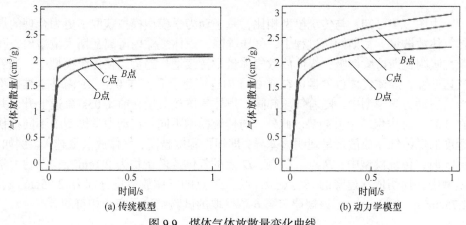

图 9.9　煤体气体放散量变化曲线

取突出口附近四个点，距离突出口由近及远依次定义为 $A$ 点、$B$ 点、$C$ 点、$D$ 点，具体位置如图 9.14 所示。

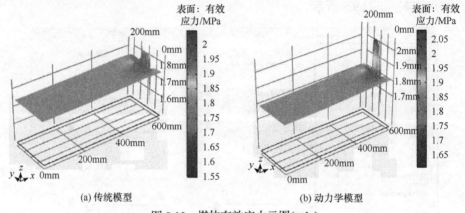

(a) 传统模型　　　　　　　　　　　　(b) 动力学模型

图 9.10　煤体有效应力云图($t$=1s)

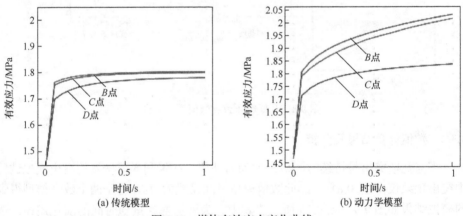

(a) 传统模型　　　　　　　　　　　　(b) 动力学模型

图 9.11　煤体有效应力变化曲线

由图 9.9 可知，与传统模型相比，基于动力学模型模拟获取了更为合理的煤体气体放散量。瓦斯卸压过程中，气压骤降，煤体裂隙内游离瓦斯大量溢出，孔隙内吸附瓦斯持续解吸，煤体放散气体量呈持续增长趋势。在传统模型中，随着气压卸除，煤体气体放散量仅在前 0.3s 内有明显上升，在 0.3～1s 内基本维持不变。在动力学模型中，随着气压卸除，煤体气体放散量在前 0.05s 急速上升，并在 0.05～1s 内保持上升趋势。此外，与传统模型不同，在动力学模型中不同损伤程度的煤体气体放散量呈现明显差异，即损伤程度越高，气体放散量越大。例如，$t$=1s 时，传统模型中，$B$ 点、$C$ 点、$D$ 点的气体放散量均为 2.1cm$^3$/g；在动力学模型中，损伤依次递降的 $B$ 点、$C$ 点、$D$ 点的气体放散量分别为 2.95cm$^3$/g、2.75cm$^3$/g、2.31cm$^3$/g。该规律与第 6 章获取的试验结论是完全相符的。

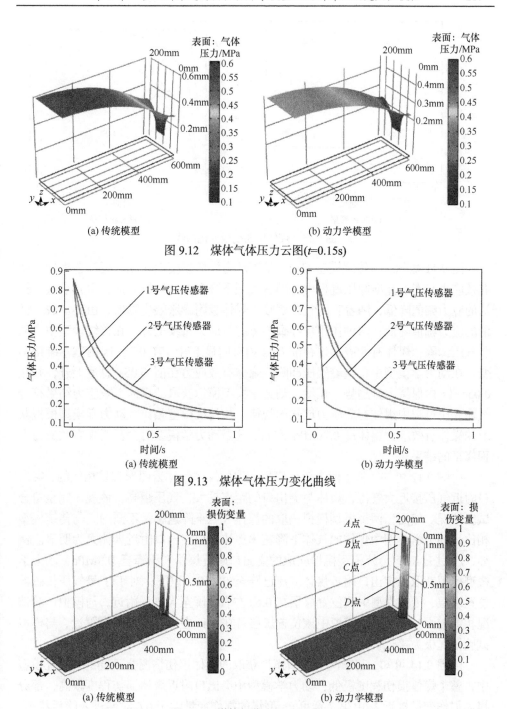

(a) 传统模型　　　　　　　　　　　　(b) 动力学模型

图 9.12　煤体气体压力云图($t$=0.15s)

(a) 传统模型　　　　　　　　　　　　(b) 动力学模型

图 9.13　煤体气体压力变化曲线

(a) 传统模型　　　　　　　　　　　　(b) 动力学模型

图 9.14　煤体损伤变量云图($t$=1s)

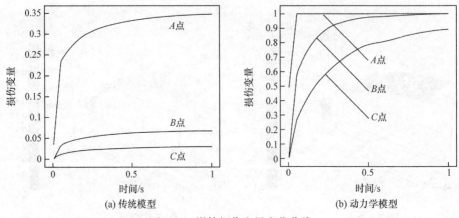

图 9.15　煤体损伤变量变化曲线

图 9.11 显示，与传统模型相比，基于动力学模型模拟获取了更为合理的煤体有效应力状态。瓦斯卸压过程中，随着气压下降和游离气体放散，由其承载、抵消的应力幅值降低；随着吸附气体解吸，煤体吸附膨胀效应降低，由其承载、抵消的应力幅值降低；两种作用均导致煤体有效应力持续上升。在传统模型中，随着气压卸除，煤体有效应力仅在前 0.3s 内有明显上升，在 0.3～1s 内基本维持不变。在动力学模型中，随着气压卸除，煤体有效应力在前 0.05s 急速上升，并在 0.05～1s 内保持上升趋势。显然，动力学模型模拟获取的煤体有效应力结果符合气体卸压过程中煤体有效应力增长的规律。与传统模型相比，动力学模型模拟获取的煤体有效应力整体高 0.20MPa 左右，这是动力学模型对含瓦斯煤有效应力方程修正的结果。

由图 9.12 可知，基于两个模型模拟获取的煤体气体云图形态是相似的，突出口附近气压接近大气压，煤体与突出口的距离越大，气压越高，该规律完全符合试验情况。然而，两个模型模拟获取的煤体气压下降速率是不同的，与传统模型相比，动力学模型中煤体的气体下降速率更快，以突出口附近煤体尤为明显。例如，$t=0.15s$ 时，传统模型模拟获取的突出口附近煤体气压降至 0.3MPa，动力学模型模拟获取的突出口附近煤体气压已降至 0.2MPa 以下；对于 1 号气压传感器位置煤层，传统模型中该位置煤层在 0.6s 左右才降至大气压附近，与模拟试验情况相差较大，在动力学模拟中该位置煤层可在 0.1s 左右降至大气压附近，与模拟试验情况极为接近。

由图 9.14 可知，基于两个模型模拟获取的煤体损伤情况是不同的。传统模型中，整个煤体损伤程度极低；动力学模型中突出口附近煤体损伤程度较高，部分煤体损伤变量接近 1。由第 7 章可知，型煤的损伤变量大于 0.6 时便进入峰后状态，损伤变量为 0.9 左右时便基本丧失承载能力。因此，可以认为在瓦斯卸压过程中，传统模型中突出口附近煤体未失稳破坏，与模拟试验情况不符，动力学模型中突出口附近煤体发生失稳破坏，符合模拟试验情况。此外，基于 $A$ 点、$B$ 点、$C$ 点的损伤变量随时间演化趋势(图 9.15)可以发现，在动力模型中，$A$ 点在卸压瞬间失稳破坏，$B$ 点随后进入失稳破坏状态，$C$ 点最后进入失稳破坏状态，这与突出过程中煤层由外向内、层层剥离的发展趋势是完全相符的。

事实上，破碎煤体在高速气流的抛出作用下，即可形成煤气两相流与突出现象[14]。鉴于动力学模型模拟获取的煤体破碎状态(损伤状态)、气压梯度，可以认为动力学模型模拟结果与模拟试验相同，均发生了突出。

以上试验结果说明，与传统气固耦合模型相比，本章搭建的动力学模型更为合理准确，可以较好地应用于煤与瓦斯突出数值模拟，模型中对煤体瓦斯解吸、瓦斯卸压诱发有效应力增长、瓦斯卸压动力作用等因素的考虑是合理的。

瓦斯卸压诱发的突出实际上是瓦斯瞬间解吸、瓦斯卸压动力作用和卸压瞬间煤体有效应力突增三种作用耦合作用、不断演化的结果。

# 9.4　小　　结

本章在第 6 章～第 8 章结论的基础上提出了煤体瓦斯卸压损伤致突机理，构建了含瓦斯煤气固耦合动力学模型，并将其应用于煤与瓦斯突出的数值模拟，通过与传统气固耦合数学模型的模拟结果对比，验证了致突机制的科学性及新模型的可行性，所得的主要结论如下。

(1) 在传统气固耦合模型基础上，引入瓦斯解吸扩散方程作为裂隙系统瓦斯流动控制方程汇源项，重新定义了煤体变形控制方程中煤体损伤演化方程、煤体有效应力演化方程，重新推导了裂隙系统瓦斯流动控制方程、煤体变形控制方程，最终构建了含瓦斯煤的气固耦合动力学模型。该模型综合考虑了瓦斯卸压过程中吸附瓦斯的解吸补充作用、煤体有效应力突增作用、气压动力作用及各部分之间的相互影响，从理论上更为准确地描述了煤体瓦斯卸压动态过程与致突机制。

(2) 以瞬间揭露诱发突出模拟试验为算例，分别将含瓦斯煤气固耦合动力学模型、传统气固耦合数学模型导入 COMSOL Multiphysics 对其进行模拟。模拟结果显示，与传统模型不同，新模型模拟获取了随时间持续增长的气体放散量、随气体放散持续增长的有效应力以及由外向内的损伤发展趋势，获取了与试验结果更相近的气压变化曲线、煤体损伤状态。

(3) 含瓦斯煤气固耦合动力学模型在瞬间揭露诱发突出数值模拟中的成功应用说明了本章提出的煤体瓦斯卸压损伤致突机理的科学性，即瓦斯卸压诱发的突出实际上是瓦斯瞬间解吸、瓦斯卸压动力作用和卸压瞬间煤体有效应力突增三种作用耦合作用、不断演化的结果。

## 参 考 文 献

[1] 刘清泉. 多重应力路径下双重孔隙煤体损伤扩容及渗透性演化机制与应用[D]. 徐州: 中国矿业大学, 2015

[2] 林柏泉, 刘厅, 杨威. 基于动态扩散的煤层多场耦合模型建立及应用[J]. 中国矿业大学学报, 2018, 47(1): 32-39, 112

[3] 孙培德, 杨东全, 陈奕柏. 多物理场耦合模型及数值模拟导论[M]. 北京: 中国科学技术出版社, 2007

[4] 李祥春, 郭勇义, 吴世跃. 煤吸附膨胀变形与孔隙率、渗透率关系的分析[J]. 太原理工大学学报, 2005, (3): 264-266

[5] 卢平, 沈兆武, 朱贵旺, 等. 岩样应力应变全程中的渗透性表征与试验研究[J]. 中国科学技术大学学报, 2002, (6): 45-51

[6] 冉启全, 李士伦. 流固耦合油藏数值模拟中物性参数动态模型研究[J]. 石油勘探与开发, 1997, (3): 61-65

[7] 李培超, 孔祥言, 卢德唐. 饱和多孔介质流固耦合渗流的数学模型[J]. 水动力学研究与进展 (A 辑), 2003, 18(4): 419-426

[8] 陶云奇. 含瓦斯煤 THM 耦合模型及煤与瓦斯突出模拟研究[D]. 重庆: 重庆大学, 2009

[9] 朱万成, 唐春安, 杨天鸿, 等. 岩石破裂过程分析用(RFPA(2D))系统的细观单元本构关系及验证[J]. 岩石力学与工程学报, 2003, (1): 24-29

[10] 朱万成, 魏晨慧, 田军, 等. 岩石损伤过程中的热-流-力耦合模型及其应用初探[J]. 岩土力学, 2009, 30(12): 3851-3857

[11] Rowam H. An outburst of coal and fire-damp at Valleyfield colliery[J]. Institute of Mining Engineering, 1911, 42: 127-128

[12] 程学磊, 崔春义, 孙世娟. COMSOL Multiphysics 在岩土工程中的应用[M]. 北京: 中国建筑工业出版社, 2014

[13] 莫道平. 含瓦斯煤流固耦合数学模型及其应用[D]. 重庆: 重庆大学, 2014

[14] 许江, 程亮, 周斌, 等. 突出过程中煤-瓦斯两相流运移的物理模拟研究[J]. 岩石力学与工程学报, 2019, 38(10): 1945-1953

# 第 10 章   结论与展望

## 10.1   结   论

吸附与卸压解吸对煤体的损伤劣化作用机制一直是岩石力学领域内亟须深入探索的科学问题。本书针对现有研究不足，研发了基础试验仪器，采用室内试验、理论分析、数值模拟相结合的手段，从宏细观角度分析研究了气固耦合条件下煤体的损伤劣化机制与裂隙演化时效特征。本书研究主要得到如下结论。

(1) 研发了可视化恒容气固耦合试验系统、圆柱标准试件环向变形测试系统、煤粒瓦斯放散测定仪和岩石三轴力学渗透测试系统，详细阐述了系统构成、功能特点与操作步骤，以及各仪器功能的实现方式和创新点，解决了多相耦合过程中含瓦斯煤物理力学参数的定量测试难题，并为后续试验研究和理论研究奠定了基础。

(2) 通过室内试验获取了不同气固耦合环境与动静联合加载条件下，煤体强度、体积扩容、裂隙扩展等关键指标的变化规律：①当煤体强度与试验气压一定时，随着气体吸附性的提高，煤体更早地由压密阶段进入扩容阶段，煤体达到极限承载值与体积扩容点的位置不断提前，先后顺序为 $CO_2 > CH_4 > N_2 > He$；②当煤体强度与吸附量一定时，不断充入无吸附性的 He 提高试验气体压力，煤体强度降低量与具有吸附性气体的单位体积含量有关，与混合气体的总压力无关；在提高气体吸附量时，煤体扩容点位置不断提前，煤体更早地达到峰值强度进入破坏阶段；与此同时，煤体在相同应力阶段的裂隙发育更加丰富，裂隙纹路也更加复杂。

(3) 基于分形理论与 MATLAB 软件编程提取试验过程加载图像，综合考虑分形分布特征和煤体裂隙密度指标，获取了气体吸附与应力加载过程中煤体峰后宏观裂隙演化规律：①各拟合曲线相关性系数 $R^2 > 0.95$，属于显著相关，说明气体吸附作用下煤体表面裂隙分布具有明显的分形特性；②随着煤体吸附程度的提高，分形维数 $D_d$ 不断提高，煤体裂隙发育更加复杂，其破坏模式也更加复杂多样；③煤体在不同试验气体加载过程中，对应峰后相同应力阶段的分形维数在 0.6~1.5 范围内变化，并随着加载进程的增加呈线性函数关系逐渐增大；④随着煤体吸附压力的增大，吸附量持续增加，裂隙发育形态更加复杂，分形维数逐渐增大，对应幅值在 1.35~1.52 变化，对应裂隙发育度 $M$ 在 5.8%~15.8%变化；⑤当吸附压力小于 1.2MPa 时，裂隙发育度与吸附压力呈正相关函数关系，当吸附压力大于 1.2MPa 时，裂隙发育度增长趋势减小，其原因是随着吸附压力的升高，有限的煤基质逐渐逼近吸附饱和状态，导致煤体劣化程度减弱；⑥拟合得到了煤体分形维数 $D_d$、裂隙密度 $\rho_{ls}$ 及裂隙发育度 $M$ 随吸附压力 $P$ 的函数关系表达式。

(4) 从理论层面，基于表面物理化学理论和 Mohr-Coulomb 强度准则对煤体强度劣化作用进行了力学分析，得到煤体强度、变形量受吸附平衡压力和吸附量的影响关系，从理论分析上较好地解释了气体吸附诱发煤体强度降低的劣化原因：①随着煤体吸附压力或吸附量的增加，煤体裂隙尖端抗拉强度降低，煤颗粒间相对变形量增大，弹性模量减小；②随着孔隙吸附压力的增大，煤体承载力降低，向更容易导致失稳破坏的方向发生。基于连续损伤理论，利用损伤变量与应变等效假设原理建立了煤体损伤劣化本构关系，进一步推导了考虑气体吸附与外部加载共同作用的煤体损伤劣化演化方程，以不同性质气体吸附诱发煤体劣化试验研究与不同吸附压力中煤体劣化试验研究为例，验证了模型的准确性。

(5) 从岩土颗粒力学的角度，基于商业颗粒流软件 PFC 的接触模型原理，解析了将气体吸附对煤体劣化作用：为了降低型煤颗粒表面自由能，气体吸附于型煤颗粒表面，产生吸附膨胀应力 $\sigma_p$，导致型煤颗粒接触的黏结黏聚力 $c^p$ 减小(黏结内摩擦角 $\phi^p$ 不变)，气体吸附平衡压力 $p$ 越大，黏结黏聚力 $c^p$ 越小，接触的黏结剪切强度 $\tau_c^p$ 越低，黏结越容易发生剪切破坏，从而降低了型煤宏观强度。结合煤体吸附过程中宏细观力学参数的损伤劣化特征规律与峰后裂隙演化研究成果，采用 PFC2D5.0 数值分析软件对煤体吸附与加载过程中力学参数的弱化过程进行数值模拟，验证了理论分析的合理性。

(6) 开展了不同环境气压、不同损伤状态煤样的瓦斯解吸试验，获取了卸压过程关键变量对瓦斯解吸动态参量的影响规律：①瓦斯解吸速度、解吸量随着环境气压增大而减小；②环境气压对扩散系数的影响程度与时间有关，在初始阶段影响甚微，在 4000s 后影响程度逐渐增大；③随着煤体损伤增大，瓦斯扩散渗流路径变化，瓦斯解吸量明显增大，两者呈线性关系。基于测试获取的试验数据，构建形成了适用性更广的煤体瓦斯解吸扩散模型。

(7) 开展了不同损伤状态/气体卸压速率/气体种类条件下的吸附煤体气体卸压试验，获取了瓦斯卸压动力作用诱发的煤体损伤劣化规律：①气体卸压动力作用可对煤体造成了明显的不可逆损伤，导致煤体损伤变量骤增，甚至张拉破坏；②基于气体卸压过程中煤体不可逆损伤产生与否及其增量大小，可将煤体损伤状态分为三个阶段：无影响阶段、稳定影响阶段、不稳定影响阶段；③解吸气体量越大，气体卸压诱发损伤增量越大；④煤体损伤增量随气体卸压速率呈线性增大关系。基于损伤变量变化率与各影响因素之间的数学关系，构建形成了考虑气体卸压动力作用的煤体损伤演化数学模型。

(8) 开展了不同煤体损伤状态/气体压力/气体吸附量条件下三轴受力吸附煤样卸压变形试验，基于有效应力与基质变形的对应关系，获取了瓦斯卸压动态过程煤体有效应力变化规律：①随着游离气体、吸附气体的放散，煤体有效应力骤增；②由于煤样损伤变量差异，游离气体、吸附气体放散诱发的有效应力瞬时增量呈现明显差异；③吸附气体、游离气体放散诱发的有效应力增量分别与气体吸附气体量、气体压力呈截距为零的线性关系。基于试验结果，探明了游离气体、吸附气体对煤体有效应力的影响机制：游离气体直接分担了部分外荷载，吸附气体产生的吸附膨胀应力抵消了煤体骨架所承担的外荷载；并据此在煤体双孔-单渗透理论模型基础上推导获取了适用于瓦斯卸压动态过程的含瓦斯煤有效应力数学模型。

(9) 针对瓦斯卸压动态过程，综合考虑吸附瓦斯的解吸补充作用、煤体有效应力突增作用、气压动力作用及各部分之间的相互影响，将瓦斯解吸扩散方程作为裂隙系统瓦斯流动控制方程汇源项，重新定义了煤体变形控制方程中煤体损伤演化方程、煤体有效应力演化方程，构建了含瓦斯煤体的气固耦合动力学模型。将新模型导入 COMSOL Multiphysics 对瞬间揭露诱发突出模拟试验进行了模拟，模拟结果与试验结果完全一致，证明了新模型可以更加准确地描述煤体瓦斯卸压动态过程与致突机制，同时也证明了煤体瓦斯卸压损伤致突机制的科学性：瓦斯卸压诱发的突出是瓦斯瞬间解吸、瓦斯卸压动力作用和卸压瞬间煤体有效应力突增三种作用耦合、不断演化的结果。

## 10.2 展  望

本书采用室内试验结合理论分析与数值验证等手段对气体吸附诱发煤体损伤劣化的作用机制机理进行了系统分析，得到了一定的科学成果，但深埋于地层的含瓦斯煤体作为一种复杂的工程介质，处于复杂的地质环境中，这些研究成果尚不十分完善，需要在今后的工作中继续研究，特别是煤体在复杂状态下的损伤劣化变形破坏力学特性还需从多个方面综合考虑。因此，本书研究内容还有待深入探讨和进一步完善。

(1) 为定量对比分析气体吸附诱发煤体损伤劣化的试验规律，本书采用强度可调的型煤试件进行试验分析，但型煤与原煤在纹理结构等方面存在一定差异，如何获取突出煤层的试验原煤并进行定量试验还需要进一步完善。

(2) 由于作者精力有限，尚未开展模拟三轴加载、混合气体、不同加载速率、振动与爆破荷载、不同试验温度等变量的劣化试验研究，以及气固液三相耦合试验研究，下一步工作应继续补充试验变量进行对比试验，继续深入研究气体吸附解吸诱发煤体损伤劣化的机理及控制对策，进一步验证完善理论研究成果。

(3) 在本书所采用的离散元分析方法中，给出了关键参数在宏细观层面之间的转化及其函数关系，但多相耦合条件中煤体的失稳破坏是一个非常复杂的渐进性破坏过程，影响因素繁杂，且各影响因素之间相互作用，相互影响，本构模型的选择、建立和参数的取值还有待进一步研究。

(4) 煤与瓦斯突出是个复杂的动态过程，在瓦斯卸压瞬间涉及诸多动态因素及物理场变化，本书仅对煤体损伤、瓦斯解吸等较为关键的因素进行了研究，还需继续开展对瓦斯卸压过程其他物理场变化规律研究。

(5) 本书搭建的气固耦合动力学模型重点关注煤层裂隙系统，对煤层孔隙系统的考虑依赖于经验公式，导致模型无法方便应用于诱突过程复杂的煤与瓦斯突出。因此，还需进一步研究基于煤体孔隙-裂隙双重孔隙假设的气固耦合动力学模型。